中学生语文配套阅读经典

寂静的春天

名师导读 ➕ 阅读测评

【美】蕾切尔·卡逊　著　杨立汝　苏伊达　译

中小学生阅读素养提升研究小组　主编

执行主编：陈荣荣　编委：李　娜　李晓娜　林　珑　黄新恺

U0309233

南方出版传媒

花城出版社

中国·广州

图书在版编目（ＣＩＰ）数据

寂静的春天 / （美）蕾切尔·卡逊著；杨立汝，苏
伊达译. -- 广州 ：花城出版社，2018.10
　（中学生语文配套阅读经典）
　ISBN 978-7-5360-8702-6

Ⅰ. ①寂… Ⅱ. ①蕾… ②杨… ③苏… Ⅲ. ①环境保
护－青少年读物 Ⅳ. ①X-49

中国版本图书馆CIP数据核字(2018)第220650号

出　版　人：詹秀敏
总　策　划：李希希
责任编辑：陈宾杰　邓　如　周　飞
技术编辑：薛伟民　凌春梅
内文插图：王　珺
装帧设计：李玉玺

书　　名 寂静的春天
　　　　 JIJING DE CHUNTIAN
出版发行 花城出版社
　　　　 （广州市环市东路水荫路 11 号）
经　　销 全国新华书店
印　　刷 佛山市浩文彩色印刷有限公司
　　　　 （广东省佛山市南海区狮山科技工业园 A 区）
开　　本 787 毫米×1092 毫米　16 开
印　　张 15.75
字　　数 270,000 字
版　　次 2018 年 10 月第 1 版　2018 年 10 月第 1 次印刷
定　　价 39.80 元

如发现印装质量问题，请直接与印刷厂联系调换。
购书热线：020－37604658　37602954
花城出版社网站：http://www.fcph.com.cn

2017年9月秋季开学，由国家教育部统编、温儒敏主编、人民教育出版社出版的义务教育语文教科书（习惯称为统编本或统编版）在全国范围内投入使用。新教材在框架体例、选文等诸多方面都做了较大幅度的调整。名著阅读在新教材中已经被纳入"教读—自读—课外阅读"三位一体的阅读教学体系之中，成为语文课程的有机组成部分。

阅读是学好语文的源头活水，在中小学语文教学中具有不可替代的作用。统编教材主编温儒敏教授曾在多个场合强调，名著阅读是为学生人生"打底子"的需要，提高学生阅读兴趣是语文教学的"牛鼻子"，提倡要引导学生"连滚带爬"地读书。

为了帮助学生用好新教材，扎实提高阅读素养，我们组织了几十位语文教育专家和名师，精心打造了这套丛书。我们精心编写的这套丛书具有以下特点：

紧扣新版语文教材，全力服务语文教学

选入本丛书的均为国家统编语文教科书指定阅读作品。新编教科书每册各安排两次名著导读，每次主推一部名著，推荐课外自主阅读两部。本丛书与教材同步，比如七年级上学期我们推出的是《朝花夕拾》《西游记》等书的导读，七年级下学期我们推出的是《骆驼祥子》《海底两万里》等书的导读，与教材无缝衔接，服务于语文教学，也力求激发学生阅读整本书的兴趣，培养阅读整本书的能力，形成良好的阅读习惯。所选名著以课程标准推荐书目为主，并尽量与课内阅读相配合。

精心打造助读系统，让名著阅读零障碍

文学名著往往是学生阅读体验中"可爱的陌生人"，因为文学名著一般有一定的阅读门槛，如果没有得到有效帮助，即使是脍炙人口的《西游

记》，现在的孩子也未必能够读完全篇。有鉴于此，我们在丛书中提供了一整套助读系统，给不同阅读能力的学生提供各种贴心的帮助。篇前的作品导读，介绍作家生平、创作背景以及文学特色；精心设计的思维导图，有助于学生提纲挈领，理顺文本脉络或人物关系；简明的注释和精要的旁批，进一步扫清学生阅读与理解的障碍；每一个章节后，我们会让学生盘点一下收获，"精华点评"让学生有机会回味及总结精彩片段，同时引导学生深入思考。

阅读测评促能力，牢牢抓住"牛鼻子"

作为本丛书特色之一，我们特意在每一本名著后附赠一本《阅读测评》小册子，这一部分内容重在阅读实践的训练。有道是"操千曲而后晓声，观千剑而后识器"。理论再通透，方法再高明，如果不以实践来进行巩固和磨砺，无异于"临渊羡鱼"。而《阅读测评》正是为"退而结网"提供了一个实践的平台，让学生通过大量选文的阅读和练习，将阅读能力之"网"织得又结实又漂亮。

我们在小册子里安排了"知识积累""情节梳理""阅读感悟"等环节，对名著涉及的必须要掌握的知识点、情节脉络、理解难点做了全面梳理。作为小册子的重点，我们精心编制了分级阅读能力的检测题，让学生通过做题的方式，迅速检测阅读的效果。而读后感的样文展示及探究写作题，则是让学生学以致用，启发学生进行创意写作。

苏霍姆林斯基在《课堂教学与课外阅读》中说："学校教育的缺点之一就是没有那种占据学生全部理智和心灵的真正阅读。没有这样的阅读，学生就没有学习的愿望，他们的精神世界就会变得狭窄和贫乏。"但愿我们这套丛书，能够不断丰富青少年的精神世界，让学生学会在书的海洋里畅游，获得语文综合素养及身心的成长。

本 书 使 用 说 明

作 品 导 读

作家生平

蕾切尔·卡逊（1907—1964），美国作家，环保主义先行者。《寂静的春天》是她最负盛名的作品。

蕾切尔·卡逊1927年出生于美国宾夕法尼亚州，从小流连于野外，对自然、野生动物有浓厚的兴趣。幼年时期，她大部分时间是一个人待在野外的树林和小溪里，长久地欣赏溪边的飞鸟、花朵和鸣虫，童年的经历让她深深热爱自然，热爱生命。这种热爱也深深地影响着她的生活和写作。

蕾切尔·卡逊从小就做着作家梦，而母亲，是她走进文学梦，追梦成功的领路人。十一岁那年，她在母亲的鼓励和帮助下，发表了一篇短故事，后来她在美国联邦政府所属的鱼类和野生生物研究所工作，成为一名水生生物学家，这使她有机会接触到许多环境问题。在此期间，她写了《在海风下面》《海的边缘》和《环绕我们的海洋》等有关海洋生态的科学著作，这些著作使她跻身一流作家行列。

创作背景

1958年1月，卡逊接到她的一位作家朋友从马萨诸塞州写来的信。信中写到，去年夏天，州政府在这位朋友和她丈夫的一处两英亩私人禽鸟保护区上空喷洒了杀死蚊子的农药滴滴涕。但第二天，蚊子消灭了，她的许多鸟儿也都死了。她为此感到十分震惊，于是在给《波士顿先驱报》写了一封长信的同时，又给她的朋友卡逊写了张便条，并附上了这信的复印件，请这位久负盛名的作家朋友在首都华盛顿帮她呼吁一下，不要让这类喷洒的事件再发生了。

◀ ◀◀ 寂静的春天 1

> **作品导读**
>
> 了解作家生平、创作背景及作品影响

> **化学污染与生物圈**
>
> 一图看懂化学污染与人类生活的联系

导 读 ▶ ▶ ▶

提前把握作品主旨

昔日，小镇春天鲜花遍地，万物欢腾，充满生机，寒来暑往，人们流连迷恋这种自然而自由的生活，直到一批外来居民来到这里，他们修房定居，挖井建仓，死亡的幽灵便开始徘徊……

1. 明日的寓言

从前，美国中部有一座小镇，在那里生灵与其周围的环境和谐共处。小镇坐落在一片片如棋盘般交错排列的繁茂农场之中，田地庄稼遍布，山间果物盈盈。春天之际，一簇簇白色小花如云朵缀满绿色的旷野；到了秋天，橡树、桦树、枫树交织出斑斓的色彩，似跳跃的火焰在松林间摇曳。狐狸于山林轻叫，小鹿半隐在秋天清晨的雾霭里，情声穿过原野。

一年的大部分时间里，路边蔓生①的月桂树、荚蒾②、赤杨树以及巨大的羊齿植物和野花令过路人眼花缭乱，心旷神怡，即便是在冬日也别有一番景象，无数鸟儿从四方飞来，啄食暴露在雪层之上的浆果和干草穗头。事实上，乡村正是以鸟群的多样性而闻名，每至候鸟大规模迁徙涌入的春秋季节，总有许多游人从远方不辞跋涉赶来观赏。还有一些人喜爱来此垂钓，澄澈清凉的溪

旁批 万物生发，有美且美。春天的小镇，生机勃勃；秋天的小镇，繁花似锦，充满诗情画意。

加深理解精彩段落

① 蔓生　形容植物伸展的样子。
② 荚蒾　忍冬科落叶灌木，高可达3米，花冠白色，辐状，花药小，乳白色。

注 释　扫清字词理解障碍

精华点评　回味及总结阅读收获

延伸思考　深化从作品到现实的思考

知识链接　横向学习文中相关知识

阅 读 札 记 ▶ ▶ ▶

精华点评

与自然界精妙细微的演进相比，人类的活动似乎显得鲁莽无知。化学杀虫剂一方面以其强大的毒性扼杀害虫，另一方面却又无时无刻不在挑衅人类原本安全平静的生活。令人遗憾的是，这种潜在的危险并未引起人类足够的重视。作者作为环保运动的先驱，率先意识到化学杀虫剂的诸多弊端。在这一章节中，她通过大量详细的数据分析和科学事实，要求人类无须对滥用化学药品这一事实保持沉默，应当在言语上勇敢地发出呐喊，在行动上坚决地进行抵制，为重返人类生机勃勃的春天付诸实践！

延伸思考

人类在寻求缓解各类危机的方法时往往只把目光投在技术发展上面，这种做法一个明显的弊端是，一种技术被用于解决某一问题，但它的运用却导致了新问题产生。除了文中提到的化学制剂滥用会造成一系列可怕的连锁反应，你还能在生活中找到其他类似于此的例子吗？

知识链接

种群平衡

英国生态学家查尔斯·埃尔顿的著作《动植物入侵生态学》一书，应用生态学研究动植物"种群的暴发及其变化问题"，作者对"有害生物的传播、动物为媒介的流行病"等问题给出一个系统的解释，并就如何改进种群控制和保持种群平衡等问题进行了讨论，可与本书参考阅读。

作家生平

蕾切尔·卡逊（1907—1964），美国作家，环保主义先行者。《寂静的春天》是她最负盛名的作品。

蕾切尔·卡逊1927年出生于美国宾夕法尼亚州，从小流连于野外，对自然、野生动物有浓厚的兴趣。幼年时期，她大部分时间是一个人待在野外的树林和小溪里，长久地欣赏溪边的飞鸟、花朵和鸣虫，童年的经历让她深深热爱自然，热爱生命。这种热爱也深深地影响着她的生活和写作。

蕾切尔·卡逊从小就做着作家梦，而母亲，是引她走进文学梦，造梦成功的领路人。十一岁那年，她在母亲的鼓励和帮助下，发表了一篇短故事，后来她在美国联邦政府所属的鱼类和野生生物研究所工作，成为一名水生生物学家，这使她有机会接触到许多环境问题。在此期间，她写了《在海风下面》《海的边缘》和《环绕我们的海洋》等有关海洋生态的科学著作，这些著作使她跻身一流作家行列。

创作背景

1958年1月，卡逊接到她的一位作家朋友从马萨诸塞州写来的信。信中写到，去年夏天，州政府在这位朋友和她丈夫的一处两英亩私人禽鸟保护区上空喷洒了杀死蚊子的农药滴滴涕。但第二天，蚊子消灭了，她的许多鸟儿也都死了。她为此感到十分震惊，于是在给《波士顿先驱报》写了一封长信的同时，又给她的朋友卡逊写了张便条，并附上了这信的复印件，请这位久负盛名的作家朋友在首都华盛顿帮她呼吁一下，不要让这类喷洒的事件再发生了。

卡逊接到信后，深感责任重大，昔日在美国"鱼类和野生生物研究所"工作时，她就了解过滴滴涕对环境产生长期危害的情况。她和两位同事也曾经写过有关滴滴涕危害的文章，但未引起重视。如今朋友的来信"迫使我把注意力转到我多年来所一直关注的这个问题上来"，作家的良知使她决定，要把滴滴涕对环境和土地的危害写出来，引起大家的重视。

　　最初卡逊只是计划写一本小册子。后来，随着对滴滴涕危害的深入了解和研究，她感到问题比她想象中的要复杂，而且带来的长远的危害更加深远。经过长期准备，她阅读了数千篇文章和研究报告，克服了家人朋友接二连三去世的打击，自己也顽强地承受了身患癌症的痛苦，历时五六年时间，终于在1962年完成了《寂静的春天》这部作品。

作品影响

　　《寂静的春天》发表后，在美国社会引起巨大轰动，在这本绿色经典里，蕾切尔·卡逊描写了大量使用滴滴涕杀虫剂和其他污染物质对环境产生的越来越多的可怕影响。她查阅了大量的文献，使用了精确的数据，通过一件件事例警示人们，人不应当破坏土地，应当敬畏和保护自然。

　　这本书引起了社会极大的反响，五十年来始终争议不断。一方面，她引发了公众对环境保护问题的关注，扭转了长久以来人类征服自然，向自然宣战，人定胜天等流行的思想和观念。另一方面，通过不懈努力和斗争将这种关注持续发酵，最终引起各国政府的关注，各种环境保护组织纷纷成立，促使1972年在瑞典的斯德哥尔摩召开了人类环境大会，各国签署了《人类环境宣言》。人类终于意识到人应当对自然有所敬畏，热爱和保护与我们休戚与共的地球家园。

　　经过几代人的不懈努力，如今环保观念已经深入人心，人类终于明白，唯有更谦卑地尊重大自然，反省并改正自己的错误，才能挽救人类自己。回望历史长河，愿我们感谢卡逊的同时，更牢记卡逊的诘问："人类文明社会在发动针对其他生物的毁灭战争时，是否有能力保证绝不会危及自身以及不会失去文明社会应有的品格与尊严？"

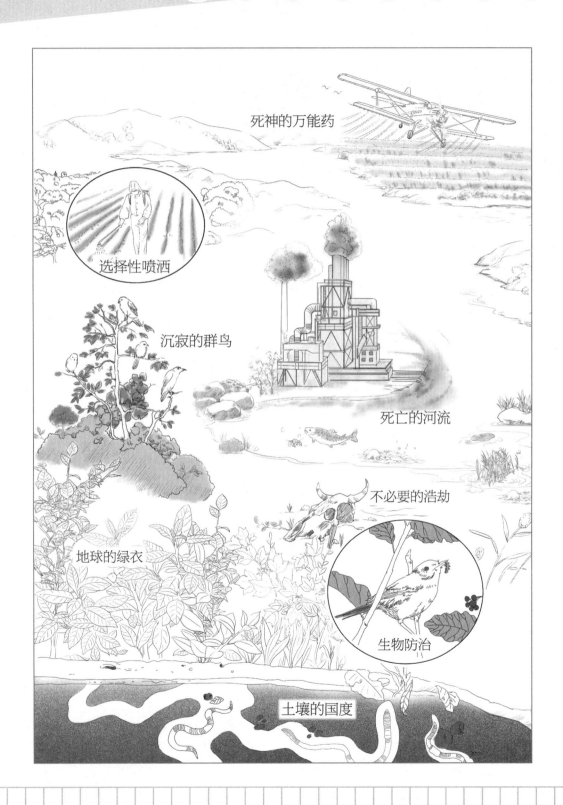

死神的万能药

选择性喷洒

沉寂的群鸟

死亡的河流

不必要的浩劫

地球的绿衣

生物防治

土壤的国度

目　录

导　读 ▶ ▶ ▶

昔日，小镇春天鲜花遍地，万物欢腾，充满生机，寒来暑往，人们流连迷恋这种自然而自由的生活，直到一批外来居民来到这里，他们修房定居，挖井建仓，死亡的幽灵便开始徘徊……

1. 明日的寓言

从前，美国中部有一座小镇，在那里生灵与其周围的环境和谐共处。小镇坐落在一片片如棋盘般交错排列的繁茂农场之中，田地庄稼遍野，山间果物盈盈。春天之际，一簇簇白色小花如云朵般缀满绿色的旷野；到了秋天，橡树、桦树、枫树交织出斑斓的色彩，似跳跃的火焰在松林间摇曳。狐狸于山林轻叫，小鹿半隐在秋天清晨的雾霭里，悄声穿过原野。

万物生发，有灵且美。春天的小镇，生机勃勃；秋天的小镇，繁花似锦，充满诗情画意。

一年的大部分时间里，路边蔓生①的月桂树、荚蒾②、赤杨树以及巨大的羊齿植物和野花令过路人眼花缭乱，心旷神怡，即便是在冬日也别有一番景象，无数鸟儿从四方飞来，啄食暴露在雪层之上的浆果和干草穗头。事实上，乡村正是以鸟群的多样性而闻名，每至候鸟大规模迁徙涌入的春秋季节，总有许多游人从远方不辞跋涉赶来观赏。还有一些人喜爱来此垂钓，澄澈清凉的溪

---

① 蔓生　形容植物伸展的样子。

② 荚蒾　忍冬科落叶灌木，高可达3米，花冠白色，辐状，花药小，乳白色。

涧自山上涌流而下，沿途形成一个个小水塘，其间鳟鱼畅游，水草浮荡。这个乡村一直保持着这样的风貌，直到许多年前的某一天，一批居民来到这里修房定居、挖井建仓，此后一切都变了。

一种古怪的枯败之气在整个地区蔓延，某些不祥之兆也降临到社区中：神秘病症横扫鸡群，牛羊成片病倒死亡。每个角落无不笼罩着死神的阴影。农夫们焦虑地谈论着这些新近频繁出现的病状，镇上的医生也对它们束手无策。后来甚至出现了一些难以解释的突发死亡现象，而且不仅发生在成人中间，小孩也未能幸免，这些孩子在玩耍时猝然发病，并在几个小时内死去。

顿时只剩一片诡异的寂静。比方说，成群的鸟儿都到哪里去了？人们谈及此，不免心生疑虑、不安。后院里给野鸟喂食的地方荒废了，偶尔见到的鸟儿也都奄奄一息，翅膀不住颤抖，再难翱翔天际。这是一个没有声音的春天。往日的清晨，这里总有乌鸦、鸫鸟、鸽子、樫鸟、鹪鹩的和鸣以及其他鸟啼的合唱回荡缭绕，如今却无半点声息，只有寂静在田野、山林、沼泽间弥散。

农场里，母鸡和往日一般生产孵卵，却没有小鸡破壳而出。农民连声抱怨再也没有办法养猪了，因为新生的小猪太过孱弱①，几天后就全都病死了。苹果树仍旧花开满枝，但往昔嗡嗡飞舞的蜜蜂却不见了踪影，苹果花得不到授粉，因此也结不出果实来。

从前迷人的路边景色而今只剩满目枯黄，就像遭了火灾似的，了无生气。这处也是死寂无声，仿佛已被所有生灵遗忘抛弃。就连山涧溪流也变得死气沉沉，钓鱼者不再访问此地，因为所有的鱼都死了。

屋檐下的排水沟里、房顶的瓦片之间，依然残留着一种白色粉末的星点斑痕，几周前，它如雪花般洒落在屋舍、草坪、田野和溪流中。

令这个世界受病魔侵袭，使新生命的萌芽之声陷入沉寂的既不是巫人的魔法也不是敌人的行动，而是人们自己的行为。

这个小镇并非真实存在，但在美国和世界上的其他地方却能轻易找到上千个与它相似的村落。诚然，并没有一个社区遭受过

---

① 孱（chán）弱　单薄，贫乏。

我所描绘的所有不幸，但其中的每一种灾祸都曾在世上的某个角落真实发生，而且确有一些村庄业已经受了大量的痛苦。一个可怖的幽灵已经悄然降临在我们之间，这个虚构的悲剧或许将轻易变为悚然①的现实。

究竟是什么使得美国无数城镇的春天之声哑然沉寂？这本书将尝试对此做出回答。

① 悚（sǒng）然 害怕的样子。

阅 读 札 记 ▶ ▶ ▶ ▶

精华点评

春天，万物复苏，生命萌发，原本应当热闹而斑斓。春天，人们曾经迫不及待地四处游走，寻找春天，感受春意，欣赏春色。这儿的清晨曾经荡漾着乌鸦、鸫鸟、鸽子、樫鸟、鹪鹩的合唱以及其他鸟鸣的声浪；而如今，一切美好的声音都没有了，只有一片死气沉沉的寂静覆盖在大地、草原和人们心头，死亡的阴影盘旋在天空。这个在开篇就提及的明天的预言，不禁让人思考，到底是什么让今天的美好消逝，又是什么让无数城镇的春天沉寂？

延伸思考

五十多年前发生在美国小镇的寓言，如今在现实生活中早已司空见惯。请列举身边的环境受到破坏的例子，是什么原因导致了这一现状？

知识链接

《寂静的春天》的出版

1962年6月16日，《纽约客》开始连载《寂静的春天》，随后数十种报纸和杂志纷纷转载，使之在美国全国引起轰动。全书于9月27日正式出版后，先期销量便达4000册，到1962年12月卖出了10万册。1962年的整个秋季，《寂静的春天》都居于《纽约时报》畅销书榜首。据统计，该书出版25周年之时，已累积售出了近200万册，足以说明它受欢迎的程度。而与此同时，学者专家、化工公司以及大众读者围绕这本书产生的争论至今也没有停止过。

导　读 ▶ ▶ ▶

　　大自然神奇美丽，充满灵性，它是与人类平等的相互关联的生命存在，然而随着人类文明进程的加快，自然的和谐统一被打破，一种看不见的危险四处弥漫。究竟是什么导致我们赖以生存的星球危机四伏？读完本章，你或许能找到答案。

2. 承受的义务

生命与其生存环境关系密切，这种亲密的关系推动地球稳定地、可持续地向前发展。

　　长久以来，地球生命的历史就是生物及其生存环境之间相互作用的历史。地球植物与动物的物质形态和习性在很大程度上是由环境雕塑而成的，但纵观地球的漫长历史我们发现，生物对环境的反作用却是微乎其微的，只有一个物种在当下的这个世纪拥有了改变其所处的自然世界的能力——人类。

　　在过去的四分之一个世纪里，这种能力不仅飞速壮大至令人悚然不安的量级，同时它的特性也有所转变。人类对环境的所有

点明全书的主要观点，这将是作者批判的中心。

进犯中，最触目惊心的是危险甚至致命的物质对空气、土地、河流和海洋的污染。这类污染大多是不可逆的，它引发的连锁反应不仅危及生物生存的环境，而且会对生物的活组织造成难以恢复的伤害。在眼下的普遍性环境污染中，化学物质对世界和生命的本质造成的灾难性转变可与核辐射相提并论，但人们往往很少意

识到这一点。核爆炸释放的锶-90[①]扩散至大气，黏附于飘尘，融进雨雾落于土壤，累积在生长的草被、玉米或小麦中，随着时日推移逐渐侵入人体，积留在骨髓中直至死去。化学制品也与之相似，它们抑或撒播于田地、森林或花园，在土壤中长久停留，而后进入生物体，从一个个体传递至另一个个体，形成一条通往中毒与死亡的环链；抑或隐入四通八达的地下水系，随之奔流，直至再次暴露于地表，在空气与阳光的作用下生成新的形态，令植被枯萎、家畜染病，对饮用未经净化的井水的人们造成不可预知的伤害。正如阿伯特·斯切维泽所言："对于自己一手制造的魔鬼，人们往往难以认清它的真面目。"

化学药品的危害鲜为人知，核辐射的危害广为人知，两者相提并论，强调了滥用化学药品的危害程度。

　　自然经过了数亿万年的岁月才创造出了如今聚居于地球的众多生物，在这段漫长的时光里，各生物体不断发展、进化，最终形成一个与其生存环境协调共处的平衡状态。环境对生物演化进行严酷的限制和严格的引导，既为其提供给养，也存在对生命不利的因素。某些岩石会释放危险的射线，就连为万物提供能量的阳光中也蕴含着会对生物产生危害的短波辐射。各生物体之间达成稳定平衡所需的时间不是以年计，而是以千年计。时间是最根本的要素，但在如今的现代社会，已无多余的时间可供挥霍。

采用比喻的修辞，生动形象地写出人类滥用化学药品导致环境恶化却毫无觉察。我们自以为探求了自然奥秘，甚至是拥有操纵和改造自然的能力，殊不知最终我们将自食恶果。

　　在新时代的飞速巨变下，人类发展的步伐变得急剧匆忙，早已远远超过了自然演化的从容节奏。如今，人类生活环境中的放射物再也不是只早在地球出现任何生命之前就已存在的岩石本底辐射、宇宙射线以及太阳光的紫外线辐射，还有人类操纵原子活动产生的非自然辐射物质；生物体需要适应的化学物质也不再只有从岩石中冲刷出来，然后随江河奔流入海的钙、二氧化硅、碳以及其他矿物质，还有在人类的丰富创造力指导下的实验室产物，而这类合成物在自然界往往没有对应的物质。

　　适应这些化学物质所需的时间须以自然界的标准进行量度，它需要的远不止人类一生的寿命，而是好几代人的时间。但是，即便是有奇迹降临，所谓的"适应过程"也很有可能是徒劳无功的，因为新的化学合成物源源不断地从实验室里生产流出，仅美国一个国家，每年投入实际使用的新化学物质就多达五百种。这

[①] 锶-90　元素锶的一种放射性同位素，是 β 辐射体。锶-90在一类致癌物清单中。

一数据无疑令人惊愕，它可能带来的后果也很难预测，因为人类和动物机体每年必须适应的这五百种新的化学合成物完全超出了生物所经历的极限。

这些化学物质有许多被用于人类对自然发动的战争中。自二十世纪四十年代中期起，共有几千种牌子出售逾两百种基础化学物质，用于杀死昆虫、野草、啮齿动物及其他被现代社会称为"害虫"的生物体。

如今，这些喷雾、药粉和药水广泛应用于大多数农田、花园、森林和家居，未加筛选的化学药物将所有昆虫驱杀殆尽，不分"好坏"。于是，鸟儿的歌声归于沉寂，溪流里的畅游鱼群踪迹难觅，树叶蒙上枯败的残影，化学物质则长久地遗留在土壤里。其实，人们最初的目的仅仅是为了除去少数野草和昆虫，但是，在地球表面撒播下一层层毒药怎么可能不给其他生灵带来损害呢？它们不该叫"杀虫剂"，应该叫"杀生剂"。

喷洒化学物的这个方法似乎陷入了一种螺旋式的无尽循环中。自从滴滴涕开放为民用，农药的使用规模持续升级扩大，有毒物质的需求量也随之增大，这是因为根据达尔文的适者生存原则，昆虫会进化出对特定杀虫剂免疫的超级物种，此时就必须开发出另一种毒效更为烈性的农药——于是情况愈演愈烈。还有，就是在喷洒农药之后，害虫常会出现短暂的反扑或复生，数量上会比之前更多（出现这种现象的原因我们之后再详述）。所以，这场化学的战争，人类永远无法取得胜利，但所有生灵却都已被卷入熊熊的战火之中。

因此，除了将目光聚焦于可能令人类覆灭的核战争危险以外，我们这个时代还应有另一个中心议题，那就是这些具有骇然的潜在危害的物质对整个人类生存环境的污染，它们积聚在动植物的组织中，甚至渗透进入生殖细胞，破坏或篡改能够决定后代生物形态的遗传因子。

某些立志成为人类未来的设计师的人总是期盼着有一天能够按照自己的设计宏图修改人类的遗传物质，而现在我们或许已经在无意中做到了这一点，因为许多化学物质，如放射物，的确会引发基因突变。人类的未来竟然有可能是由杀虫剂这样看似微不足道的东西所决定的——这可真是对人类的极大讽刺！

我们所冒的这一切风险究竟是为了什么？将来的历史学家可能会对我们在权衡事情的轻重利弊时所展现的低下判断力感到十分诧异。充满智慧与理性的人类怎么可能采用一种既对整个生态环境造成污染，又给自身引来疾病的侵袭，甚至可能招致灭顶之灾的手段，却只是为了控制少数几类有害的物种呢？

然而，我们所做的恰是如此！而且，支撑我们如此行动的理由根本是站不住脚的，甚至可以说是不堪一击。普遍的观点认为，农药的大量及广泛使用是为了保证农作物的产量，但是，我们现今面临的问题之一难道不正是"生产过剩"吗？虽然我们正推行措施减少农产面积，并补贴农民让其转业不再从事农业生产，但现有田地的农作物产量依然大批量过剩，仅1962年一年，美国纳税人为过剩粮食储存计划所支付的运输和囤积费用就高达十亿美元。试想一下，若农业部各分部正试图减少农业生产，此时却有另一个部门跳出来宣称："人们普遍认为，在土地休耕补贴制引导下的农作物种植面积缩减将进一步刺激农药的使用，以实现现有农田的产量最大化。"如此做法岂不是自相矛盾？它对我们面临的境况又有何裨益呢？然而，在1958年，这样的事情却真实地发生了。

这样说并不表示虫害是不存在的或对虫害的控制是不必要的，我主张的是，虫害控制必须立足于真实现状，而非不切实际的虚拟情境，而且采取的措施必须满足一个前提，即它们不会在消灭昆虫的时候将人类也一并摧毁。

作者以冷静、客观的态度陈述自己的立场，告诫人们：使用化学制剂不应以牺牲环境为代价。

这些问题的产生是现代生活方式发展至此的必然伴随物，但无奈的是，尝试解决这些问题的举措却反而引发了一系列灾难性后果。在人类出现之前的年月，栖居在地球的是昆虫——一群极富多样性与适应性的生物。随着时间的推移，由于人类的诞生繁衍，超过五十万种的庞大昆虫种群中的一小部分开始与人类的利益发生冲突，冲突主要在两个方面：一是与人类争夺粮食；二是成为人类疾病的传播者。

在人类密集聚居的地方，尤其是那些卫生条件落后，恰有自然灾害或战争爆发、极度贫穷、物资匮乏的地区，作为疾病载体的那类昆虫所引起的问题显得尤为严峻，因而有必要采取措施对情况进行控制。不过，需要我们正视、警醒的一个事实是，大规模使用化学药物进行控制的方法只取得了有限的成效，而且更糟糕的是，它还会反过来对我们试图改善的问题造成威胁。

在农业耕种的伊始阶段，虫害问题鲜少出现，随着农业集约化的持续发展，这些问题才逐渐涌现。集约农业指的是大面积耕种单一作物的农业经营方式，这样的农业系统为某一特定昆虫种类数量的爆炸性增长创造了条件。垦殖单一作物并不符合自然的发展规律，它是人类设计的产物。自然赐予了大地多彩多样的植被种类，人类却执意追求"大道至简"；自然为众多物种设计了固有的平衡共处模式，人类却一手瓦解了这种制衡格局。自然界维持平衡的重要手段之一就是限制每一个物种的适宜栖息地的面积。相同面积下，单一耕种小麦的农田中的食麦昆虫数量显然要多于小麦与其他作物混种的农田，因为其他作物不适宜食麦昆虫的繁衍。

同样的事情在其他情况下也时有发生。上一代人或更久以前，美国各大城镇的街道两旁都栽满了高大的榆树，而如今，人们期盼的壮美景观却深受一种由甲虫携带的病菌的威胁，凋零殆尽。因为在这些城镇栽植的景观植物中，乔木科植物仅有榆树一种，所以这类只能在树木间传播的甲虫便在榆树间大肆繁衍生长，终成大患。

另外，我们须从地质学和人类历史的角度思考，才能窥见促成现代虫害问题的另一因素——成千上万种生物从源生地向新地域的扩散与入侵。英国生态学家查尔斯·埃尔顿在其近作《生态入侵》一书中系统地研究了全球性的生物迁徙问题，并做出了生动的描述。几百万年前的白垩纪①时期，大幅上升的海平面淹没并切断了连接各大陆板块的大陆桥，许多生物被迫困于埃尔顿所说的"大型隔离自然保护区"中，与它们的同属类伙伴分离隔绝，各自演化发展出了许多新的种属。当一百五十万年前一些大陆板块再次接合时，这些物种开始向新的地域迁徙。这种生物的迁徙

> 人类自以为洞悉了自然的秘密，却不知自然的奥秘远超于目前人类的知识体系；人类自以为能让自己的生存家园更美丽，却不知自己正亲手打破自然界内在的制约与平衡机制。

---

① 白垩纪，是地质年代中中生代的最后一个纪，始于1.45亿年前，结束于6500万年前，是显生宙最长的一个阶段。这时期，大陆被海洋分开，地球变得温暖、干旱。许多新的恐龙种类开始出现，最早的蛇类、蛾和蜜蜂以及许多新的小型哺乳动物也出现了。

运动从未中断，而且在当下正受到来自人类的大力协助。

在现代的物种传播中，进口植物是首要媒介，因为动物总是随附于植物一齐迁移，而进出口检疫审查方才启动不久，这种新方法的效用还有待检验。单美国植物引进局一个机构就从世界各地引进了大约二十万种植物，美国的一百八十种主要植物害虫中有将近一半是在无意中从外国引进的，而它们中的大部分是附随在植物上进入美国境内的。

入侵植物或昆虫能够在新的栖息地中快速繁衍蔓延，因为这里没有原来生长地区中的天敌来限制它们的数量。因此，最令人苦恼的昆虫往往是外来物种也就不足为奇了。

不管是自然行为还是人类助力，这类生态入侵极有可能还将无休无止地持续下去，耗资巨大的进出口检疫和化学药物大型系列活动其实也只是在拖延时间罢了。正如埃尔顿所言，"如今我们已走到了生死攸关的十字关口，但我们需要的不仅仅是消灭某种植物或动物的新技术"，我们更急需的是有关动物种群的基本知识以及了解它们与环境之间的关系，以便促使形成一个平衡的生态环境，抑制虫害的爆炸性蔓延和阻止新的物种入侵。

这些必要的知识在现今大多已是唾手可得①，但我们却没有好好地利用它们。我们的高等学府培养出了许多优秀的生态学家，甚至政府机构里也聘请了许多生态顾问，但我们却很少听取他们的建议。我们任由致命的化学物质如雨水般落入大地，坚决得仿佛我们别无选择，但事实上，我们还有许多可供替代的方案，只要给予机会，依靠人类的智慧必能另辟蹊径②。

> 对于化学药剂的危害，人类茫然无知、熟视无睹。

难道我们已经陷入了一种迷惘的境地，失去了追求美好的意志与决心，只能向不利的命运低头？用生态学家保尔·谢泼德的话来说，这样的想法"无异于认为理想的生活就是做一只把头埋进沙砾中的鸵鸟，在只比人类可承受的极限恶劣环境好一些的境况中蹒跚前行……带有微弱毒性的一日三餐、死板枯寂的家居

---

① 唾手可得　唾手是指往手上吐唾沫，动手就可以取得。比喻毫不费力可以得到。语出《后汉书·公孙瓒传》。

② 另辟蹊径（xī jìng）　意思是另外开辟一条路。比喻另创一种风格或方法。出自叶圣陶《倪焕之》。

环境、一场对手并非敌人的战争、不足以惹人癫狂但又十分恼人的发动机噪音，这一切的一切，我们为什么要甘心忍受？又有谁愿意住在这样一个仅仅称得上是'还不至于叫人毁灭'的世界呢"？

然而事实是，一个这样的世界确实正在朝我们步步逼近。一场旨在创造一个无病菌、无虫害的世界的改革运动似乎已然唤起了部分专家和大多数所谓的环境管理机构的巨大热忱。许多方面的证据表明，那些致力于推行农药喷洒的人在行使手中的权力时是十分坚决而无情的。"那些具有监管权力的昆虫学家在执行命令时似乎同时扮演着实行者与司法官、法官与陪审团、估税员与收税员的角色。"美国康涅狄格州的昆虫学家尼利·特纳如是说道。不管是州一级的机构还是联邦政府的机构，都对这种十分恶劣的公然滥用权力的情况听之放之，任其自流。

我并非主张应该就此永远放弃使用化学杀虫剂，我反对的是将对生物体十分强效且有毒的化学药物不加选择地交付到人们手中，并任由这些对化学制品的潜在危害一无所知的人大肆使用。而今，已有数量庞大的人群在不知情或未经他们同意的情况下与这些毒物产生了接触。如果民权法案中没有明确的条例保障公民免受无论是私人个体还是政府机构撒播的致命毒药的危害，那么唯一可能的原因只能是我们智慧且深谋远虑的先辈们未能预想到这个问题的存在。

我还反对在调查清楚所施用的化学药物会对土壤、水体、野生动植物和人类所产生的作用之前就将其投入使用。若我们不对所有生物体赖以生存的大自然加以呵护，我们的子孙后代将不会宽恕我们的疏忽。

对于自然正面临的种种威胁，我们仍知之甚少。当下的这个时代是一个专家学者数不胜数的时代，但他们大多只浸淫于自己所属的领域，研究与自己专业相关的问题，却没有意识到将问题置于更高的维度与框架中进行思考的必要性。这也是一个由工业占支配地位的时代，在工业社会中，不惜代价赚取利益的处事原则很少受到谴责与挑战。当公众遭受由于农药的使用而引发的毁灭性危害并提出抗议时，他们得到的往往只有真假混同的安抚性报道，因此我们急需终结这些欺骗性极强的虚言保证，撕毁那些

生物学家保尔·谢泼德的言论极具感染力。诚然，在这个世界上，每个人都有享受美丽自然的权利，但没有人希望自己的一生仅仅是活着。

对于自然，我们不仅要关切，更重要的是应抱着科学甚至是敬畏的态度。善待自然，自然会赠予我们财富，肆意操纵甚至改造自然将会受到其严惩。

将人们难以接受的真相团团裹藏的糖果外衣。病虫害防治机构造成的风险需要由公众去承担，因此，也必须由公众去决定是否仍要沿行目前的道路，而只有在全面透彻地了解了真相以后，公众才能正确客观地做出这个决定，正如让·罗斯丹所言："承受的义务赋予了我们了解的权利。"

> 正义的呼声终将响起，多行不义必自毙！逆来顺受的人们必须发出义正词严的抗议！

阅 读 札 记 ▶ ▶ ▶

精华点评

与自然界精妙细微的演进相比，人类的活动似乎显得鲁莽无知。化学杀虫剂一方面以其强大的毒性扼杀害虫，另一方面却又无时无刻不在挑衅人类原本安全平静的生活。令人遗憾的是，这种潜在的危险并未引起人类足够的重视。作者作为环保运动的先驱，率先意识到化学杀虫剂的诸多弊端。在这一章节中，她通过大量详细的数据分析和科学事实，要求人类无须对滥用化学药品这一事实保持沉默，应当在言语上勇敢地发出呐喊，在行动上坚决地进行抵制，为重返人类生机勃勃的春天付诸实践！

延伸思考

人类在寻求缓解各类危机的方法时往往只把目光投在技术发展上面，这种做法一个明显的弊端是，一种技术被用于解决某一问题，但它的运用却导致了新问题产生。除了文中提到的化学制剂滥用会造成一系列可怕的连锁反应，你还能在生活中找到其他类似于此的例子吗？

知识链接

种群平衡

英国生态学家查尔斯·埃尔顿的著作《动植物入侵生态学》一书，应用生态学研究动植物"种群的暴发及其变化问题"，作者对"有害生物的传播、动物为媒介的流行病"等问题给出一个系统的解释，并就如何改进种群控制和保持种群平衡等问题进行了讨论，可与本书参考阅读。

导　读 ▶ ▶ ▶

　　古希腊神话中，潘多拉经不住好奇打开了魔盒，释放出人世间的所有邪恶，这个小盒子成为人世间的灾祸之源。如今走进文明社会，各类化学制剂的滥用严重影响到生态环境，威胁人类健康甚至生命，化学界的"潘多拉盒子"被不幸打开了……

3. 死神的万能药

　　如今，每个人的一生，从孕育伊始直至死亡降临，都注定要与危险化合物产生接触，在悠远的世界历史上还是第一次出现这样的现象。合成杀虫剂实际投入使用至今还不足二十年，但它们的踪迹业已布满生命世界和无生命领域的每一个角落，在大部分主要水系，甚至是暗伏于地表之下的地下水流中均能检测到它们残留的痕迹，十几年前撒播过化学物质的土壤中仍有余毒残存，鱼群、鸟类、爬行动物、家畜、野生动物普遍受到这些化合物的侵入。进行动物实验的科学家在筛选实验对象时发现，现在已经很难找到从未遭受此类污染的个体了，无论是生长在偏远湖区的鱼儿还是深藏在土壤中的蚯蚓，抑或是飞鸟刚诞下的卵蛋，甚至是人类自身都无一幸免。而今，这些化学物质已经积留在大多数人类的肌体中，无论年龄长幼。它们不仅存在于母亲的奶水中，甚至在未出生幼儿的细胞组织里都能寻到它们的影迹。

　　这一切现象的出现都缘于一个产业链的突然兴起与惊人扩

张，这个产业大多专注于生产具有杀虫特性的人工合成化学物质，它是第二次世界大战的产物。当时，一些专门从事用于化学战争的药剂研发的实验室发现，其中某些药品对昆虫具有致死作用。这一发现并非来自偶然，因为昆虫常被广泛当作测试致死药剂的实验品。

今时今日，合成杀虫剂产品层出不穷，犹如一条绵延不绝的溪流，而上述提及的这个发现就是这条溪流的源头。天才的科学家们在实验室里巧妙地操纵分子、替换原子，改变它们的排列结构，以如此手段创造出的人工合成杀虫剂与二战以前的简单杀虫剂相去甚远。从前的杀虫剂提取自天然的矿物质与植物果实，大多为砷、铜、铝、锰、锌及其他元素的化合物，比如，除虫菊来自干菊花，尼古丁硫酸盐来自烟草的某些同属类植物，鱼藤酮则来自东印度群岛的豆科植物。

新兴的合成杀虫剂之所以如此与众不同，是因为它们具有巨大的生物学活性。它们不仅能够高效地毒死昆虫，还会进入生物机体至关重要的生理过程，令它们发生恶劣，甚至是致命的病变。因此，正如我们将会看到的情况一样，它们会摧毁保护我们的机体免受外来侵害的生物酶，阻碍作为机体能量来源的氧化过程，破坏各器官的正常运作，更有甚者，还可能促使某些细胞发生缓慢但不可逆的变化，最后引起癌变。

现在年年都会新推出许多毒性更烈的化学药品，各有新的用途，使得与这些化学制品的接触已然成为全球性现象。美国合成杀虫剂的产量从1947年的一亿两千四百二十五万九千磅飙升至1960年的六亿三千七百六十六万六千磅，增长超过五倍之多，这些产品的总销售额高达二亿五千万美元。然而，在这个产业的远景规划中，这一庞大的销售总额还仅仅只是一个开端。

因此，一册《杀虫剂总录》对于我们来说就显得至关重要了。倘若我们与这些化合物的亲密共处已然是无可避免的——吃喝的食物中皆有它们的残留物，就连我们的骨髓都已遭到了它们的污染，那么我们必须对它们的特性与威力有所了解。

尽管自第二次世界大战起，人们就抛弃了原来由无机物构成的杀虫剂，转而投向碳分子的神奇世界，但仍有几种重要材料沿用至今。其中首屈一指的就是砷，它是多种除草剂和杀虫剂的基本成分。砷是一种毒性极高的无机物质，在多种金属矿中含量较高，在火山、海洋和井水中也有少量分布。它与人类的关系历史悠久、复杂多变。由于它的许多化合物都食而无味，所以早在波吉亚家族[①]时代以前，它就是人们钟爱的用于谋杀的毒药了，至今依然如此。英国的烟囱烟灰中含有砷，而早在两个世纪以前，一位英国物理学家就已经通过实验确认，烟灰中的砷与某些芳族烃是致癌物质。有记录显示，在较长的一段时期内曾有慢性砷中毒流行病盛行，几乎波及所有人口。被砷污染的环境会在牛、马、山羊、猪、鹿、鱼和蜜蜂间引发疾病，甚至造成死亡。然而尽管这一切都血泪昭昭[②]地记录在案，但含砷喷雾与粉剂至今仍被广泛使用。美国南部一座盛产棉花的小镇就因为在棉花中喷洒了含砷药剂，使得该镇的养蜂业几近破产，长时间使用含砷粉剂的农民大多深受慢性砷中毒的折磨，就连所养的牲畜也难逃含砷农药或除草剂的毒害。蓝莓地里的含砷粉剂随风飘洒到周围的农田中，不仅污染了水源，毒死了蜜蜂与牛群，还令人类也染上了疾病。"近年来，我们的国家漠视公众健康，大肆使用含砷化学物，再也找不出比这更糟糕的情况了，"环境性癌症方面的权威专家、美国国家癌症研究所的W.C.惠普博士强调，"任何一个目睹了含砷杀虫喷雾和粉剂的使用的人，都会对使用者粗心马虎、不加节制的态度感到震惊。"

现代杀虫剂的毒性更加强烈，其中大部分属于两大类化学物质：一类是氯代烃类，以滴滴涕为典型代表；另一类是有机磷，以人们熟悉的马拉硫磷和对硫磷为典型代表。它们都有一个共性，就是这些物质的结构都是建立在碳原子的基础之上的，这一点我们在先前已稍有提及。碳原子是生物世界不可或缺的构筑基石，因此，含碳化合物也被称为"有机物"。为了深入地了解这

① 波吉亚家族　是15、16世纪文艺复兴时期影响整个欧洲的西班牙裔意大利贵族家庭，仅次于意大利佛罗伦萨最有名的美弟奇家族。波吉亚家族的"名"不是美名，而是恶名，是一个被财富、阴谋、毒药的阴影笼罩着的家族。

② 昭昭　指明亮；光明。语出《楚辞·九歌·云中君》："烂昭昭兮未央。"王逸注："昭昭，明也。"此处意为明白，清楚。

些化学物质，我们必须研究其基础构造以及它们之间是如何相互催化促进并最后成为致命药剂的。

碳这种基本元素的原子具有一种无限的能力，不仅能够彼此聚合成链状、环状和其他各式构型，还能够与其他物质的原子相互结合。从微渺的细菌到巨硕的鲸鱼，生物体之所以拥有如此惊人的多样性，在很大程度上就是拜碳原子的这种神奇能力所赐。正如脂肪、碳水化合物、生物酶与维生素，繁复多样的蛋白质分子也是以碳原子为基础的，许许多多的非生命物质亦是如此，因此，碳未必就是生命的象征。

一些有机化合物仅仅是碳与氢的结合，其中构造最简单的莫过于甲烷（或称为沼气），一种由水下有机物经细菌分解作用生成的天然化合物，若与空气以适当比例进行混合，就会变成煤矿中令人色变的"爆炸性瓦斯"。它由一个碳原子与四个氢原子结合而成，其结构具有一种简约之美。

化学家发现可以取掉甲烷中的一个或全部氢原子，并用其他元素进行代换。比如，用一个氯原子替换一个氢原子，可以获得一氯甲烷；用氯原子替换三个氢原子，可以获得麻醉氯仿（即三氯甲烷）；用氯原子替换全部四个氢原子，可以获得四氯化碳，一种人们熟知的清洗剂。

以上，我们运用最简明的术语，以最基础的化合物甲烷的多种变化为例子，阐明了何为氯代烃类化合物。但是，对于碳氢化合物（或称为烃）这一领域的真正复杂性以及有机化学家用以创造出千差万别的化学物质的种种具体操作，这个概略的例子实在难以描绘其万一。因为甲烷只有一个单一的碳原子，而化学家处理的烃分子可能含有多个以环状或链状结合的碳原子，其附带的支链或侧链也不单单只是由简单的氢原子或氯原子构成，而极有可能是多种多样的复杂化学基团。看似极其细微的调整就能改变整个物质的特性，比如，只要稍微调整一下碳原子上连接的各支链的位置，物质的整体性质就会发生极大的蜕变。就是诸如此类的精微操作创造出了一系列效力非凡的有毒物质。

早在1874年，一位德国化学家就已成功合成滴滴涕（二氯二苯三氯乙烷的简称），但直至1939年，它在杀灭昆虫方面的效用从农药被发明和使用，至作者蕾切尔·卡逊发表这篇文章，再到今天，人们对农药的认识发生了哪些转变？

才被首次发现。滴滴涕很快被投入使用，它迅速扑灭了虫害，协助农民在一夜之间赢下与作物破坏者之间的战争。其发现者，瑞士的保罗·穆勒，还因此荣获了诺贝尔奖。

如今，滴滴涕的使用是如此普遍，以至于它在大多数人的心里留下了一个印象，误以为它是一种无公害的可常用产品。关于滴滴涕无公害的错觉或许是源自这样一个事实——它最初的用途之一是在战争期间为成千上万的士兵、难民和俘虏驱赶身上的虱子。由于有数量如此庞大的人群与滴滴涕有过十分亲密的接触，而在他们的身上并没有出现任何即时的不良病变反应，因此人们认定这种化合物是无害的。这一误解的产生实则是情有可原的，因为滴滴涕与其他氯代烃类化合物不同，仅通过皮肤接触，粉末形态的滴滴涕是不会被立即吸收的。然而，一旦溶于油，滴滴涕的毒性便显露无遗。若直接服用，滴滴涕将经消化系统而被缓慢吸收，同时，也有可能经由肺部被吸收。滴滴涕一旦进入人体，大部分会积存于含有大量脂肪的器官内（因为滴滴涕本身是脂溶性的），如肾上腺、睾丸或者甲状腺，还有相当多的一部分会存储在肝脏、肾脏和包裹保护着肠子的肥硕肠系膜中。

滴滴涕的积蓄过程开始于最小剂量的摄入（现今大多数食物中的滴滴涕残留物都能达到这个剂量），而后不断积累，直至达到一个较高的水平。脂肪含量较高的储蓄部位就像一个生物放大镜，就算从日常饮食中只摄入千万分之一的滴滴涕，在体内的累积量也会增至百万分之十至十五，增大了一百余倍。以上引用的这些数据对于化学家或药理学家来说已是老生常谈，但是普通大众对此却不甚熟悉。百万分之一，听起来似乎是十分微小的剂量——事实也确实如此。但这些物质的威力是如此之强大，极小的一点剂量就能引起机体的巨大变化。动物实验发现，仅百万分之三的药量就能抑制一种对心脏肌肉至关重要的生物酶的活性；百万分之五的剂量就能导致肝细胞的坏死与崩解；百万分之二点五剂量的杀虫剂狄氏剂和氯丹亦可造成同样的效果。

这并不令人讶异。在人体正常的化学反应过程中，也存在着这种剂量上的细微差别却引发重大后果的情况，比如，缺少小至万分之二克的碘便可引发某些疾病。由于这些微小剂量的杀虫剂在体内逐渐累积，而排泄的速度又十分缓慢，因此肝脏与其他器官慢性中毒与退化病变的危险都是切实存在的。

对于人体可承受的滴滴涕数量，科学家们仍未达成一致意见。一方面，美国食品与药品管理署的首席药理师阿诺德·雷曼博士认为，滴滴涕的可吸收剂量不存在最小值，同时，其可吸收与储存剂量也不存在最大值。另一方面，美国公共卫生署的威兰德·海耶斯博士则主张，每个个体都存在一个均衡临界值，超过这一数值的滴滴涕将会被排泄出体外。从实际应用的角度来说，孰是孰非其实并不十分重要，因为科学家对人体中积聚的滴滴涕数量进行细致研究后发现，一般人体内的积存量对机体就已存在潜在危害。不同的研究数据表明，除正常饮食外没有其他接触途径的个体体内的滴滴涕平均积存量为百万分之五点三至百万分之七点四；农业劳动者体内的平均积存量为百万分之十七点一；而杀虫剂生产车间的工人体内的平均积存量则高达百万分之六百四十八！不难看出，已经证实的人体体内的积存量范围跨度很大，其中最值得关注的一点是，即便是该范围中的最小数值也已经超过了会对肝脏和其他器官或组织造成伤害的临界水平。

数据对比。杀虫剂工厂的工人作为高危群体，滴滴涕人体残留量触目惊心！

滴滴涕与其他有关化学物质最险恶的特性之一，是它们通过整条食物链上的每一个环节从一个机体传播至另一竞争机体的方式。比如，有一片苜蓿田地播撒了滴滴涕粉剂，而后农民把这些苜蓿当作饲料喂给母鸡，最后，母鸡生下的鸡蛋中便会含有滴滴涕。又或者，含有百万分之七至八滴滴涕的干草被制成饲料用来喂养母牛，那么，母牛产出的牛奶中将有百万分之三左右的滴滴涕残留，但以这些牛奶为原料制成的黄油由于浓缩作用，其滴滴涕含量将飙升至百万分之六十五。最开始时含量十分少的滴滴涕在经过这样一系列的转移、浓缩之后，其含量将会大幅增长。虽然食品与药品管理署禁止有杀虫剂残留的牛奶在各州之间运输转卖，但事实上，农民们如今已经很难找到未受到污染的奶牛饲料了。

生动的事例讲述了滴滴涕通过食物链传导的可怕过程。

毒药还可能经由母体传递到子女后代身上。食品与药品管理署已在母乳样本中检测出杀虫剂残留物，这就意味着母乳哺育的婴儿每天都在定时吸收小剂量的有毒化学物，而这绝非婴儿与这些有毒物质的首次接触，我们有理由相信，当婴儿尚在妈妈的子宫里时，这种接触就已经开始了。动物实验表明，氯代烃类杀虫剂可以自由穿过胎盘，而胎盘历来是将胚胎与母体有害物质隔离开的首要防护屏障。虽然婴儿摄入的量一般极少，但这也应该引起我们的重视，因为与成人相比，孩童更易受到毒素的侵害。也就是说，几乎所有个体在出生伊始，体内就已经携带毒素，并且这些有毒物质将伴其终身。

有毒物质极小分量地贮存，随后源源不断地累积，加之日常饮食摄入的分量就足以对肝脏造成伤害——所有这些事实促使食品与药品管理署的科学家们不得不在1950年宣布："我们极有可能大大低估了滴滴涕的潜在危害。"在医药历史上，出现这样的情况尚属首次，因此最终结局如何，目前仍无从得知。

氯丹也是一种氯代烃类杀虫剂，滴滴涕具备的一切讨厌特性它一样不落，通通具备，除此之外，它还有一种独有的属性，那就是其残毒能够长期停留在土壤、食物或其他喷洒过此物质的物体表面。氯丹利用一切可利用的途径进入人体，既可以通过皮肤吸收，还可以作为粉尘或喷雾被吸入体内，如若服用入口，自然也可以经由消化系统被人体吸收。与所有其他氯代烃类化学物一样，它会沉积在人体中，越聚越多。只含有百万分之二点五的极少量氯丹的食物一旦积聚在实验动物的脂肪中，最后可能积累生成百万分之七十五的氯丹贮存量。

曾做过相关实验的雷曼博士在1950年时曾将氯丹描述为"毒性最强的杀虫剂之一，任何与它有过接触的人都有可能中毒"。鉴于郊区居民大多无所顾虑地使用掺杂有氯丹的粉剂进行草坪日常维护，可见人们并没有把雷曼博士的警告放在心上。这些郊区居民并没有马上发病，看似并无大碍，但需要注意的是，这些毒素可长期潜伏在他们的体内，直到几个月甚至是几年之后才显露出獠牙，而潜伏期的长短是毫无规律可言的，因此人们几乎不可能追溯到这些有毒物质的来源。另一方面，死神也可能很快降临。一位受害者无意中将浓度为百分之二十五的工业溶液洒在皮肤上，四十分钟内便出现了中毒症状，还没等到医疗救助就已毒发身亡，毕竟这类中毒病症是不可能提前发觉并通知医务人员进行及时抢救的。

七氯是氯丹的基本成分之一，作为独立配方可在市场上单独购买。它在脂肪中具有极其高的积聚能力。若食物中只含有百万分之一的微量残留，在人体中就会积聚出含量已可计的七氯。它还能在土壤和动植物的组织中神奇地变化成另一种化学性质全然不同的物质——环氧七氯。对鸟类的测试表明，变化后生成的环氧七氯毒性更甚于七氯，而七氯的毒性强度是氯丹的四倍。

早在二十世纪三十年代科学家就已发现，碳氢化合物中有一类很特殊的、被称为氯化萘的化学物质，它们可以令与其产生职业性接触的人群患上肝炎和另一种非常罕见却十分致命的肝病，至今已使许多电气工业的工人患病甚至死亡，近年来更是将"魔爪"伸到了农业领域，在家畜中引发了一场致命的神秘疾病。鉴于这斑斑先例，三种与这类化学物有关的杀虫剂都位属毒性最强的碳氢化合物之列也就不足为奇了，它们分别是狄氏剂、艾氏剂和异狄氏剂。

狄氏剂是以德国化学家狄尔斯的名字命名的一种杀虫剂，若是口服，其毒性是滴滴涕的五倍；若通过皮肤吸收其溶液，毒性则是滴滴涕的四十倍。中毒者发病极快，毒素会对患者的神经系统造成极大的破坏，使其陷入惊厥状态，而且，患者发病之后通常恢复极慢，且长期伴有慢性病症。与其他氯代烃类物质肖似，狄氏剂引发的长期症状中同样包括对肝脏的严重损害。虽然狄氏剂施用之后会对野生生物产生极大的危害，但是，它仍旧因药性强劲且效力持久而受到使用者的青睐，成为现今最常用的杀虫剂之一。在鹌鹑和野鸡身上所做的实验表明，狄氏剂的毒性是滴滴涕的四十至五十倍。

对于狄氏剂在生物机体中的储存、分布以及排泄情况，我们了解尚浅，相关知识仍有许多空白。造成这种情况的原因在于，从很久以前开始，化学家们在发明新杀虫剂方面的创造才能就已远远超过了他们对于这些毒药在影响生物机能方面的了解。不过，种种迹象都表明，这些有毒化学物质会长期积留于人体，并如休眠的火山一般处于蛰伏①状态，只有当人体处于生理应激状态并开始利用其储存的脂肪时，它们才会骤然爆发。我们对狄氏剂仅有的这些浅薄了解皆来自世界卫生组织开展的抗疟疾活动所遭

在对其对生物机能方面的影响知之甚少的情况下，却对毒性如此之强的狄氏剂青睐有加，足见曾经一段时间里人们的盲目自大，缺少必要的谨慎和敬畏之心。

---

① 蛰（zhé）伏　本义指动物冬眠，藏起来不吃不动。也比喻人或者事物、事件隐藏不露面，比如蛰伏乡间。

遇的艰辛历程。由于传播疟疾的蚊子大多已对滴滴涕产生了耐药性，于是人们启用狄氏剂①替代滴滴涕进行疟疾防治工作，而正是从这个时候开始，从事喷药工作的工人中出现了中毒事件。毒发的过程异常迅猛，受感染的人员中有一半到全部不等（因工作项目的不同而异）出现惊厥症状，严重者抢救无效最终死亡。毒素在有些人的体内潜伏长达四个月才发作并引起患者惊厥。

艾氏剂②则稍显神秘，因为它虽然作为单独实体而存在，但与狄氏剂有着千丝万缕的联系。生长于使用过艾氏剂的土壤中的胡萝卜中竟然含有狄氏剂的残留物，这种化学转变不仅出现在生物组织中，土壤里也发现了它的踪迹。这一炼金术般的改头换面催生了许多错误的报告，因为化学家在研究施用过艾氏剂的土壤的药物残留状况时，一般只会检测艾氏剂的残留量，于是他们便会错以为所有的余毒都已挥发，再无残存，但实际情况是毒素依然存在，只不过残留的不是艾氏剂而是狄氏剂，化学家们需要再做一组狄氏剂的检测才能发现这一点。

与狄氏剂一样，艾氏剂也含有剧毒，会引发肝肾的退化性病变。一片阿司匹林药片大的艾氏剂就能毒死超过四百只鹌鹑。目前已有许多人类中毒的案例记录在册，其中大多数与工业处理有关。

艾氏剂与大多数该种类的杀虫剂一样，给人类光明的未来笼罩上了一层阴影——不孕症的阴影。有的野鸡服下的艾氏剂剂量太少，不足以致命，但从此却鲜少下蛋，即便偶尔下了蛋，孵出的小鸡也很快就夭亡了。这一影响不仅仅局限于飞禽类。摄入过艾氏剂的母鼠受孕率大幅降低，生下的幼崽也大多患有重疾并很快夭折；喂服过艾氏剂的母狗诞下的小狗也活不过三天。可见，中毒的双亲生下的后代大多受尽病痛的折磨并早早夭亡，目前尚无人知晓相同的情况是否会发生在人类的身上，但已知的事实是，该药剂已由飞机喷洒于许多郊区与农田了。

---

① 狄氏剂纯品为白色无臭晶体，工业品为褐色固体，不溶于水，溶于丙酮、苯和四氯化碳等有机溶剂，主要用为杀虫剂。

② 艾氏剂在农业上用于防治农作物害虫，可引起人肝功能障碍、致癌，作为一种有机氯杀虫剂，它是2001年5月22日，包括中国在内的90个国家的环境部长在瑞典斯德哥尔摩签署了《关于持久性有机污染物的斯德哥尔摩公约》，决定禁止或限制使用的12种持久性有机污染物之一。

异狄氏剂在所有氯代烃类中毒性最为强烈。虽然它的化学性质与狄氏剂十分相似，但两者在分子结构上的一点细微差别使得异狄氏剂的毒性大大高于狄氏剂，是它的五倍之多。在异狄氏剂的对比之下，这类杀虫剂的鼻祖——滴滴涕的毒性竟显得有些微不足道了。异狄氏剂在哺乳动物身上的毒性是滴滴涕的十五倍，在鱼类身上是三十倍，在某些飞禽身上则高达三百倍。

在近十年的使用中，异狄氏剂早已是劣迹斑斑，它杀死了不计其数的游鱼，毒害了大量散养在果园间的家禽，而且污染了许多水源。目前，已有至少一个州的卫生部门发出了严正警告，认为人们对异狄氏剂的草率使用正在危害人类健康。

在下述这一例堪称"最悲剧性的"异狄氏剂中毒事件中，当事人表面上似乎已经做了充足的预防措施，并无明显的疏漏行为，但仍旧无法阻止悲剧的发生。一对美国夫妇带着他们只有一岁的孩子移居委内瑞拉，他们发现新居中有蟑螂，于是几天之后他们在家中喷洒了含有异狄氏剂的杀虫剂。打药的时间大约是上午九点，打药之前，婴儿和饲养的宠物小狗就已被带到屋外，打药之后，这对夫妇还细心地擦洗了地板。当天的下午三点左右，婴儿和小狗回到家中，一个小时以后，小狗开始呕吐并出现惊厥症状，随后死亡。当晚十点，原本健康的婴儿变得像个木头人似的，失去了视觉与听觉，并频繁出现肌肉痉挛，显然失去了对周遭环境的所有感知。婴儿在纽约的一家医院接受治疗，数月之后情况无任何改善，也看不到痊愈的希望。其主治医师认为："情况会向好的方向发展的可能性极低。"

小狗死去，婴儿也受伤害，谁之过？异狄氏剂负有不可推卸的责任，真实而惨痛的事例比无味枯燥的说教更能警醒人心。

第二类主要杀虫剂为烷基或有机磷酸酯，是世界上最剧毒的化学品类之一。使用这类杀虫剂的最显要危险是，无论是喷雾剂的使用者，还是与随风扩散的药剂喷雾，覆有该药剂的植物或者是曾装盛该药剂的废弃容器有过偶然接触的人，都会发生急性中毒症状。佛罗里达州的两个小孩在路边找到了一个空袋子，于是便顺手用它来修补手头破损的风筝，不久之后，两人双双身亡，就连他们的三个玩伴也出现了病状。原来这个空袋子曾用于裹装一种叫作对硫磷的杀虫剂，这种杀虫剂正是有机磷酸酯的一种，后来的尸检证实，两个小孩正是被对硫磷毒害死去的。另一个案例则发生在威斯康星州。一对小孩的父亲正用对硫磷喷洒马铃薯，当时一个小孩正在马铃薯田毗邻的院子里玩耍，猝不及防地接触到了随风飘来的对硫磷喷雾，另一个小孩则跟随他的父亲跑入谷仓，嬉戏间双手无意地触碰到了喷壶的壶嘴，当晚，两个小孩一齐毒发死去。

这些杀虫剂的来历十分具有讽刺意义。虽然科学家早在许多年前就已经知晓了有机磷酸酯类物质的存在，但直到二十世纪三十年代后期，它们在杀灭昆虫方面的效用才被德国化学家格哈德·施拉德尔所发现。德国政府立即意识到，这些具有相似结构的化学物质或许可以作为新型杀伤性武器投入实战使用，于是便开始了秘密研发。后来，其中一些化身成为致命的神经毒气，另一些则被开发成杀虫剂。

有机磷杀虫剂影响生物体机能的方式十分罕见。它们能够破坏酶（酶对人体机能具有至关重要的作用）的活性，其目标是昆虫和温血动物的神经系统。正常情况下，神经冲动在神经元之间的传递是在一种叫作乙酰胆碱的化学介质的帮助下进行的，这种物质在履行完其职责之后便立即消失，它的存在是转瞬即逝的，因此若不借助某些特殊手段，医学专家是无法在它湮灭之前对其进行取样的。传递介质的这种瞬变性质对于人体的正常运作是非常必要的，如果在神经冲动传递过去之后乙酰胆碱仍不消解，那么，神经冲动就会在神经元之间不停地来回反射，此时整个机体的运转和活动就会变得极其不协调，出现震颤、肌肉痉挛和惊厥等症状，最后死亡。

我们的机体已为应对这种偶然突发情况做了准备。一旦传递介质不再被需要，一种叫作胆碱酯酶的防御性酶便会立即消灭它，通过这种方式，机体获得了一种精确的平衡，确保永远不会出现乙酰胆碱数量过剩的情况。然而，假如与有机磷杀虫剂发生接触，防御性酶就会遭到破坏，由于酶的数量减少，传递介质的数量便相应增加。有机磷类化合物的这一效果与发现于有毒蘑菇蝇蕈中的生物碱毒物蝇蕈碱相类似。

与有机磷杀虫剂的反复接触可能会持续降低胆碱酯酶的数量，直至个体达到急性中毒的边缘，此时，若再次摄入微小剂量的毒素，病症便开始发作。因此，十分有必要为喷洒农药的工作人员和其他频繁接触者提供周期性的血液检查。

对硫磷是最常用的有机磷农药之一，同时它的药力与危险性也位属最强之列。蜜蜂一经与对硫磷产生接触就会变得十分"躁动好战"，疯狂做抓挠的动作，半个小时内就濒临死亡。一位化学家想要通过最直接的方式来了解对硫磷在人体中的发病速度，于是他服用下大致为零点零零四二四盎司的对硫磷，意想不到的是，吞服之后，他立即出现了瘫痪症状，发病速度之快使得他都来不及服下旁边伸手就能拿到的解毒剂，于是这位科学家就这样死去了。据说现在服用对硫磷已成为芬兰人最喜爱的自杀手段了；近年来，加利福尼亚平均每年都会报道超过两百宗关于服用对硫磷自杀的新闻；在世界的其他地区，对硫磷的致死率之高令人震惊：1958年印度共有一百个死亡病例，叙利亚有六十七个，日本平均每年有三百三十六人因对硫磷而中毒死亡。

然而，如今仍有大约七百万磅的对硫磷通过人工喷洒、机动喷雾机、喷粉机以及飞机被施用于美国的农田和果园。据一位医学界权威人士称，光是加利福尼亚一州的农田所喷洒的对硫磷数量就能"把全世界人口毒死五至十次"。

> 描述实例中蜜蜂和人在接触对硫磷后的反应，直观呈现对硫磷的危险性；又罗列具体的数字说明各地受到的危害，更为准确，具有说服力。

在此等恶劣的情况下，人类之所以还未遭受灭顶之灾，其中的一个原因在于对硫磷和其他与其同属的化学物质的分解速度相当之快，因此，与氯代烃类杀虫剂相比，它们在土壤中的残留时间可以说非常短暂。不过，即便如此，它们停留的时间也足以造成危害和引发十分严重甚至致命的后果。在加利福尼亚州的里弗赛德市，三十个采摘柑橘的人中有十一个患上重疾，除了一人幸免以外，其他二十九人全部送医治疗，而他们的病征就是典型的对硫磷中毒。原来柑橘果树在两周半之前曾喷洒过对硫磷，这些已经挥发了十六至十九天之久的残留物"余威犹存"，引发了呕吐、半盲甚至半昏厥的病状。而这绝非对硫磷残余的最持久纪录。离喷洒对硫磷已有月余的果林中也曾发生过相类似的中毒事件，更有甚者，以标准剂量的对硫磷处理过的柑橘在六个月后仍能从其果皮检测到残留的农药成分。

由于对硫磷会给在田野、果林和葡萄园中施用该杀虫剂的工人造成极大的危险，许多允许施用该化学物质的州政府为此设立了专门的医疗室，为高危中毒人群提供诊断和医疗救助。医疗室的医生在接诊和处理患者时不得不戴上橡胶手套，不然他们也会有中毒的危险。为这些中毒者清洗衣物的洗衣女工同样也有中毒的危险，因为患者衣服上黏附的对硫磷分量或许足以影响女工的健康。

马拉硫磷是另一种有机磷物质，公众对它的熟悉程度不亚于滴滴涕，它一直深受园丁们的青睐，广泛应用于家用杀虫剂与驱蚊喷雾等产品。人们还常用它对某些昆虫进行地毯式的全面歼灭，比如在佛罗里达州，总面积高达近百万英亩的多个社区就曾统一喷洒过该种化合物以消灭一种地中海果蝇。在与它同属的化学物质中，马拉硫磷的毒性最弱，因此许多人便错以为它不会给人体带来伤害，可以毫无顾忌地随意使用，而商业广告在某种程度上助长了这种"舒适的"错觉。

关于马拉硫磷的所谓"安全性"的判断是构筑在一个十分不稳定的根据之上的，然而，直到这种化学物质投入使用数年之后，人们才发现了这一点。人们之所以认为马拉硫磷"安全"，仅仅是因为哺乳动物的肝脏这一具有强大防护能力的器官可以退去它的毒性，令它变得无害。这一解毒作用是由肝脏中的一种生物酶完成的，然而，倘若这种酶的活性或功能遭到破坏，那么人体就必然受到毒素的"全力攻击"。

不幸的是，这种情况发生的概率并不低。几年前，食品与药品管理署的一个实验团队发现，当马拉硫磷与几种特定有机磷酸酯一起混合使用时，就会产生极其严重的中毒现象——其毒性是两者分别使用时的毒性总和的五十倍。也就是说，若两种物质夹杂使用，只需每一种化合物的致死剂量的百分之一，便可导致中毒者死亡。

这一发现引发了对其他物质联用情况的检测和研究。如今我们已知，许多有机磷酸酯类杀虫剂的混合使用具有高度危险性，因两者的复合作用会令毒性成倍增强。当其中一种化合物破坏了负责分解另一种化合物毒性的肝脏生物酶时，毒效便会得到强化，这样的两种化合物就不能够一同施用。中毒的风险不仅危及这周喷一种杀虫剂，下周喷另一种杀虫剂的施药者，对于接触了喷药产品的消费者来说，中毒的可能性也是存在的。公用的沙拉碗中就极有可能出现两种有机磷酸酯杀虫剂的混合物，剂量在法定许可范围之内的残留物或许会发生相互作用。

　　有关化学物质之间的危险相互作用，目前我们的了解尚不全面，但从眼下各科学实验室的新发现来看，情况并不乐观。其中一项发现显示，能够增强有机磷酸酯毒性的并不一定非得是杀虫剂，比如，有一种增塑剂对马拉硫磷所起的毒性强化作用比另一种杀虫剂更加强大。同样地，这又是因为这种增塑剂能够抑制肝脏生物酶的活性，使它无法拔掉杀虫剂的剧毒獠牙。

　　那么，在正常的人类生存环境中，其他化学物质——特别是药物——又会对有机磷酸酯类杀虫剂起到何种作用呢？这一领域的研究方才起步，不过目前已有研究表明，某些有机磷酸酯（对硫磷和马拉硫磷）会增强一些药物（如肌肉松弛剂）的毒副反应，同时，还有其他几种有机磷酸酯（马拉硫磷再次名列其中）会显著延长巴比妥类药物的安眠时间。

　　古希腊神话中，女巫美狄亚因情敌抢走了丈夫伊阿宋而怒火难熄，于是她送给了新娘子一件具有魔力的长袍，只要新娘子穿上它，便会受尽百般折磨而死。如今，我们在一类称为"内吸杀虫剂"的化学物质身上发现了与之十分相似的间接致死现象。这种性质特别的化学物质可以把动植物变成"美狄亚的长袍"，为它们淬上剧毒，这样一来，若昆虫吮吸它们的汁液或鲜血，与它们产生接触，便会中毒毙命。

> 生动形象地写出化学制剂能使动植物染上剧毒，进而对与之接触的生物造成致命伤害。

　　内吸杀虫剂的世界十分不可思议，就连格林兄弟的想象力也难以描绘它的奇异，它与查尔斯·亚当斯构筑的漫画世界极为相似，只不过在这个世界中，童话般的魔法森林淬满了毒药，轻咬其枝叶或吸吮其树液的昆虫将注定迎来死亡；啃咬了小狗的跳蚤很有可能死去，因为小狗的血液中充满了奔流的毒素；昆虫若在无意中吸入了植物蒸腾的水雾，它或许也会死去；蜜蜂也许会将有毒的花蜜带回蜂巢，而后产下带毒的蜂蜜。

　　应用昆虫学领域的专家们关于内吸杀虫剂的构想源自于他们从大自然获得的启示。他们发现，在含有硒酸钠的土壤中生长的小麦鲜少遭到蚜虫类昆虫和红叶螨的侵害，于是，硒这种只在世界上一部分地区的岩石和土壤中有少量分布的自然元素就此成为第一种内吸杀虫剂。

成为内吸杀虫剂的首要条件是它必须能够渗透并弥散至动植物的各个组织，使其沁满毒素。人工合成的某些氯代烃类物质和有机磷化合物具有这一属性，一部分天然物质也有此能力。不过在实际应用中，大多数内吸杀虫剂都提取自有机磷化合物，因为相比之下，它们的残留问题比较轻微。

内吸杀虫剂还有其他较为迂回间接的发挥效用的方式。若将种子浸泡在内吸杀虫剂中或将杀虫剂与碳混合涂抹在种子上，它们的效用会延伸扩散至下一代的植物，并生长出有毒的幼苗杀死蚜虫类昆虫和其他咬噬树叶的昆虫，许多蔬菜，如豌豆、大豆和甜菜有时便能因此得到保护。加利福尼亚州推行使用这种覆有内吸杀虫剂的棉花种子已有一段时日，然而，1959年，二十五个在圣华金河谷种植棉花的农工在搬运经过内吸杀虫剂处理的棉花种子时受到感染，骤然发病。

有一名英国人很好奇，若蜜蜂采集的花蜜是汲取自有内吸杀虫剂的植物，那么它酿造的蜂蜜会是怎样的呢？于是他对一片施加了八甲磷杀虫剂的地区做了调查。虽然喷药的过程是在花苞形成之前进行的，但之后花朵产出的花蜜中却依然含有毒素。最后，结果不出所料，蜜蜂所酿之蜜同样未能幸免八甲磷的污染。

用于动物的内吸杀虫剂主要集中在控制牛皮蝇属昆虫（一种对牲畜有害的寄生虫）方面。内吸杀虫剂的用量必须谨慎控制，因为既要在宿主的血液与组织中制造出杀虫的功效，却又不能累积形成危及宿主生命的毒性。两者间的平衡关系十分微妙，政府聘请的兽医经研究发现，反复的小剂量用药会使动物体内的保护性生物酶乙酰胆碱的数量逐渐减少，因此，当总用药量累积到一定程度时，任意一次用药，即便剂量十分少，也可能在毫无征兆的情况下诱引宿主毒发。

许多迹象表明，与我们的日常生活紧密相关的一些领域也正越来越多地出现内吸杀虫剂的身影。喂给宠物狗用于驱灭跳蚤的药片中就极有可能含有内吸杀虫剂，而在牲畜群中出现的危险或许也会发生在小狗的身上。好在如今还没有人试图在人类身上使用内吸杀虫剂，将我们的血液变成蚊子的致命毒药，但或许这就是下一步的计划了，谁知道呢？

到目前为止，这一章节讨论的都是人类在对抗昆虫的战争中使用的致命化学物质，那么，同时进行中的对抗杂草的战争其战况又如何呢？

对于快速去除多余植物的渴望催生了一大批除莠剂（较不正式的说法为除草剂）产品。有关这些化学物质的使用以及滥用情况我们将在第六章详细讨论，这里要探讨的问题是，这些除草剂是否有毒以及其使用是否会造成对环境的污染。

除草剂只对植物有毒而对动物无害的说法传播甚广，且有许多人对此深信不疑，但令人遗憾的是，这并非事实。除草剂种类繁多，其中有许多既对植物起效，也对动物组织有影响。这些药物对有机物所起的作用差异甚大，有些是普通的毒药；有些是机体新陈代谢的强效刺激剂，会引发体温致命地急剧升高；有些在单独使用或与其他化学物质一同混用时会成为恶性肿瘤的诱发因素；有些甚至会损害整个种族的遗传物质，造成基因突变。也就是说，除草剂与杀虫剂一样，也含有许多危险性极高的化学物质，如若认为它们十分"安全"进而毫无顾忌地安心使用，或许会引发意料之外的灾难性后果。

尽管各实验室一直在源源不断地推出新的化学产品，但含有砷化物（通常为亚砷酸钠）的杀虫剂和除草剂仍在大规模使用。鉴于这些化合物劣迹斑斑的应用历史，这种情况实在叫人忧心。作为路旁景观植物的杀虫剂，它们业已毒害了许多农民豢养①的奶牛和不计其数的野生动物；作为湖泊和水库的水中除草剂，它们已使众多原本澄净无害的公众水域变成了不宜饮用，甚至不宜游泳的污染之境；作为马铃薯田的除藤喷雾，它们已经导致人类和非人类付出了沉痛的生命代价。

从前英国人多采用硫酸来焚烧马铃薯藤蔓，直到1951年左右，由于市面硫酸短缺，事情开始有了转变，人们开始转用含砷化合物为马铃薯农田去除藤蔓。农业部评估认为，进入喷洒过砷化物药剂的农田风险性很高，因而十分有必要对此予以警告。遗憾的是，这些警告对于牲畜、野生动物和飞禽来说无异于"对牛弹琴"，关于牲畜砷中毒的报告依旧纷至沓来。直到1959年，一

---

① 豢（huàn）养　喂养（牲畜）；驯养。养育，供养。比喻收买并利用。

位农妇在饮用了受到砷污染的井水之后中毒身亡，这才引起了公众的警觉。英国一家大型的化学医药公司因此叫停了含砷药剂喷雾的生产，并召回了供应商手中的所有存货。此后不久，考虑到亚砷酸盐对人体和动物的高度危害，农业部也正式颁布了对亚砷酸盐的使用限制令。1961年，澳大利亚政府也颁发了一个相似的禁令。然而，在美国却没有这样的限制令来阻止这些毒物的滥用。

在美国现用的除草剂中，还能看到某些地乐酚化合物的身影，此类物质的危险性堪称常用除草剂之最。地乐酚是一种强效的新陈代谢刺激剂，因此它曾一度被当作减肥药使用，不过，瘦身用途所需的剂量与中毒或致死剂量之间的界限实在太过细微模糊，有几个减肥者因此丧了命，还有许多人遭受了永久性的终身伤害，这种危险的减肥药由此而被禁用了。

五氯苯酚是地乐酚的同属化合物，既能做杀虫剂，又能发挥除草剂的功效，常喷洒于铁路轨道沿线与废弃地区。它的强烈毒性对千差万别的众多物种——从细菌到人类——均能起效。与地乐酚化合物类似，五氯苯酚也能引起机体能量的致命性大幅波动，从而使中毒的生物体近乎自焚而死。近来，加利福尼亚卫生部门的一份报告直观地呈现了它的可怖威力。一个油罐车司机将柴油与五氯苯酚混合在一起准备配制一种棉花落叶剂，当他正从油桶中抽取五氯苯酚的浓缩制剂时，桶栓不小心脱落了，他条件反射般地伸手将桶栓装回原位，此时他的双手并未佩戴诸如手套之类的保护设备，虽然他当即清洗了双手，但第二天，他还是毒发死去了。

某些除草剂（如亚砷酸盐或苯酚类化合物）造成的后果昭然易见，但一些除草剂引发的危害却是隐伏难觅的。比如，人们普遍认为蔓越橘除草剂氨基三唑的毒性较弱，但从长远来看，它在野生动物和人类休内引发甲状腺恶性肿瘤的可能性比其他杀虫剂还要高得多。

一些杀虫剂被归类为"突变剂"，它们拥有篡改遗传基因的邪恶能力。核辐射在遗传方面造成的影响令我们惊骇胆寒，那么，对于广泛应用于我们周遭环境且具备同等能力的化学物质，我们又怎能坐视不理呢？

两相对比，警醒人心。

精华点评

细致的分类、精确的数据，真实的事例无一不沉痛有力地控诉着滥用化学制剂给人类生活带来的巨大伤害，这真可谓"死神的药剂"！曾几何时，人类经历着认识自然、适应自然、改造自然的漫长过程，如今又走上了战胜自然、肆意破坏自然的旅程。人类激烈而轻率的步伐胜过了大自然的从容步态，但如果人类依然一意孤行，多样化的生命也许将静止凋零，人类和谐美好的生存家园也将不复存在。

延伸思考

希腊神话是欧洲最早的文学形式，一切有关古希腊人的神、英雄、自然和宇宙历史的神话。除了文中有关美狄亚的传说，你还知道哪些古希腊神话故事呢？

知识链接

美狄亚的长袍

美狄亚，又译米蒂亚。在希腊神话中，她是科奇斯岛上一位会施法术的公主，也是日神赫利俄斯的后裔。她与来到岛上寻找金羊毛的伊阿宋王子一见钟情。

为了帮助伊阿宋取得金羊毛，美狄亚用自己的法术帮助伊阿宋完成了自己父亲定下的不可能任务，条件是伊阿宋要和她结婚。取得金羊毛后，美狄亚和伊阿宋一起踏上返回希腊的旅程。美狄亚的父亲听到她逃走的消息，派她的弟弟前去追回她。美狄亚杀死了自己的弟弟，并将尸体抛在山上各处，让父亲和追赶的差役忙于收尸，以此拖延时间和伊阿宋一行人离开。

伊阿宋回国后，美狄亚用计杀死了篡夺王位的伊阿宋的叔叔，帮助伊阿宋夺回了王位，伊阿宋虽然取回王位，但也开始忌惮美狄亚的法术和残酷。后来伊阿宋移情别恋，美狄亚由爱生恨，用下了毒的长袍杀死了伊阿宋的新欢，逃离伊阿宋的身边，伊阿宋因此抑郁而亡。

据此创作的戏剧《美狄亚》被认为是古希腊三大悲剧之一，剧中的美狄亚为一疯狂复仇的悲剧形象。

导　读 ▶ ▶ ▶

　　水乃生命之源，当生命本源因化学制剂遭受污染，生命之舟还能扬帆起航吗？我们还能在家园里看到桃红柳绿、莺飞燕舞的美丽景象吗？还能感受到欢声笑语的愉悦与欢欣吗？人类依水而生，对于水的馈赠非但没有感恩，反而让水成为化学制剂的牺牲品。

4. 地表水与地下海洋

人类与自然本是休戚相关、互蕴共荣的共同体。时代的发展，让人类剥离了自然同自己的密切联系与和谐关系，使得诗意的生存渐渐远去。

　　在人类必需的所有自然资源中，最珍贵的非水资源莫属。虽然绝大部分地球表面为浩瀚的大海所覆盖，但即便在无垠汪洋之中，我们的水资源也依旧十分紧缺——这看似是个奇怪的悖论，但其实不然，因为地球上的绝大部分水源是富含盐分的海水，它们不适用于工业、农业或人类消耗，所以世界上的大多数人口都正经历或面临着水资源的严重短缺。在某个时期，人类忘却了自己的来源之处，甚至对自身最基本的生存需求置若罔闻，于是，水资源和其他自然资源便成了人类这种漠不关心的受害对象。

　　我们应在整个生态环境的污染问题的大框架下审视杀虫剂导致的水资源问题。进入水体的污染物大致有以下几个来源：来自反应堆、实验室和医院的放射性废弃物，核爆炸产生的放射性尘埃，城镇居民的生活废弃物以及工厂排放的化学性废物。除此之外，如今还多了一种新的散落物污染——用于农田、花园、森林和原野的化学喷雾剂。在这个骇人的污染物大熔炉中，许多化学药剂再现甚至超越了辐射物的不良影响，而且，这些化学物质之间往往还存在着各种各样险恶且鲜为人知的内部复合反应及毒效的转化或叠加效应。

自从化学家们开始制造出各类自然中并不存在的物质，水的净化问题就变得更加复杂难解，而对于水的使用者来说，潜在的危险也正与日俱增。正如我们所见，这些人工化合物的大批量生产始于二十世纪四十年代，规模逐渐扩大，发展至今日，每天都会有大量化学污染物倾倒至国内各大水系。当它们与生活垃圾及其他废弃物一齐混合排放进入同一水体时，这些化学物质常常能够逃脱净化厂的常用检测手段的"法眼"，而且它们的结构大多十分稳定，普通的处理措施无法将其分解。有时，人们甚至难以察觉它们的存在。复杂多样的污染物在河水中相互结合生成沉淀物，卫生部门的工程师也只能无奈地笼统称之为"黏性泥状物"。马萨诸塞州理工学院的罗尔夫·伊莱亚森教授在国会委员会做证时认为，我们既无法预测这些化学物质的组合效应，也无法鉴定由此产生的新有机物到底属于什么物质。他宣称："我们不知道该从哪里入手去了解它们，至于它们对人类可能产生的影响，我们同样一无所知。"

用于控制昆虫、啮齿类动物和杂草的化学物质一直在为这些有机污染物"添砖加瓦"。其中有些专门用于水体以销毁水生植物、昆虫幼虫或杂鱼；有些则源自密集的树林，它们以地毯式覆盖一个州的二三百万英亩林地，只为直接消灭一种特定害虫，喷雾径直坠入溪流或者由郁葱的叶冠滴落森林的地面，汇入缓慢流动的渗透水，然后由此开始了它奔流向海的漫长征途。污染物也有可能是农用化学品的水溶性残留物，这些农药成百万磅地播撒在田地间以控制昆虫和啮齿类动物的数量，而后经雨水淋浸渗出土壤，成为世界性水体向海运动的一部分。

如今已有许多瞩目的证据表明，我们的河流水系，甚至公共供水系统中都有这些化学物质残存的痕迹。比如，某个实验室以宾夕法尼亚州果园区附近的饮用水为样本，在活鱼身上进行实验，结果试验鱼在仅四个小时内就被样本水源中残留的杀虫剂毒杀殆尽了；浇灌施过农药的棉花地的水流经净水厂处理过后仍对鱼群具有致命的危害；从毒杀芬处理过的农田中流出的溪水进入亚拉巴马州田纳西河的十五条支流，杀死了生活在这些河流中的所有鱼类，而这些支流均是城市供水的水源。杀虫剂施用一周后，实验人员在下游放置了养有金鱼的铁笼，之后每天均有金鱼死亡上浮。

这类污染大多没有外显表征，因此难以察觉，只有当水中活鱼成片死去时，人们才会惊觉其存在，但在大部分情况下，它们总能潜伏成功，消弭①于无形。负责监测水源净度的化学家并没有对这些有机污染物进行定时的常规检测，即便发现了它们的踪迹，他们也无计可施，因为目前尚未掌握有效的清除手段。不过，不管检测与否，这些杀虫剂都是存在的，考虑到此类化学物质在土地表面的大规模使用，可以想见，它们必定已经侵入了许多——甚至所有城市的主要水系。

水污染是水体生物及人类健康的隐形杀手，但未引起人类足够的关注。

我们的水源已普遍遭到杀虫剂的污染——这是一个毋庸置疑的事实，如若还有人对此心存疑虑，那么他应该读一读美国渔业与野生动物局于1960年发布的一份报告。该局开展了一项实验专门研究鱼类的组织中是否会如温血动物那样积聚杀虫剂。第一个样本取自西部的山林地区，为了控制云杉食心虫虫害，那里常年喷洒大量的滴滴涕，不出意料，实验结果显示所有鱼类体内均含有滴滴涕。之后，研究员又进行了两个对比实验，令人悚然的实验结果说明了许多问题。第一次对比实验的样本取自距离施药地区三十多英里远的一条溪流，这条溪流位于第一次取样水体的上游地段，两段水域中间隔着一道大瀑布，据了解，该地区从未喷洒过任何农药喷雾剂；然而，第二次取样（即第一次对比实验的样本）的鱼儿体内却同样检测到了滴滴涕的残毒。难道这些化学物质是通过隐蔽的地下水流到达这个遥僻的河湾的？抑或是空气裹挟着它们飘移到此处，然后混同着水汽滴落到这湾溪水中的？在另一个对比实验中，研究人员在一个发源自深井的鱼群孵卵处取样，检测结果再次显示样本中含有滴滴涕。该地区同样未曾施用过杀虫剂，因此，地下水应该就是污染物的来源。

在整个水污染问题中，最令人担忧的莫过于分布广袤的地下

---

① 消弭（mǐ）　清除、消除某些不好的事情。

水的大面积污染。在水中施用杀虫剂是不可能不对水的净度造成威胁的，因为大自然在分配地球水资源时，很少将各个水域塑造成封闭且相互隔绝的个体空间。落在地表的雨水会沿着土壤和岩石的气孔与缝隙向下不断渗透，越来越深，直到所有岩石的孔洞都注满清水，一股股细流在地表下汇聚成一片幽黑的海洋，在山峰与深谷底下翻涌奔流。地下水永远不会停下流徙的脚步，有时它的流速很慢，一年只能往前淌进不到五十英尺，有时又很快，一天就能流过将近十分之一英里。深藏于地表之下的地下水沿着人们无法看见的水路漫流，间或在某处涌上地面形成一湾活泉，或者被人发掘筑井，但大部分都以汇入溪流或大河告终。除了直接落入河流的雨水与地表径流，地球表面上的大部分活水都曾一度作为地下水在地底安静地流淌过。也就是说，地下水的污染实则就是世界所有水体的污染——这个事实无疑令人心惊。

地球上一切事物都是互相联系的，生物界和非生物界都处在同一生态网络中，没有等级关系也没有统治关系，它是有机的生态系统。

严肃指出地下水污染造成的严重后果。

位于科罗拉多州的制造工厂排出的有毒化学废弃物必定是通过幽深无垠的地下海洋辗转流到几十英里以外的农田区的，因为这些化学物质，那里的水井染了毒，人群和牲畜生了急病，就连庄稼也遭了殃——然而，这样糟糕的情况或许仅是开端。这个事件的经过大抵是这样的：位于丹佛附近的落基山军需厂自1943年起开始为一个防化兵团生产战争物资，八年之后，该军需厂被一家私人石油化工企业收购，转为生产杀虫剂。不过，收购的企业还未来得及启动生产，神秘离奇的报告便开始接二连三地传来。离工厂几英里远的农场农民上报了多起难以确诊的牲畜疾病以及农作物的大面积受损，不仅枝叶枯黄、停止生长，很多更是直接整棵凋敝了。此外，他们还汇报了一些人类病例，猜测应与动植物的异状有关。

此地区的农田灌溉用水都来自浅水井。1959年，一项由多个州政府和联邦政府联合开展的调查研究检测了这些浅水井的水质，发现水中混杂有许多种化学物质。在落基山军需厂如常运作的那几年间，大量氯化物、氯酸盐、磷酸盐、氟化物和砷化物被排放至存贮池处。军需厂和农场之间的地下水显然已经受到了污染，排弃物用了七至八年的时间才从存贮池经由地下水流涌至距它最近的农场。这股渗流必然仍在扩散并且已经污染了更远的农场，只是确切的波及范围目前尚未查清而已。遗憾的是，调查员并不知道究竟该如何控制污染的范围以及阻止事态的进一步恶化。

所有的这一切已经够糟糕了，但这整个事件中最难以理解以及最有长远意义的发现是，在一些水井以及军需厂的存贮池中均检测到了除草剂2,4-D的残迹。这个发现足以说明为什么经这些水源灌溉过的农作物会凋敝死亡。但是，其中最叫人不可思议的是，在军需厂日常生产的任意一个环节都没有产出过任何2,4-D。

经过长期的仔细研究，军需厂的化学家们终于得出结论，认为2,4-D[①]是在敞开式存贮池中自发生成的，而合成的反应物则来自军需厂排放的其他废弃化合物。在没有人工干预的情况下，阳光、空气、水等必需条件充足的存贮池变成了一个天然的化学实验室，反应合成出了一种新的化学物质——一种会对大多数与之接触的生物体造成致命危害的化学物质。

科罗拉多州的这个故事极其具有普遍意义。除了在科罗拉多州，在别的地区是否也会出现化学污染物进入公共水源的情况呢？在阳光和空气的催化下，众多湖泊和溪流中那些标榜着"无害"的化学物质，又会自发生成什么样的危险物质呢？

化学物质造成的水污染中最让人担忧的一个方面在于，无论是河流、湖泊、水库还是餐桌上玻璃杯里的白水中，毫无例外地都混杂有许多化学物质，而任何一个有责任感的化学家都不会想到要在实验室中将它们结合在一起。这些自由混合的化学物质之间可能产生的化合反应令美国公共卫生署的官员们深感不安，他们表示，由相对无害的化学物质反应生成有毒物质的可怕情况或许正在大规模上演。而且，这种反应还不仅发生于两种或几种化学物质之间，还极有可能发生在化学物质和排放到河流中的日益增多的放射性废弃物之间。在电离辐射的影响下，原子重新组构的难度将大幅降低，它将以一种既无法预料又难以掌控的方式改变化学物质的特性。

受到污染的当然不只是地下水，地表涌流的水系——细溪、

> 水污染离我们很近，餐桌上的一杯水都与我们的身体息息相关。

---

① 2,4-D 一种生长素类似物，在500ppm以上高浓度时用于茎叶处理，可在麦、稻、玉米、甘蔗等作物田中防除藜、苋等阔叶杂草及萌芽期禾本科杂草。

大河与灌溉系统——也难逃毒手。设立于加利福尼亚州提尔湖和南克拉玛斯湖的国家野生动物保护区似乎为后者提供了一个明晰但同时又令人不安的例证。这片保护区与俄勒冈州边界附近的北克拉玛斯湖保护区恰似一道链条上紧密相接的两环，由一个共同供水源将两者连接在一起，北克拉玛斯湖位于上游。周边的农田如海洋般团团包围着这两个仿似小岛的保护区，农田的所在原为拥有开阔水域的沼泽地，栖居着许多水禽，后来经过建筑排水系统和改造河道才将其开垦为农田。

如今这些农田的灌溉用水均来自北克拉玛斯湖，灌溉后积余在田地中的水被重新集中起来，用水泵抽进提尔湖，然后再从提尔湖流入南克拉玛斯湖。也就是说，提尔湖和南克拉玛斯湖野生动物保护区中的用水就是农业用地排出的水——记住这一点对了解近来发生的事端非常重要。

1960年的夏天，保护区工作人员在提尔湖和南克拉玛斯湖发现了成百上千只已经死亡或奄奄一息的鸟禽，其中大多是以鱼类为食的品种，如苍鹭、鹈鹕①和鸥。分析结果显示，它们的体内含有多种杀虫剂的残留物，包括毒杀芬、DDD和DDE，同时，研究人员在湖中的鱼群和浮游生物体内也检测到了杀虫剂的存在。保护区的管理者认为，保护区水体中的杀虫剂残留物极有可能来自农田的灌溉回归水，因为这些农田均大规模施用过杀虫剂。

这片以保护野生动物为目的而设计的人造水域一旦受到污染，危及的不仅是保护区内的动植物，还有每一个猎杀过西部野鸭的猎人和那些喜欢来此欣赏日暮时分成群水禽如彩练般掠过天际的壮观美景的游人。在西部众多保护水禽的保护区中，就数这个保护区的地理位置最为重要，它好比是漏斗的窄颈口，所有候鸟的迁徙路线都在这一点汇聚。每逢秋季的迁徙期，这个保护区就会有几百万只雁鸭类飞鸟来此过冬，这些飞禽来自从白令海东岸到哈德逊湾的这一大片区域，其数量占据了每年秋季南飞至太平洋沿岸的飞禽总数的四分之三。到了夏天，保护区还为两种濒危鸟类——红头鸭和红鸭——提供了繁衍的栖息地。因此，保护

> 两处比喻，生动形象地写出水鸟飞翔的身姿飘逸优美，以及保护区的湖泊群对鸟类生存所具有的特殊意义。

① 鹈鹕（tí hú） 大型游禽。喙长，喉囊发达，适于捕鱼，但不贮存。主要栖息于湖泊、江河、沿海和沼泽地带。

区中的湖泊群一旦遭到严重污染，就会对美国远西地区的所有飞禽造成不可逆转的严重损害。

我们还应从生物链的视角对水资源的污染问题进行审视。水体中存在着一个生物体之间的物质传递链，它循环往复，无穷无息，始于小若尘埃的浮游植物。这些植物通过水蚤进入游鱼的体内，这些游鱼又会被其他鱼儿、水鸟、貂、浣熊等吞噬。众所周知，水中那些生命必需的矿物质就是这样在生物链上一环接一环地传递的，那么，我们投入水中的有毒化学物质有可能不进入这些自然循环吗？

这个问题可以在加利福尼亚州清水湖令人惊诧的历史中找到答案。清水湖坐落在旧金山九十英里以北的郊外山区中，深受广大钓鱼爱好者的喜爱。清水湖与它的名字其实并不相称，由于它浅显的水底覆有一层黑色软泥，所以湖水看起来稍显浑浊。对于渔民和居住在岸边的度假胜地的人来说不幸的是，湖水为一种名叫幽灵蚊的小昆虫提供了理想的栖息处。虽然幽灵蚊与蚊子紧密相关，但是它并不吸血，而且成年后可能就不需要摄入食物了。然而，这种虫子的惊人数量还是令与它共处一地的人们感到恼火心烦，于是他们采取了各种措施来控制其数量，但基本上都毫无成效。直到二十世纪四十年代末，氯化烃类杀虫剂为居民们带来了曙光，一种名为DDD的化学药剂被选为新一轮剿灭行动的武器，它是滴滴涕的近亲，不过它对鱼类的生存威胁似乎没有滴滴涕那样大。

1949年，人们采取了新的控制措施，由于事先业已经过周密计划，因此很少有人认为它会造成什么大的危害。在勘察了水质与测定了体积之后，人们在湖中投放了以大比例（杀虫剂与湖水之比为一比七千万）稀释的杀虫剂。在开始阶段，杀虫剂的控制效果甚佳，后来渐渐式微，到了1954年，人们不得不再次往湖中喷洒杀虫剂，而且第二次处理的比例上升到了一比五千万，于是人们以为这一次肯定能将昆虫消灭殆尽。

接下来的那个冬季，人们逐渐意识到，其他生物或许也受到了杀虫剂的影响：湖里的北美鸊鷉①开始成批死亡，死亡数量很快

① 鸊鷉（pì tī）　鸟，外形略像鸭而小，翅膀短，不善飞，生活在河流湖泊上的植物丛中，善于潜水，捕食小鱼、昆虫等。

就达到了一百只。清水湖是北美䴙䴘的繁殖地，受湖中众多鱼群的吸引，冬天它们也常来此栖居。这种鸟外观秀美，多在美国西部和加拿大的浅水湖中筑巢，巢穴随水漂流，景观十分迷人。它们素有"燕子"的美称，脖颈洁白细长，头颅桀骜高扬，身姿轻盈地飞掠过湖面，几乎不漾起一丝涟漪。初生的雏鸟浑身绒毛细软，浅浅的灰色泛着温柔的光亮，几个小时后就能伏在父母的背上或者依偎在它们的翅膀底下初尝湖水的清幽了。

很快，幽灵蚊又再次死灰复燃，人们不得不第三次施用杀虫剂，1957年，又有更多北美䴙䴘死去。和1954年的情况一样，这一次依然没有在北美䴙䴘的尸体中检验到任何传染性恶疾的痕迹，然而，当有人灵光闪现，尝试对它们的脂肪组织进行分析时，却在其中意外地发现了浓度高达一千六百比一百万的DDD。

然而，投放于湖中的杀虫剂浓度最高只有一比五千万，那么，药剂究竟是如何在北美䴙䴘体内积聚到如此高的浓度的？这种鸟以湖中游鱼为食。研究人员也对清水湖中的鱼类做了检测，分析结果出炉以后，事情顿时明晰了——最小的有机体摄入毒药，经积聚作用后传递给下一个捕食者。浮游有机生物体体内蕴含的杀虫剂浓度为五比一百万（大约为投放于水中的最高浓度杀虫剂的二十五倍）；食草鱼类体内积聚的杀虫剂浓度范围为四十比一百万至三百比一百万；食肉鱼类体中的杀虫剂成分浓度最高，研究人员在一只云斑鱼体内检测到的杀虫剂浓度竟高达两千五百比一百万。在这个递进序列中，水中的毒药被吸收进入浮游生物的体内，浮游生物被食草鱼所吃，食草鱼为小食肉鱼吞吃，小食肉鱼又难逃大食肉鱼的捕食。

生物链环环相扣，毒素总是以令人难以察觉的方式侵入生物体内。

之后的研究发现更是非同寻常。化学物质投放之后的短时期内，水中是检测不到DDD痕迹的，但是这并不代表毒素已经真正离开清水湖，它只不过是进入了湖中生物体的组织，暂时"隐身"罢了。在停止用药后的第二十三个月，湖中浮游生物体内仍有浓度高达五点三比一百万的杀虫剂残留。在之后的两年时间中，浮游植物不断凋亡，又陆续兴旺，而在水中已不复存在的毒药却不知道为什么，竟在浮游生物中一代一代地传下去了。不仅如此，它同样留存在湖中动物的体内。停药一周年时，研究人员对所有的鱼类、鸟类和青蛙进行了一次全面"体检"，在它们的体内均发现了DDD。生物体中检测到的杀虫剂浓度总是比原始的投放浓度至少高出几倍。在这些生物载体中，在最后一次投放DDD九个月后孵化出的幼鱼、北美鹏鹕和加利福尼亚鸥鸟体内竟积聚了浓度高达两千比一百万的药剂。同时，来此筑巢的北美鹏鹕数量也日渐减少，第一次用药前清水湖至少栖居有一千对北美鹏鹕，到了1960年，竟然只剩下不到三十对，而这三十对北美鹏鹕的辛苦筑巢看起来也是徒然无功的，因为自从上一次使用DDD之后，湖上就再也没有北美鹏鹕雏鸟降生了。

这一整条中毒链似乎始于微小的浮游植物，毒素在它们的组织中最先积聚。那么，它与处在食物链的另一顶端的人类又有着什么样的关系呢？对这一系列事件一无所知的人们已经兴致勃勃地装备好齐整的钓鱼工具，准备前往清水湖钓取一串一串的野生游鱼，然后带回家烹煮大餐了。一次性的大剂量DDD或多次用量的DDD又会对这些人造成什么样的影响呢？

虽然加利福尼亚的公共卫生部门曾公开表示这些举措并无危害，但DDD的使用还是在1959年被叫停了。鉴于已有许多科学证据表明这些化学物质具有巨大的生物效力，这一限令大概只能称得上是最低限度的安全措施。在众多杀虫剂中，DDD引发的生理效应或许是独一无二的。它可破坏部分肾上腺，杀死分泌肾上腺皮质激素的肾上腺皮质细胞。1948年，DDD的这种破坏性作用被人们首次发现，起初人们认为它只作用于狗身上，因为它在猴子、老鼠和兔子等实验动物身上并未显现。然而，值得深思的是，DDD在狗身上引发的症状与出现在人类身上的肾上腺皮质功能衰竭症十分相似。最近的医学研究揭示，DDD对人类的肾上皮质确实具有强烈的抑制作用，它的这种细胞摧毁能力已在一种罕见的肾上腺癌症的临床治疗中得到应用。

人类解决自然问题，只看到表面，未寻求根源，只着眼眼前，未放眼长远，这是急功近利的行为。可怕的是，人类非但没有意识到问题的严峻性，反而继续制造更多的生态危机。

清水湖的状况勾起了公众的反思：如果用来控制昆虫数量的化学物质会对动植物的生理过程产生如此重大的影响，特别是当这种控制措施要求化学药剂必须直接进入水体时，这样的做法到底有没有效、值不值得？虽然施用的杀虫剂浓度很低，但清水湖的事例已经证明，它在自然食物链中会发生爆发性增长。更为棘手的是，当我们在解决某些较为明显的小问题时，可能会引发更加严重且难以察觉的大问题。这种情况时有发生，且有愈演愈烈之势。清水湖就是一个最好的例子，施药之后幽灵蚊几近灭绝，这固然解决了眼前的困扰，但它付出的代价却极其惨烈，给所有依赖湖水为生的居民带来了难以量化确认的巨大风险。

令人惊诧的是，往水库投放有毒药剂竟然正逐渐成为常规的惯用做法。这样做的目的通常是为了开发水域的娱乐性用途，由于这些水源的预期用途多为饮用水资源，因此往往需要花费巨大代价对其进行改造。比如，当某地区的运动员想利用当地水库"发展"钓鱼产业，他们便会向政府申请并说服其同意往水库中倾倒大量有毒化学制剂，以杀死不符合要求的鱼种，再"精心挑选"合意的鱼种放入水库中取而代之。这整个过程十分怪异，颇有几分爱丽丝梦游仙境的离奇味道。水库本属于公共供水资源，社区居民却无从参与商讨运动员所提出的计划，还要被迫饮用掺有毒性残留物的水源，且须为旨在清除有毒残余物的善后措施买单，更糟糕的是，这些善后举措往往错漏百出，效果总是不尽如人意。

由于地表水和地下水均受到杀虫剂和其他化学药剂的污染，我们的生存环境可谓危机四伏，进入公共给水系统的不仅有有毒物质，还有许多致癌物质。美国国家癌症研究所的W.C.惠普博士曾警告称："在可预见的未来，受污染的饮用水带来的癌症威胁将急剧增大。"二十世纪五十年代早期，在荷兰进行的一个研究为这一观点提供了有力的证据。以河水为公共水源的城市其癌症死亡率高于那些以井水为饮用水水源的城市，因为后者受污染影响的可能性较低。已被明确界定为环境致癌物的砷曾卷入两起历史性的污染水源大面积致癌事件。第一例中的砷来自采矿作业产生的矿渣堆，第二例中的砷则来自天然的高含砷岩石。在如今含砷杀虫剂大量使用的情况下，类似的悲剧或许很轻易便会上演。这些地区的土壤必然受到污染，附有毒素，雨水继而把部分含砷物带进溪流、河系、水库和无垠隐蔽的地下汪洋中。

请记住：自然界中没有任何东西是孤立存在的。为了更全面地了解这个世界的污染是怎样发生的，我们必须详尽地检视地球的另一个基本资源——土壤。

比喻，生动形象写出人类在某些情况下处理自然问题时的荒诞、片面、急功近利。

自然万物互相联系、互相影响，人类与其他生物有着生物进化意义上的共同的根。

精华点评

当人类获得强大力量以改变地球时，水资源成为人类改造自然的牺牲品。可悲的是对于化学制剂造成的水污染，人类却常常视而不见，掉以轻心。等到危机四伏，恶果频出时，却往往束手无策，无计可施，后悔莫及。水乃万物之源，保护水资源是人类社会实行可持续发展的必要条件，滥用化学制剂，制造水污染将给人类社会、地球母亲带来无尽的伤害，愿我们身边的水纯洁、明净，一如孩童般无邪的心灵！

延伸思考

除了化学制剂会对水体造成污染，还有没有其他因素也会污染我们宝贵的水资源？

知识链接

爱丽丝漫游仙境

英国作家查尔斯·路德维希·道奇森以笔名刘易斯·卡罗尔于1865年出版的儿童文学作品《爱丽丝漫游仙境》，它讲述了小姑娘爱丽丝追赶一只揣着怀表、会说话的白兔，掉进了一个兔子洞，由此坠入了神奇的地下世界。在这个世界里，喝一口水就能缩得如同老鼠大小，吃一块蛋糕又会变成巨人，同一块蘑菇吃右边就变矮，吃其左边则又长高，狗发脾气时便咆哮和摇尾巴，而猫咆哮和摇尾巴却是因为高兴。在这个世界里，似乎所有吃的东西都很古怪。

她还遇到了一大堆人和动物：渡渡鸟、蜥蜴比尔、柴郡猫、疯帽匠、三月野兔、睡鼠、素甲鱼、鹰头狮、丑陋的公爵夫人……她在一扇小门后的大花园里遇到了一整副的扑克牌，牌里有粗暴的红桃王后、老好人红桃国王和神气活现的红桃杰克等等。爱丽丝帮助兔子寻找丢失的扇子和手套，之后还帮三个园丁躲避红桃王后的迫害，她还在荒诞的法庭上大声抗议国王和王后对好人的诬陷。在这个奇幻疯狂的世界里，似乎只有爱丽丝是唯一清醒的人，她不断探险，同时又不断追问"我是谁"，在探险的同时不断认识自我，不断成长，终于成长为一个"大"姑娘的时候，猛然惊醒，才发现原来这一切都是自己的一个梦境。

导 读 ▶ ▶ ▶

大地是世间万物的孕育者、抚育者。曾几何时，万物之根扎在大地，挑战时代的风雨霜雪，捧出自己的春华秋实。如今，万物与大地的密切和谐关系，因为可怕的化学制剂的滥用而面临威胁。

5. 土壤的国度

土壤薄层如补丁般不均衡地覆盖着陆地，控制着人类以及每一种陆生动物的生存。众所周知，若没有土壤，陆生植物将无法生长；若没有植物，动物将无法存活。

诚然，人类社会确实是以农业为基础并且依赖土壤而存在的，但不可忽视的是，土壤同样依赖于生命，它的起源和自然性质的维持都与栖居其上的动植物息息相关。从某种程度上说，土壤其实是生命的创造物，它产生于生物与非生物之间令人惊叹的相互作用——不过那是很久很久以前的事情了。当爆发的火山裹挟着滚烫的土壤原始母质倾流而下，当奔涌水流冲刷过裸露的岩石，磨损着最坚硬的花岗岩石，当霜刀雪剑将岩层劈开碾碎，原始的土壤母质便由此积聚形成。然后，生物开始发挥它们极富创造性的魔力，将毫无生气的惰性原始母质一点一点改造成如今的土壤。地衣是岩石层的第一道覆盖物，它的酸性分泌物会加快土壤的剥蚀与崩解，为其他生命创造更广阔的栖息之地。之后，地衣的崩落碎屑、微小昆虫的外壳和起源于海洋的动物群的残骸一

> 土壤是动植物的家园，孕育绚丽多彩的物质世界，是人类的大地母亲，催生璀璨的人类文明。

> 大自然鬼斧神工，斗转星移间，孕育出多元的物种，它像一位魔术师，点石成金，为我们献上肥沃的土壤。

同将原始土壤改造成简质土壤，而这类土壤的微末缝隙正是苔藓类植物的绝佳生长地。

塑造了土壤的不仅仅是生活于土壤表面的各生命体，还有生存于土壤中的其他生命物质，若没有这些丰富多样的生命存在，土地将只是一种贫瘠且死气沉沉的非生命物质，正是有了它们，土壤才能为这个星球披上翠绿的外衣。

土壤始终处于不停变化的状态。随着岩石的分崩瓦解、有机物质的衰败腐烂、氮和其他气体和着雨水的从天而降，新的物质源源不断地进入土壤，同时，某些物质也会被带离土壤，暂时"借"予其他生命。微妙的化学反应从未间断，它们在生物循环中扮演着至关重要的角色，可将那些来自空气和水的元素转化成可为植物所用的形式。而土壤中各色各样的微生物往往是这些反应的活性剂。

黝黯隐蔽的土壤国度中生存着数量庞大的生物种群，探索它们的奥秘令人着迷，但同时，这方面的研究也常遭人忽略。不管是土壤微生物种群之间的相互影响，还是种群与土壤环境之间的相互制约，抑或是种群与地表世界的相互联系，我们都知之甚少。

土壤中最小的有机体是那些肉眼难以捕捉的细菌与丝状真菌，而它们也极有可能是土壤中最重要的群落。关于其数量的统计数据通通都是天文数字，光一小茶匙表层土壤就含有数以亿计的细菌。尽管体积微小，但它们的总重量却不容小觑①，面积为一英亩、厚度为一英尺的肥沃土壤中所含细菌群落的总重量大约能达到一千磅。在相等体积的土壤中，丝状真菌的数量稍少于细菌，但由于它的单个体积大于细菌，所以两者的总重量大致相当。这两者与一种称为"藻细胞"的微小绿色细胞一同构成了土壤中的微生物群落。

细菌、丝状真菌与藻细胞是动植物腐烂反应的主要催化剂，它们可将动植物的残骸分解还原为构成生物体的无机物质。如若没有这些微生物，诸如碳、氮等这些化学元素就无法在土壤、空气与生物组织之间进行循环。比如，如果没有固氮细菌的存在，

土壤仿佛是位温柔多情的母亲，为心爱的孩子披上外衣，带来温暖，装点美丽。

土壤中蕴藏着无穷的奥秘，人们却对土壤中生物种群的相互关联缺乏了解。

---

① 不容小觑（qù） 指的是不能小看；不能轻视。

即便空气中充满了氮元素，植物也无法吸收同化，最后会因缺少氮元素而凋亡。一些有机体能够产生二氧化碳并生成碳酸，促进岩石的分解，还有部分土壤微生物在促成氧化反应和还原反应方面具有不可取代的重要作用，通过这些反应，一些矿物质，诸如铁、锰、硫等便能转化成可供植物吸收的形式。

此外，土壤中数量同样惊人的还有微小的螨类和一种叫作跳虫的原始无翅昆虫。尽管个头极小，但它们在分解植物残株以及促使森林的枯枝落叶层缓慢转化为土壤等方面所发挥的作用是不可估量的。某些微生物为了完成大自然赋予它们的任务，竟发展出了许多令人难以置信的特性。比如，有几种螨类竟能在云杉的凋落针叶中开始它们的生命，然后隐蔽其间并消化吸收针叶的内部组织，当它们完成了演化过程，针叶也就只剩下最外层的细胞了。落叶科植物每年都会产生不计其数的落叶，这些枯枝败叶的分解处理过程十分繁杂，而其中最艰苦的任务居然是由土壤和枯枝落叶层中的一些小昆虫完成的。它们不仅能够浸软并消化树叶，还能够促进已分解物质和表层土壤的相互混合。

除了这一大群从不停止辛苦劳动的微小生物，土壤中自然还有许多体积较大的生物体，因为土壤生物所含甚广，从细菌到哺乳动物，各种皆有。有些终其一生都只生活在黑暗的亚表土层，有些只在地下洞穴中冬眠或度过其生命周期中的某个阶段，有些则在藏身地洞与地表世界之间自由来去。总的来说，这些土壤居民的日常活动所起的作用之一就是疏松土壤，增加土壤与空气的接触面积以及土壤的排水面积，促进水分通过植被生长层向下渗透。

在土壤的所有大体积居住者中，最重要的或许该数蚯蚓。七十五年前，查尔斯·达尔文出版了一本名为《腐殖土的形成与蚯蚓的作用》的著作。此书让世界第一次了解到蚯蚓作为一种地质营力在土壤运输方面的重要作用，达尔文向世人展现了这样一幅画面：蚯蚓蠕动着身躯从地底将肥沃的土壤一点点搬运至地面，覆于表层泥土之上。在条件较好的地区，一条蚯蚓一年搬运的泥土总量可能多达几吨重。与此同时，蕴含在落叶与青草中的大量有机物质（每一平方码土地六个月便能积累二十磅之多）被蚯蚓拖入地穴，最后为土壤所同化。达尔文的计算结果显示，一条蚯蚓只需十年时间就能使长宽均为一英尺的土地增厚一点五英尺。而它们所做的贡献绝不仅限于此——它们在地下所筑的穴洞能够有效地疏松土壤，使土壤的排水渠道保持畅通，有助于植物根系的延伸。蚯蚓的存在增强了土壤细菌的硝化能力，并减缓了土壤的腐败。蚯蚓的消化道促进了有机物质的分解，因此其排泄物可令土壤更加肥沃。

土壤生物群落中的各类生物体之间互有联系，共同交织成一张繁复错综的大网。这些生物的生存离不开土壤，但是，土壤中若缺少了这些生机繁盛的生灵，它也就无法成为构造地球生物圈的重要元素了。

在这里，有一个与我们息息相关的问题一直被我们忽视了，那就是一旦有毒化学物质被带进地下世界——不管是作为"土壤灭菌剂"直接投放至土壤还是混合在雨水中向下渗透进土壤的（雨水从天而落，流过森林、果树和庄稼的层层叶冠，极有可能会受到污染，沾染上毒素）——它们会对这些数量庞大且作用甚广的土壤居民们造成什么样的影响呢？例如，我们在土壤中施用广谱杀虫剂以杀死破坏农作物的那些尚处穴居状态的害虫幼虫时，可能不对那些在有机物的分解中必不可少的"好的"昆虫产生危害吗？或者，我们可能在使用非特异性杀菌剂的同时而又不伤害那些生长于树根，帮助它们从土壤汲取养料的真菌吗？

这个至关重要的土壤生态学论题显然一直受到大多数科学家的忽视，而政府管理者们则几乎不予理会。对昆虫的化学控制措施似乎是建立在一个模糊的假定基础上的，即无论人们施用多少数量的毒药，土壤都可以全盘消化，不会产生任何与预期不符的反效果。土壤与生俱来的一些特性就这样被人们抛诸脑后了。

通过近来的少量研究成果，杀虫剂对土壤所造成的影响已渐渐浮出水面，尽管只是冰山一角，但仍对我们大有裨益[1]。这些研究成果并非总能达成一致，这属于正常现象，因为地球土壤类型如此繁杂多样，会对某一类土壤造成损害的毒药或许对于另一种土壤就是无害的。比如，细沙土壤所遭受的破坏就比腐殖质土壤严重得多，联合用药带来的危害似乎也比单独用药大。虽然研究

生物、土壤、地球三者具有密切的联系。生物是大地的儿女，对土地自始至终保持着一种天然永恒的依赖性；土壤是地球生命力的晴雨表，肥沃的土壤让地球充满生机与希望。

① 大有裨（bì）益 形容某件事让人受益很大。

结果各有不同，但目前已有的证据已然足够引起部分科学家的担忧。

在某些情况下，生物世界最核心的一些化学转化和化学反应会受到影响。可令大气氮沉降并为植物所吸收的硝化作用就是一个典例。除草剂2,4-D会导致硝化反应的暂时中断。近期在佛罗里达州进行的几个实验证明，林丹、七氯和BHC（即六氯化苯，俗称六六六）施用于土壤仅两周就能减少硝化反应的发生频率，而BHC和滴滴涕在使用一年之后，其有害效应仍未完全消退。还有其他实验表明，BHC、艾氏剂、林丹、七氯和DDD均能阻碍固氮细菌生成豆科植物所必需的根瘤，同时，真菌与高等植物的根系之间存在的一种既古怪又有益的联系也会遭到严重破坏。

为了达到某些长远的目的，大自然精心设计了特定区域里各个生物种群的数量，令它们达到精妙的平衡。当某些土壤生物的数量因杀虫剂的使用而大幅减少时，相关食物链将遭到扰乱，其他土壤生物的数量便会相应地发生爆炸性增长。这样的突然转变会搅乱土壤的新陈代谢，从而影响它的生产能力。这也意味着，某些原先受到抑制的具有潜在危害性的生物体可能会就此脱离大自然的掌控，恣意繁殖蔓延，最终形成虫害。

> 大自然有其自身特有的发展和运行规律，如果干扰自然进程，违背自然规律就会破坏自然美和生态平衡。

必须引起我们警惕的还有杀虫剂在土壤中的漫长遗留期，它们盘亘[①]于土壤的时间动辄数年，长则十几年不等。艾氏剂在施用四年之后仍有遗存痕迹，其中一小部分是艾氏剂的直接残留物，大部分则已转化为狄氏剂；用于沙质土壤以消灭白蚁的毒杀芬在投放十年之后仍未能完全分解；六六六至少会在土壤中存留十一年；七氯以及它的一种毒性更强的派生物质则至少需要九年才能挥发消失；氯丹在施用十二年后仍有近八成残留。

即便是有节制地使用杀虫剂，几年之后积累于土壤的总量也将相当惊人。由于氯代烃类效用持久，所以之后每一次的用量都几乎原原本本地累加到上一次用药的残余上。也就是说，在重复用药的情况下，类似"若一英亩田地只施用一磅滴滴涕，其危害约等于无"的说法是毫无意义的。研究人员发现某一片马铃薯田地的滴滴涕残留量多达每英亩十五磅；玉米田的含量更高，达

---

① 盘亘（gèn） 指绵延连接。

每英亩十九磅；蔓越橘沼泽检测到的残留量则达到惊人的每英亩三十四点五磅；土壤残留量最高的似乎是苹果园土地，其滴滴涕遗存的累积速度与每年施用药剂的积累浓度竟相差无几，而只一个季节，果园的施药次数就多达四次以上，在这种情况下，滴滴涕残余量在顶峰时能达到三十至五十磅。经过几年时间的反复施药，树木之间的地表土壤残留量可能累积至每英亩二十至六十磅，地底较为深层的土壤含量则更高，最高时能达到每英亩一百一十三磅。

关于杀虫剂对土壤造成的永久性毒害，砷化物为其提供了一个典型案例。尽管二十世纪四十年代起，人工合成的有机杀虫剂就已经取代了砷化物成为马铃薯田的常用喷雾药剂，但1932年至1952年间，产于美洲的烟草中砷的含量飙升了近四倍，后来的研究显示，增加量已接近百分之六百。砷化物毒理学权威亨利·S.萨特里博上认为，虽然砷化物大多已被有机杀虫剂取而代之，但烟草田地仍旧受到原来使用的毒药的侵袭，这是因为烟草田的土壤已经遭到大量难以溶解的砷酸铅的完全浸染，就算之后再无用药，土壤也会持续释放出可溶解的砷。据萨特里博士所言，大部分种植烟草的土地都遭受了"累迭性且几乎永久性的毒药"污染。原产地位于东地中海的烟草中就没有出现类似的砷含量增高现象，因为该地区从未使用过砷化物杀虫剂。

因此，我们又将面临第二个问题。我们不仅需要关切眼下的土壤情况，还必须了解受污染土壤和植物组织中杀虫剂的吸收程度，不同的土壤类型、植物种类、自然环境和杀虫剂的浓度对其影响各异。与其他土壤类型相比，有机物含量高的土壤释放的毒剂数量较低。种植胡萝卜的田地吸收的杀虫剂多于种植研究的其他农作物的田地，而且，如果施用的农药恰好是林丹，长出的胡萝卜中积累的杀虫剂浓度通常会高于土壤中残留的杀虫剂浓度。所以，未来在种植某些特定种类的食用作物之前，或许要对土壤中余留的杀虫剂成分进行分析，否则，即使没有施过药的作物也有可能从土壤中吸收并积聚足够多的杀虫剂，变成不适宜在市场上出售的有毒作物。

这类污染隐患重重，贻害无穷①，因此，在婴儿食品行业，目前已有至少一家龙头企业正式表态不会采购任何施用过杀虫剂的田地出产的蔬菜与水果。留下最多遗患的化学药剂当数六六六，它经由植物的根系和块茎进入植物组织，常散发出霉臭气味以昭示其存在。加利福尼亚的红薯田地在停药两年后生长出的红薯果实仍旧带有六六六的残留物，因而被禁止进入市场流通。某一年，一个位于南卡罗来纳州的公司与该农场签订了合同，承诺收购农场当年出产的所有红薯，后来却不幸发现，这个农场的大部分土壤都已受到杀虫剂的污染，公司不得不转而在市面上以高价收购无害的红薯，经济损失惨重。或许几年之后，来自许多个州的多种蔬菜和水果也会面临被禁止入市的窘境。最棘手的问题出在花生身上。在南部的几个州，花生多与棉花轮流种植，而棉花地正好经常施用六六六，于是之后种植的花生必然会从土壤中汲取相当数量的杀虫剂。实际上，只需微量的六六六就会致使花生果实散发出难以掩盖的霉腥气味，这意味着，化学制剂业已渗透花生果仁且无法移除。更糟糕的是，后续的处理过程不但无法去除陈腐霉臭，有时反而会加剧这种难闻的气味。若工厂决心肃清六六六的残毒，唯一可行的办法就是拒绝采用任何施过农药或生长于施过农药的土壤的产品。

有时，威胁也会来自农作物自身，而且，只要土壤中的杀虫剂污染一日不除，这个威胁就不会消失。一些杀虫剂会对某些敏感的植物（如大豆、小麦、大麦和黑麦）造成不良影响，可能延迟其根部的发育或抑制幼苗的生长。来自华盛顿和爱达荷州的啤酒花栽种者们的经历就是一个典型例子。1955年春天，许多栽种者一起施行了一个大型计划，旨在控制草莓根象鼻虫的数量，因为这种昆虫的幼虫在啤酒花根部的大肆繁殖已对啤酒花造成危害，于是在农业专家与杀虫剂制造产商的建议下，他们选择了七氯作为杀虫剂。在七氯施用后的一年中，用过药的田间藤本植物陆续枯萎、死亡，而未曾用药的田地则没有发生什么意外状况，作物受损的情况精准地终止在用药田地与未用药田地的交界处。栽种者们不得不付出巨大的代价重新在山头种植新的作物，却没

---

① 贻（yí）害无穷　比喻留下无穷的祸患。

料到，一年之后新种的植物又相继死去了。一直到四年之后，这些土壤中仍旧留有七氯的残存。科学家们既无法预测到底需要多少时间残留的杀虫剂才能够完全分解，也提不出任何有效的改善措施，而美国联邦农业部直到1959年3月才惊觉，从前宣称的"七氯可用于土培啤酒花"的说法是错误的，于是才"姗姗来迟"地撤回了这一表态。

由于杀虫剂的使用仍未停止，其残留物依然在土壤中持续累聚，因此我们几乎可以肯定地说，我们的去路必然麻烦重重——这也是1960年锡拉丘兹大学的专家教授们在讨论土壤生态时达成的共识。他们总结称，使用诸如化学药物和放射物等"威力强大但又知之甚少的工具"是存在巨大风险的，"人类只要有一丝行差踏错，就可能对土壤的生产力造成不可逆转的破坏，而土壤的国度也可能就此成为节肢动物的天下"。

> 现代科技的发展是一把双刃剑，一方面它创造了人类文明，带来了社会进步；另一方面人类物质文明的积累，是以牺牲自然资源和环境为代价而换取的，当一个整体、有机的自然被一步步肢解时，人类的末日也将随之到来。

阅 读 札 记 ▶ ▶ ▶

精华点评

叶赛宁说过"在大地上我们只过一生"，大地是养育万物的母亲，是有机生命体。我们曾那样地亲近大地、热爱大地、融入大地，它曾是我们赖以生存的家园和精神栖息地。如今，随着科技的进步，人类征服自然、驾驭自然的愿望大大膨胀了，化学制剂的滥用不仅干扰了生命进程，破坏了生态平衡，更是对我们安身立命的土地造成了严重影响，我们离牛鸣羊咩、鸟语花香的日子越来越远了。

作者以一个又一个惨痛的事实，一串又一串触目惊心的数据告诉我们，人与自然正走向对立，作者呼吁我们放下手中屠刀，按照生态整体性原则重建人类社会，最终实现人与自然万物的和谐相处。

土壤中微小的螨类和跳虫尽管个头极小，但它们在分解植物残株，促使森林的枯枝落叶层缓慢转化为土壤等方面，发挥了重要作用。生活中是否也有这样的例子，不起眼的生物做出了不平凡的事？

知识链接

原尾虫

原尾虫是最原始的昆虫，微小无翅，体长0.5—2毫米，细长，白色或无色。没有触角、复眼和单眼，有一对假单眼，可能为触角退化的遗迹。口器内藏在头内，适于刺吸。前足特别长，常高高举在头部的前面，能代替触角的作用。腹部12节，没有尾须，前三节有腹足的遗迹。生活在多种生态环境中，特别适应潮湿、凉爽的条件，如潮湿的草土内、树皮及砖石下，以腐败有机质为食。

导 读 ▶ ▶ ▶

　　处于生物链的底端，附着在广阔的土地上，最常为人们所忽视，但弱小又脆弱的生物往往发挥着巨大的作用。土地需要它，动物需要它，人类需要它，它为人类提供食物及保护，却默默地承受着人类对它的漠视和摧残，失去它时，人类才发现原来它是不可缺失的，它是我们的"绿衣"。

6. 地球的绿衣

　　由水、土壤和覆于大地表面的绿色植物组成的世界为地球上各类动物的生存提供了决定性的支撑力量。尽管现代人类常常忘了这个事实，但如若没有这些植物利用太阳能量制造可供人类食用的基本食物，人类社会必将无以为继。我们对待植物的态度十分狭隘①。我们一发现某种植物具有即时的利用价值，便会立马大肆②栽种；而只要发现某种植物的存在不符合需要或没有太大用处，我们就会毫不犹豫地立即将其销毁。除了那些对人或牲畜有毒的植株和会挤压粮食作物生长空间的杂生植物，许多植物之所以注定要被人为清除只是因为人类狭隘的观点认为它们在错误的时间点生长在了错误的地方；还有一些植物被铲除的原因仅仅

①　狭隘（ài）　（指气量、见识等）狭小。

②　大肆（sì）　毫无顾忌地。

是因为它们碰巧与有害植物生长在了一起，所以就被"顺手"消灭了。

地球的生态网纷繁复杂，植物与土壤之间，植物与动物之间，植物与植物之间联系紧密，难以分割，而植被正是其中不可或缺的重要一环。有时，我们别无选择，不得不对这些联系施加人为干预，但在实际行动中我们必须谨慎万分，并且要清醒地意识到，我们的所作所为极有可能造成波及甚广的深远影响。然而，在现下呈爆炸性扩张状态的杀虫剂行业中，我们既没有任何缜密周详的规划，也没有对大自然显露半分的谦卑。

人类许多欠缺考虑的行为对风景秀美的大地造成了严重的破坏，发生在西部蒿属植物①地带的一起悲剧性案例就是其中的典例。当时该地区正在进行一项扫除蒿属植物、改种绿色牧草的大型计划。这里的自然景观是多种力量交织作用下的产物，它犹如一册通俗易懂的书本在世人的眼前徐徐展开，一目了然地告诉我们为什么大地是现在这个样子，而我们又为什么必须维持并保护它的完整性不受破坏。这本书就这样摊开放在我们的面前，可惜的是，我们却未曾用心细读。

该蒿属植物地区位属西部高平原以及高原上山脉的低坡地带，于数百万年前形成于落基山脉的隆起运动。这个地区气候极其严酷恶劣，冬季十分漫长，暴风雪从山顶席卷扑来，在平缓区域累聚成厚厚的积雪；夏季则非常炎热，由于缺少降水，土地经常干旱龟裂，干燥的风刮掠而过，叶子和茎秆中那少得可怜的水分也被一并拂干了。

在这片土地的演化发展中必经历一个"实验"时期，在这段时间中，各种植被相互竞争，力求成为这一向风高地的殖民者②，它们反复尝试又相继失败，直到最后有一类植物成功脱颖而出，因为它具备在这片恶土生存的必要特质——这个光荣的胜利者就是蒿属植物。这类植物长势低矮，和灌木颇有几分相似，它既能够扎根于山坡的狭小间隙，也可以在平原地带蓬勃生长。它的叶子很小，呈灰绿色，能够有效锁住水分，抵御如窃贼般掠取植物

被"顺手"消灭了：没有什么阻碍，顺便，可见人的漠然和草率。

冬季积雪深厚，又冷又长；夏天缺水干燥，又热又干。环境恶劣立见，恰恰说明蒿属植物顽强坚韧的生命力。

---

① 蒿属植物　属于双子叶植物纲，菊科。

② 殖民者　用不合法的方式侵占别国领土的人。在此取"强占"之义。

水分的疾风。蒿属植物能够成功占据这片开阔的西部平原并非出于偶然，而是长期的自然选择的结果。

动物也随着植物一起进化发展，一起和谐地探索这片土地的需求。在这期间，有两种动物与蒿属植物一样完美地适应了这里的环境，就此栖居下来。其中一种是叉角羚，属哺乳类动物，步伐优雅，动作敏捷；另一种则是艾草榛鸡，属鸟类，当年的刘易斯和克拉克探险远征队队员称其为"平原上的公鸡"。

蒿属植物和艾草榛鸡绝对称得上是天生一对。这种鸟的活动范围与蒿属植物的生长范围相一致，所以当蒿属植物地的面积减少时，艾草榛鸡的数量也会相应减少。这些平原鸟类的生存所需都是由蒿属植物提供的。山麓小丘处的蒿属植物牢牢地遮蔽住艾草榛鸡的巢穴，其雏鸟因此得到庇护；更为茂密的蒿属植物地则是成群的禽鸟游荡散步的绝佳场所；最重要的是，蒿属植物能够全年不断地为艾草榛鸡提供主要食物。不过，这是一个双向互利的关系。艾草榛鸡在求爱期的示爱行为可帮助疏松蒿属植物周边及下层的土壤，同时帮助在蒿属植物的荫蔽[①]下生长的草地更好地扎根。

叉角羚也很适应蒿属植物地的环境。它们是平原上的主要动物，夏季时它们在山里活动，当冬季的第一场雪降临，它们就会向下迁移到海拔较低的地区，在那里蒿属植物茂密繁多，是羚羊主要的过冬食物来源，因为冷冬到来之际，其他植物的叶子都凋敝了，只有蒿属植物依然保持繁盛的绿意，紧紧地依附在茎秆上。这些夹杂着一丝灰色的绿叶味道略带苦涩，气味芳香，富含蛋白质、脂肪和动物所需的矿物质。飘雪在大地上越积越厚，但通常不会覆盖住蒿属植物的顶端，即便某年降雪量较大，叉角羚的尖利前蹄也能刨开积雪挖出它们。艾草榛鸡也以它们为食，有时可在光秃的岩壁处找到横窜而出的绿植，有时也会循着叉角羚的足迹在它们刨开的雪地里觅到蒿属植物。

还有其他一些生物也仰仗着蒿属植物。北美黑尾鹿就常靠它过活，而对于在冬季放牧的牲畜来说，这些蒿属植物或许就是最

各种生物和谐共存，是对蒿属植物的最高赞美，因为它，才有了在那片土地上生存、进化的动物。

---

① 荫（yīn）蔽　遮蔽；隐蔽。又指庇荫。

珍贵的救命稻草①。在冬季的大多数时间中，绵羊都会出来活动，大片的蒿属植物几乎就是它们全部的食物来源了。不仅如此，一年半数时间以上，绵羊的饲料都是以蒿属植物为主，它的营养含量甚至比苜蓿干草还高。

环境艰苦的高地平原、灰绿色的蒿属植物群、疾奔如风的野生叉角羚和艾草榛鸡构成了一个完美、平衡的自然系统——事实果真如此吗？聪慧的人类似乎并不这样认为，至少人类正在试图改善这片生机勃勃的广阔高地的自然环境。国土管理局以发展的名义开始尝试满足牧场主们想要更多放牧地的要求，所谓放牧地，其实就是草地——没有蒿属植物的草地。原本，在大自然的安排中，这片土地上的青草应与蒿属植物共存，并在其掩蔽下扎根生长，但如今，人们正计划着清除掉蒿属植物，以创造出一片"纯粹"的草地。很少有人思考并疑问，草地到底是不是这个区域的理想稳定状态，但大自然的答案却是昭彰分明的——这个地区的年降雨量不足以养活一片上好的牧草地，大自然更加青睐掩映于蒿属植物间的丛生禾草。

然而，这项蒿属植物根除计划业已推行数年，多个政府部门参与其中，工业界也热情地为其助力，不仅大力推广牧草种子，还催生了一个囊括收割、播种、犁地等全套机器设备的广阔市场。除此之外，还有一个威力巨大的新型武器，就是化学喷雾剂。现在，每年至少有几百万亩蒿属植物地施用化学制剂。

其成效又如何呢？关于清除蒿属植物并播撒牧草种子的最终影响，大多为推测性结论。据土地领域的权威人士称，就这一地区而言，与蒿属植物间杂生长的青草的长势应好于失去蒿属植物庇护的纯草地，因为蒿属植物能够有效减少水分流失。

而且，即便该项计划可在短期内达到预期目标，使放牧地面积得到增长，这片高地原本联系紧密的生物网也会被破坏殆尽。叉角羚和艾草榛鸡将随着蒿属植物一同绝迹，黑尾鹿的处境也会越发艰难，而由于野生动植物的步步毁灭，土壤将变得越来越贫瘠，就连作为预期受益者的牲畜也会被波及，因为没有了蒿属植物和平原上的其他野生植被，在冬季的风雪中，绵羊只能忍饥挨

---

① 救命稻草　原指溺水时人活下去的唯一希望，一个人在掉落到水中，突然发现一根稻草，然后通过空心稻草在水下进行呼吸才能得救。现多指困境中的唯一希望。多贬义。

饿，而夏季就算有再多的繁茂牧草也是鞭长莫及，爱莫能助。

这些只是外显的初步影响。第二阶段的影响则与射向大自然的那杆"药枪"有关。化学喷雾剂在杀死目标植物之外，还破坏了许多其他植物。法官威廉·道格拉斯在其新书《我的荒野：卡他丁山以东》中讲述了一个令人震惊的生态破坏案例，该事件发生在怀俄明州的布里吉尔国家森林公园。当时，一些牧场主向美国林业局施压，要求获得更大面积的放牧地，林业局最终没有顶住压力，向超过一万英亩的蒿属植物地喷洒了农药。蒿属植物如预期的那样成片成片死去，但出乎意料的是，那些沿着蜿蜒的溪流、如缎带般延展穿越原野的苍翠柳木也遭遇了同样的厄运[①]，开始枯萎凋亡。许多驼鹿栖居在这大片浓密的柳木林中，而柳木之于驼鹿就如同蒿属植物之于艾草榛鸡；海狸也居住其间，它们以柳木为食，还经常弄倒柳木，使柳木横倒在涓细的溪流上，形成一道坚固的水坝，经过海狸们的不懈努力，最终在林地中间筑成了一湾湖泊。高山溪涧里的鲑鱼很少有长于六英寸的，但这湾湖泊中的鲑鱼竟然长到了五磅重。湖区还吸引了许多水鸟驻足歇息。仅仅依靠这片柳木林以及倚仗柳木生存的海狸，这片区域就成了一个小有名气的旅游娱乐胜地，吸引着许多人来此垂钓打猎、野游度假。

但是，随着林业局制定的所谓"改良"措施的执行，柳木林也步了蒿属植物的后尘[②]，被无差别攻击的化学药剂摧毁了。1959年，道格拉斯法官造访此地时正值柳木林的喷药时间，他被眼前萧瑟凋敝的景象深深震惊，将其描述为"难以想象的巨大创伤"。驼鹿的命运将走向何方？海狸以及它们所创造的小天堂又会面临怎样的困境？一年之后，道格拉斯法官再次回到这个饱受摧残的地方寻找问题的答案。如他所见，驼鹿和海狸早已是踪迹难觅，最主要的那个水坝由于疏于照拂，也随着其"建筑师"的消失而损毁殆尽，堤坝围成的湖泊自然也就渐渐干涸了，而没有了澄净的湖水，大型水鸟也便没有理由再在此处逗留，光秃炎热的土地上再无绿荫蔽日、鸟语花香，只剩下细小的溪水死寂无声

毁灭蒿属植物，引发一系列恶性的动物毁灭反应。生物圈的作用规律远比通常想象的复杂。

生物间自然而然形成了一个生物圈，相比施药后的凋亡景象可谓天壤之别，一刹那的灿烂，反而更令人心疼。

---

① 厄运　不幸的遭遇；苦难的时运。

② 后尘　行路时身后扬起的灰尘，比喻居人之后或别人走过的路。

地流动向前。一个活力无限的生命世界就此轰然崩塌。

　　每年均有超过四百万英亩的牧场进行例行施药，除此以外，还有无数其他类型的土地出于控制杂草的目的接受化学药剂的处理。比如，一片面积足足有五千万英亩——比整个新英格兰还大——的土地在社会公用企业的管理下，每年都要接受"控制灌木数量"的例行处理；在美国西南部，一片面积达七千五百万英亩的豆科灌木地每年都需要通过某种手段进行经营照料，而化学喷雾剂就是农场主最常使用的手段；一块具体面积未知，但十分广阔的木材产地为了清除混杂在松柏树中间的阔叶树，正雇用飞机从空中向林地喷洒化学药剂。在1949年之后的十年间，施用除草剂的农业用地翻了一番，达到五千三百万英亩，而接受过化学制剂处理的私人草坪、公园以及高尔夫球场的总面积想必也已经达到一个惊人的数量。

　　毋庸置疑，化学除草剂这种新型药剂的确夺目诱人，它们发挥效用的方式叫人惊叹，它们能够赋予其使用者一种凌驾于大自然之上的神奇能力。至于它潜在的长期影响，人们大手一挥便将之抛诸脑后，并把少数人提出的质疑称为"悲观主义者的无根据妄想"。所谓的"农业工程师"们无忧无虑地谈论着"化学耕种"的话题，恨不得将犁地的锄头也打造成喷雾枪的模样。上千个社区的政府官员认真地倾听化学药剂推销员令人目眩的宣传，热情地接待想要"帮忙"除去路旁杂草的承包商，他们的宣传口号是"绝对比人工割草便宜"。或许，政府文件中记录的除草费用确实低廉实惠，但这几个漂亮的数字远非人们付出的真正代价，其高昂的代价在于它大肆损害了自然景观的健康发展以及仰仗景观获得收益的各方利益体。

　　就以旅游观光者的好感度为例。各地商会都十分重视游客对当地风景的看法，但麻烦的是，近年来，由于喷洒化学制剂，许多地方的路边景观遭到破坏，原本葱茏的蕨类植物与星星点点的素丽野花，还有本地独有的灌木丛与点缀其间的清甜浆果通通消失不见，只剩下满目枯黄凋零。"我们的公路两旁越来越脏乱不堪，满地的枯萎落叶，一点儿生机也没有，真是一团糟！而这正是我们人类自己一手造成的，"一位来自新英格兰地区的女士向当地报纸如此控诉道，"我们花了那么多钱推广宣传我们的美景，吸引游客，但游客千里迢迢来到这里，他们期待的绝不是这些糟糕的景象！"

1960年夏季，一批来自多个州的环境保护主义者齐聚缅因州的一个宁静小岛，见证其主人米莉森特·托德·宾汉向美国奥杜邦学会展示这座岛屿的风貌。那天的议题本应聚焦于岛上自然景观的保护情况和大至人类、小至微生物的复杂生物网的简单介绍，但造访小岛的人们在背后谈论的却都是他们一路行经的公路。沿着或曲折或笔直的小径一边在葱郁的森林中穿梭漫游，一边欣赏沿途两旁挺拔的月桂树、高大的桤木、青翠的蕨类植物和清香的黑越橘——在往昔这是一种享受，但眼下只剩一片枯黄的荒芜景象。一位曾来过此岛的环境保护主义者写下了他再次造访时的心境与感受："我再次来到这里，看到缅因州各条道路两旁的景观，心中充满了愤慨①。早些年，公路两侧缀满了野花和迷人的绿色蕨类，极少见到死去的植被，大概几英里才能瞥见一两处残迹。这些残枝败叶十分令人扫兴，大大降低了旅行者来此观光的兴致，即便只从经济角度考虑，试问缅因州政府承受得了这样的损失吗？"

对于深爱着缅因州景色的人们来说，缅因州公路景观所遭受的破坏无疑使他们十分伤心，而缅因州仅仅只是许多例子中的一个，眼下，以"控制灌木"为名的路旁景观清理活动正在全国范围内大力推行。

就职于康涅狄格州植物园的植物学家们宣称，对本地土长的灌木及野花的清除行动业已发展到一个堪称"路边景观危机"的程度。在化学药物的强火攻击下，杜鹃、山月桂、蓝莓、黑果木、木绣球、山茱萸、月桂树、香蕨木、小唐棣、冬青、苦樱桃、野生李等众多植物均垂头低腰，奄奄一息，曾赋予大地优雅魅力的雏菊、金光菊、野生胡萝卜花、一枝黄、紫苑等也难逃衰败凋零的命运。

喷洒农药这一计划本身已是错漏百出，在实行的过程中还有许多滥用之举。在新英格兰南部的一个小镇上，一位承包商在完

> 巨大的落差，鲜明的对比，大自然赏心悦目的葱郁繁盛，并不是永远无条件提供给人类的。

> 罗列十余种植物，充分有力地印证毒性之猛，"强火攻击"形象地描绘人把植物当作战场的残酷。

---

① 愤慨（kǎi）　指愤恨感慨、气愤不平。

成原定任务之后，发现水箱中还剩有一些化学药剂，于是他在未经许可的情况下就把剩余的药剂全数喷洒在林地小径两侧的植物丛上，而这番鲁莽举动的后果便是，这条小道失去了秋季来临时蓝色紫苑与金色麒麟草竞相争妍的美景，原本每到花开时节，总有许多游人不远路途，来此观赏这番盛景。关于城镇农药喷洒，美国联邦政府规定，喷药高度不得超过四英尺，而在新英格兰地区的另一个小镇上，一位承包商未经公路管理处许可，擅自违反规定，对路边植被的喷药高度竟高达八英尺，最终导致全部植物枯萎死去。马萨诸塞州一个小镇的政府工作人员从热心的化学药商处采购了一种除草剂，但药商却没有告知他该除草剂中含有砷，药剂施用之后的后果之一是，有十几只奶牛因误食路旁植物而被毒死了。

1957年，由于康涅狄格州沃特福特镇对自然植物保护区中公路两侧的植被施用了化学除草剂，导致保护区大批树木严重受损。虽然没有对大树直接用药，但它们还是受到了影响。当时正值树木发芽抽枝的春季，橡树新长出的枝丫以一种不正常的速度快速向外生长，但叶子却开始卷曲发黄，两季过后，树上大的枝干已几乎全部死光，其余还顽强活着的也掉光了叶子。整片树林弥散着一种畸形①病态的诡异气氛。

有一段我常行经的道路，大自然为它布置了恰到好处的装饰景观，桤木、木绣球、香蕨木、杜松罗列两侧，散发清香的明丽野花随着季节变换而凋零盛放，到了秋季，果实垂坠在一团浓绿中，如宝石般诱人。平日里，这个路段途经车辆不多，没有什么急转弯，在交叉路口处，路边的灌木丛也不会横窜而出以致遮挡了司机的视线。然而某一天，喷药人接管了这个路段，沿途几英里的风景旋即变成了一片贫瘠的可怖之地。好在中间偶有一两块小区域，当局不知怎么竟略过了它们，使得它们原本的风情得以保留。在一大片受管制的不毛之地中，这些美丽的绿洲显得越发珍贵，但同时也衬托得其他路段的惨象更加难以忍受。每每置身这样的地方，飘扬的白色苜蓿、如云团般锦簇的紫色野豌豆、盛开似火的木百合总能令我精神振奋、思绪激荡。

> 景色迷人，令人神往。

---

① 畸（jī）形 指生物体某部分发育不正常。借指社会现象等的反常状态。

这些植物只有在那些贩卖和使用农药的人眼中才是"杂草"。在一个主要探讨杂草控制问题的论坛的某一期会刊上，我曾读到过一篇有关除草原则的文章，其言论之离奇令我震惊。在除杂草的过程中，一些有益植物经常会被连带杀死，这篇文章的作者为这一现象进行了辩护，他认为"这仅仅是因为它们不幸和杂草长在了一起"，那些抱怨路边野花遭到破坏的人总能令他想起历史上的反对活体解剖者，依他们的观点来看，一条走失小狗的生命比一群孩子的生命还要神圣珍贵。

在这篇文章的作者眼中，我们当中许多人的性格是扭曲的，因为我们更喜爱野豌豆、苜蓿和木百合那精致且变幻无穷的美丽，而不中意路旁似被火熏焦般枯黄的蕨木。在他的眼中，我们竟能容忍这些"杂草"在我们眼前招摇地盛放，当它们被根除扑灭时，我们竟不为之高兴，当人类战胜邪恶的自然时，我们竟不感觉与有荣焉①——我们实在是一群软弱而可悲的人。

道格拉斯法官在书中谈到一个他参与的联邦牧场主的会议，会上主要讨论人们对清除蒿属植物计划的抗议行动（我在本章前面已有提及）。一个老太太竟仅仅因为野花将被一同摧毁而对这个计划提出异议，他们认为这实在是太可笑了。对此，这位极富洞察力的善良法官发出诘问："与牧人有权找寻草地，伐木工人有权找寻树木一样，她寻求一株鄂草或一朵虎皮百合的权利难道不也是神圣不可剥夺的吗？"他还认为："旷野具有的审美价值与铜币上的纹理、矿脉里的金子、山间的森林一样，都是自然赠予人类的宝贵财产。"

当然了，我们不只是出于审美方面的考量，才一直呼吁要保护路边的原生植被。在大自然的体系中，天然植被一直扮演着一个不可或缺的重要角色。乡间道路两侧的灌木篱墙和与之相接的野地不仅给鸟儿提供了食物、掩蔽物和筑巢的空间，也为其他一些小动物提供了栖居场所。仅东部几个州的典型原生路边植被种类就超过了七十种，主要为灌木类与藤类植物，其中有六十五种是野生动物的重要食物来源。

这些植被还是野生蜜蜂和其他传粉昆虫的栖居地。人类对这

> 任何生命皆平等，不存在高贵与杂乱之说。不能以人的认识、价值去判断自然界生物能否存在。

---

① 与有荣焉 因而也感到荣幸。

些野生传粉昆虫的依赖程度比我们想象中的要深得多。即使是农民本身也很少意识到野生蜜蜂的价值，反而经常采取一些措施，使蜜蜂失去了为人类服务的机会。一些农作物和许多野生植物部分，甚至全部依赖于本地传粉昆虫的服务，有几百种野生蜜蜂或多或少地参与了中耕作物的授粉过程，单单帮助苜蓿一种植物传粉的野生蜜蜂种类就多达一百种。若没有这些昆虫协助授粉，非耕地上大多数有助于稳固和肥沃土壤的植物都会死去，并将对整个地区的生态环境造成更加深远的影响。许多香草、灌木、牧场和森林中的树木都需要倚靠本土原生的昆虫来完成其繁殖，倘若这些植物覆灭了，野生动物和游牧家畜也就失去了食物来源。如今流行的清耕法以及使用化学手段清毁灌木和杂草的做法正在逐步摧毁这些传粉昆虫的庇护所，从而斩断生物与生物之间的亲密纽带。

过多人为干预，忽视自然界已有的生物传播，小生物亦有大作用。

这些昆虫对于农业以及大自然是如此重要，所以理应得到我们更好的对待，而不是无情而鲁莽地破坏它们的栖身地。蜜蜂和野生蜜蜂主要靠某些"杂草"（如金光菊、芥菜、蒲公英等）的花粉作为幼蜂的食物。在苜蓿开花之前的早春时节，野豌豆是蜜蜂的主要食物来源，若没有野豌豆帮助蜜蜂度过这一困难时期，蜜蜂之后也就无法帮助苜蓿传粉了。当秋季来临时，除了金光菊，蜜蜂再无其他食物来源可供选择，此时，金光菊便成为蜜蜂得以成功过冬的唯一救命稻草。更神奇的是，在柳木花开之日，众多野生蜜蜂中的某一种总会准时出现——如此精准巧妙的时机衔接安排只可能出自大自然之手。我们并不缺乏了解这些昆虫重要性的人，但是，那些下令用化学药剂浸染大地的人绝不是其中的一员。

那么，那些或许会懂得合适的栖息地对于保护野生动物的重要性的人又在何方呢？他们中的大部分人认为，除草剂对野生动物是"无害的"，因为它们的毒性比杀虫剂要小得多。那也就是说，无害即可用。然而，当除草剂如雨点般密集地洒落在森林与田野、沼泽与牧场时，它们必将引发某些显著的变化，并对野生动物的栖息地造成永久的破坏。从长远来看，清毁野生动物的家园与食物来源所造成的危害很有可能将大于直接杀害这些野生动物。

这场对于道路两侧植被与道路用地的全面化学攻击具有双重

的讽刺意义。首先，现实业已清楚表明，对于人们想要纠正或解决的问题，它不但无法起到正面作用，反而固化了矛盾。比如，除草剂的地毯式使用并不能一劳永逸地控制住路边"杂草"的数量，必须年复一年地重复喷洒。其次，尽管我们已经开发出一种可靠的选择性喷洒措施，它可以达到长期的植物控制效果，但人们仍旧不愿淘汰现今这种面向大多数植被的重复施用手段，一如既往①地坚持采用它。

对路旁或公路实行灌木控制的最终目标并非将土地扫荡一空，只留下草地，相反，应该仅仅清除掉那些可能因长势过高而遮挡住过往司机的视线或对公路上方的电线造成干扰的植物种类——总的来说，大体指的是树木类植物。大部分灌木都很矮小，并不会引发任何危险，蕨类植物和野花亦是如此。

选择性喷洒法是由弗朗克·艾戈勒在美国自然历史博物馆任职的数年间研究发明的，当时他任公路灌木控制指导委员会的主任。这种方法利用了大自然固有的稳定性，其有效性建立在这样一个事实之上，即大多数灌木能够强力抵御乔木科植物的入侵。而相比之下，草地则很容易遭到树木种子的入侵。选择性喷洒法的目标并非在路旁和公路区域种植更多绿草，而是通过直接处理的方式清除那些高大的树木，同时保留其他所有植被。这种主要处理方式再加上一个对付顽强树种的备选方案或许就已经足够了，因为这样一来，灌木丛能够得到长期有效的控制，而树木也不会再去而复返了。可见，最好且最实惠的植被控制方法并不是化学药物，而是植物本身。

这一措施的效果已经在美国东部的多个实验基地得到验证。实验结果表明，只要处理得当，就能使该区域达到稳定状态，且该稳态可持续至少二十年，也就是说，至少二十年内都不需要再次施药。喷洒工作可由工作人员持背负式喷洒器步行完成，这样做有助于精确控制用量。有时可将压缩泵和药剂原料装载在卡车底架，用汽车代替人力，但即便如此，也绝不进行地毯式的大规模喷洒。该处理手段只对树木直接使用，若有长得特别高的灌木也必须悉数清除。由此，生态环境的完整性可受到保护，价值巨

世界上没有"一劳永逸"的轻松事，往往需要不懈努力，不能片面地看待，要一分为二辩证地解决问题，才能真正地做好事。

恰当的方式，应该是善用自然，而非"一刀切"地消灭。

① 一如既往　一：完全；既往：从前，以往。指态度没有变化，完全像从前一样。

大的野生动物栖息地得以原封不动地保留下来，而灌木、野花与蕨类植物共同构成的美景也不会遭到损害。

通过选择性喷洒法进行植被管理的措施已陆续受到采用，但就大体而言，原有的治理手段早已成为根深蒂固①的习惯，很难全然杜绝，大规模施药法依然生机勃勃地活跃在植被管理领域，年复一年地从纳税人手里榨取巨额钱财，并使自然生态网络蒙受沉重的伤害。毋庸置疑②的是，大规模施药法之所以盛行只是因为人们尚未清醒地认识到它的危害，当纳税人意识到，其实他们终其一生只需支付一次道路植被施药账单，而非一年为其买单一次，他们必然会奋起反抗，要求政府改变治理措施。

选择性喷洒法的好处之一是，它能使化学制剂的用量降至最低，因为人们不再将药剂漫洒到各处，而是集中地施放于树木根部。如此一来，对野生动物的危害也能降至最低。

得到最广泛使用的除草剂当数2,4-D、2,4,5-T以及它们的相关化合物。关于这些化学物质是否有毒的争论至今仍未达成共识。在自家草坪上喷洒2,4-D，然后在无意中沾上药水，这是常有的事，但它偶尔会引发严重的神经炎，甚至导致病人瘫痪。尽管这样的事故并不常发生，但医疗机构还是对使用者发出了警告，建议他们小心处理这类化学物，还有其他一些更为隐蔽的风险潜隐在2,4-D的累积使用中。已有实验证据表明，它会阻碍细胞的基本呼吸作用，并侵害染色体（其对染色体的破坏类似于X光线引发的危害）。近来的一些研究指出，这类除草剂和其他一些品种的药剂均会对鸟类的繁殖形成负面影响，且所需剂量远低于其致死剂量。

除了直接的毒性效应，某些除草剂还可能导致一些古怪的间接后果。研究人员发现，包括野生食草动物和牲畜在内的一些动物会被喷过药的植株所吸引，尽管这些植株并非它们素日的食物来源，假如植株喷洒的是含有剧毒的农药，如含砷化学药物，这样想要触及凋萎植株的强烈愿望无疑会招致灾难性的后果。倘若植物本身已具备毒性或长有芒刺、荆棘等尖利之物，那么即便除

> 在前文详细介绍过"选择性喷洒法"的操作原理，并与大规模重复喷洒对比利弊之后，明确结论，重申观点。

---

① 根深蒂（dì）固　比喻基础深厚，不容易动摇。

② 毋（wú）庸置疑　毋庸：不必。事实明显或理由充分，不必怀疑，根本就没有怀疑的余地。

草剂毒性不烈，也可能引起动物的死亡。比如，牧场上的有毒杂草在施药之后吸引力骤增，胃口大开的牲畜若禁不住诱惑食用了这些杂草，则必死无疑。兽医学的文献中记录了大量类似的例子：猪吞食了喷洒过药剂的苍耳子，结果生了重病；羊羔因吃了施过药的蓟草，从而引发了严重的疾病；喷药的芥菜在开花之后毒害了飞来采蜜的蜜蜂；枝叶含有剧毒的野樱桃一旦喷洒了2,4-D，就会对牲畜散发出致命的诱惑力。显然，这些植物之所以变得如此有吸引力，其原因就在于它们在喷药（或采割下来）之后所呈现的枯萎状态。北美狗舌草是另一个典例。通常情况下，牲畜在觅食时都会避开这种植物，除非是在深冬或早春食物极度短缺的时候，才会勉强吃上一点，然而，一旦它的叶子"镀"上一层2,4-D除草剂，动物立马蜂拥而上抢着争食。

引用大量的例子，触目惊心，具体有力地印证毒性之强，以引起重视。

这种古怪现象的出现有时也可能是因为化学药物改变了植物本身的新陈代谢，比如植物的含糖量会在短时间内大幅上升，使其变得更加美味，从而吸引动物如扑火的飞蛾般啃食它们。

2,4-D的另一个奇特作用对牲畜、野生动物甚至人类都具有重大影响。大约十年前开展的多个实验发现，在施用这种药物之后，玉米和甜菜中的硝酸盐含量均巨幅飙升，并且研究人员怀疑，这种现象或许也会发生在高粱、向日葵、紫鸭跖草、羊腿藜、荨麻和藜草等植物身上。这些植物中有一部分牲畜原本是不喜欢吃的，通常会遭到它们的无视，但喷洒了2,4-D之后，牲畜突然间就吃得津津有味了。据一些农业专家所言，许多牲畜的死亡原因都可追溯到施药杂草的身上，由于反刍①动物的特殊生理结构，摄入含量过高的硝酸盐会立即引发十分严重的问题。这类动物的消化系统极其复杂，其胃部被分隔成四个腔室，纤维素的消化就是在微生物（瘤胃细菌）的作用下，于其中的一个腔室（称为瘤胃）完成的。当动物吞食了硝酸盐含量异常之高的植物时，瘤胃中的微生物便开始发挥作用，将硝酸盐转化为毒性极烈的亚硝酸盐。之后，一系列致命事件接踵而来：亚硝酸盐与血液色素发生反应，生成一种巧克力色的物质，该种物质会牢牢地粘连并桎梏住氧气，使氧气无法正常参与呼吸作用，如此一来，氧气便

---

① 反刍（chú） 指某些动物进食一段时间后，将半消化的食物从胃中返回嘴里再次咀嚼。

难以从肺部转移至各机体组织，几个小时内，该生物便会因缺氧而死亡。至此，多例有关牲畜因误食喷洒过2,4-D的植物而死亡的病例报道就有了合理的解释。反刍类野生动物如鹿、羚羊、绵羊和山羊等也面临着同样的危险。

尽管有许多因素（比如极端干燥气候）都能够导致硝酸盐含量增加，2,4-D只是其中之一，但它的滥卖滥用现象必须引起我们的重视。1957年就有人发出警告，"被2,4-D杀死的植物可能含有大量硝酸盐"，威斯康星大学农业实验所的研究结果证实了这一警告并非空穴来风。这个风险不仅危及动物安全，还可能蔓延至人类身上，它或许可为近来频繁发生的"粮仓死亡"神秘事件提供一个可靠的解释。当含有大量硝酸盐的玉米、燕麦和高粱被封存储藏于地窖，它们会释放有毒的氮氧化合物气体，这对任何踏足地窖的人来说都是致命的危险，只要吸入这些气体中的任意一种，都会引发扩散性的化学性肺炎。在明尼苏达大学医学院研究的一系列相关病例中，只有一个病人逃脱了死神的魔掌。

"在大自然中散步游荡的我们，就像一只困在瓷器橱柜中的大象。"荷兰科学家C.J.布里杰以其罕见的洞察力为人类的除草剂使用做出了以上总结。布里杰博士说道："我认为，人类太过自信了，事实上我们并不清楚，农田中的杂草到底是否全都有害，抑或它们中的一部分其实是有益的。"

杂草与土壤之间的关系究竟是怎样的？甚少有人思考这个问题。就算只是狭隘地从我们自身的直接利益来看，它们的关系或许都是有益的。正如我们所见，土壤与在其中、其上生活的生物之间存在着一种相互依存、互惠互利的亲密关系。杂草也许会从土壤中汲取一些物质，同时，它也可能会反过来给予土壤某些东西。最近，荷兰的某座城市公园就为此提供了一个实例。当时园内的玫瑰长势较差，奄奄一息，工作人员对土壤样本进行检验分析发现，土壤正受到小型线虫的重度侵扰。对此，荷兰植物保护局的科学家不推荐采用化学喷雾制剂或土壤处理，相反，他们建议在玫瑰周围种植金盏花，因为这种植物的根部会释放一种能够杀死小型线虫的分泌物，但在纯粹主义者眼中，它无疑是玫瑰花坛中的杂草。公园采纳了科学家的建议，在一部分玫瑰花坛栽种

> 瓷器易碎，大象体型巨大，困在瓷器里的大象，是寸步难行，动弹不得。大胆的比喻，形象地刻画出人类的困境。

了金盏花，另一部分则作为对照组，不做任何处理。最后的效果十分显著，在金盏花的庇护下，玫瑰花开得特别茂盛鲜艳，而作为对照组的玫瑰丛则病态毕露，全都发蔫①枯萎了。现在，许多地方引进了金盏花以抵御线虫的侵害。

同样地，或许还有其他许多对土壤大有益处的植物正被无知的我们残忍根除。天然植被群落——现在多被我们打上"杂草"的标签——的作用之一就是作为土壤状态的指示器，然而，当化学除草剂如倾盆大雨般洒落，这种十分有用的功能自然也便丧失殆尽了。

有些人把化学喷雾剂当作解决所有问题的答案，但显然，他们忽略了一件具有重大科学意义的事情——保护天然植物群落的必要性。我们需要这些群落作为标杆，来反映并衡量人类活动所造成的影响；我们需要这些群落作为野生生物的栖息地、庇护所，只有这样，昆虫和其他微生物的原始种群才得以保存，因为如果它们对杀虫剂的抗药性不断增强，最终它们的遗传物质都会遭到篡改（这一点将在第十六章详述）。一位科学家曾提议，我们应该赶在昆虫和微生物的原生遗传组成被进一步改变之前，专门建造一些为它们提供保护的"动物园"。

一些专家警告称，由于除草剂的使用日益增多，某些植物正在发生一些细微但影响深远的改变。通过清除阔叶植物，化学药物2,4-D减少了草类植物的竞争对手，使其得以快速茁壮成长。如今，一些草类自己反而成了"杂草"，于是新的问题出现，又一个轮回开始了。一本有关农作物问题的杂志在新近发行的一期中也提到了这一古怪现象："随着控制阔叶杂草的2,4-D的广泛使用，草类杂草正逐渐成为玉米和大豆田地的主要威胁。"

豚草是花粉症患者的烦恼之源，它是一个有趣的例子，向我们展示了人类对自然所采取的控制措施有时只会让人类自作自受②。为了控制豚草数量，人们将成千上万加仑的化学药剂喷洒至道路两侧的植物群落，但不幸的是，地毯式的大规模喷洒并未取得预期的效果，豚草数量不降反升。豚草是一年生植物，它的种

---

① 发蔫（niān） 原指花木、水果等显现出萎缩。又形容精神不振。

② 自作自受 自己做了蠢事、坏事后带来的不良后果，自己承担。

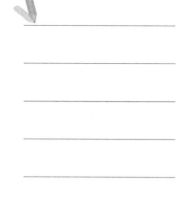

子要在露地土壤中才能生根发芽，因此，对付这种植物最好的方式就是保证土壤中长有浓密的灌木、蕨类和其他多年生植物。频繁的施药行为会阻碍这些保护性植被群落的正常生长，使土壤变成开阔光秃的露地区域，从而加速了豚草的蔓延。此外，空气中弥散的花粉或许与路边的豚草关系不大，而与生长于城市地块和休闲耕地的豚草有关。

近年来，马唐草除草剂销量激增，这个现象再次提醒我们，不可靠的处理手段轻易便能流行开来。比起年复一年地施药，其实还有一种成本更低、效果更佳的方法可以扑灭马唐草，那就是在马唐草占据的土壤中栽培它的竞争对手，压缩它的生存空间，直到最后，马唐草就再无立足之地。马唐草只生长在不健康的草坪中，也就是说，它本身并不是疾病，而只是疾病表露出的症状，是一个信号。假如土壤足够肥沃，并在开始时对想要栽种的草类加以照料，完全有可能创造出一个马唐草无法生长的环境，因为它和豚草一样，都需要在光秃露地才能发芽生长。

然而，郊区居民们并没有采用精心照料基本土壤环境的做法，反而听取了花场主人的意见（花场主人的意见则来自化学药物制造商），继续年复一年地向屋前草坪施放数量惊人的马唐草除草剂。市场上销售的除草剂其商品名称大多听起来人畜无害，但实际上，它们的原料中却含有各种毒性物质，如水银、砷化物、氯丹等，仅从表面的名字看，消费者根本无法察觉其本质的特性。消费者按照印在商品上的推荐用量使用这些除草剂，在草坪上留下了不计其数的化学药物，比如，若使用者只使用一种产品，且严格遵循应用指引，那么，每英亩草地遗留的氯丹数量将高达六十磅；若使用者还交杂使用了另一种产品，那么，每英亩草地遗留的非金属砷含量就达到一百七十五磅。因这些草坪而死亡的鸟类数量正逐年上升，令人心惊（这一情况将在第八章进行详述），而它们对人类的危害如何现在还不得而知。

选择性喷洒法业已成功应用于道路两侧及公共事业用地的植物群落，它代表了一种希望，鞭策着我们努力开发出可应用于农田、森林和牧场等其他土地类型的生态友好型植物控制措施——这些措施不仅旨在消灭某一种特定植物，更重要的是将它们当作有机的生物群整体进行管理。

还有其他一些可靠成效为我们指明了前路。生物防治[①]（或称生物控制）已在抑制有害植物方面取得了一些辉煌的成就。如今我们面临的一些问题也曾困扰过大自然，而自然用其自身特有的方式成功解决了它们，因此，如果人类足够聪明，就应该用心地观察自然并仿效自然。

在罗列大量化学药物严重危害的事实后，作者指出行之有效的解决问题之道——生物防治。

加利福尼亚州对克拉马斯草（俗称羊草芹）的处理是有害植物控制领域的一个杰出案例。克拉马斯草是一种欧洲土长植物（在欧洲，人们称其为圣约翰草），于1793年首次随欧洲西迁人潮来到美国宾夕法尼亚州的兰卡斯特附近，1900年扩张至加利福尼亚州的克拉马斯河流域，并因此而得名。到了1929年，它占据的牧场面积已然高达十万英亩，及至1952年，它业已入侵了大约两百五十万英亩土地。

克拉马斯草与其他本地土长植物（如蒿属植物）不同，它在该地区的生态系统中难觅一席之地，也就是说，在当地没有一种植物或动物需要它的存在。而且恰恰相反的是，凡是它所到之处，牲畜都会因误食这种有毒植株而"染上疥斑病、口疮病"，且大部分"出现了发育不良的症状"，土地价值也因此大幅下降。

但在欧洲，克拉马斯草——或许该改称为圣约翰草——从未成为人们烦恼的问题，因为在这种植物的周围总是伴生有种类繁多的昆虫，而克拉马斯草就是它们的食物之一，所以克拉马斯草的生长繁育可得到严格控制。其中，在法国南部有两种豌豆大小的金属色甲虫，它们可以说完全是为克拉马斯草而生的，因为它们唯一的食物来源就是克拉马斯草，其繁殖也离不开它。

1944年，这两种甲虫被首次引进美国，这是一次极富历史意义的事件，因为这是北美第一次利用相应的食草昆虫对某种植物进行管控。到了1948年，这两种甲虫的数量已颇具规模，因而已不需要再进行引进。人们在甲虫的原生地将它们收集起来，再以每年几百万只的规模对它们进行重新分配。甲虫在狭小的区块内分散开去，一吃完区域内的克拉马斯草便立即精确地移动至邻近的新区块。克拉马斯草在甲虫的啃食下逐渐稀疏，牧草便能重新

---

① 生物防治　指利用生物物种间的相互关系，以一种或一类生物抑制另一种或另一类生物。其最大优点是不污染环境，是农药等非生物防治病虫害方法所不能比的。

占据它们的领地。

1949年开始施行的一个为期十年的调查表明，克拉马斯草的控制情况"好于预期"，与先前泛滥成灾的情形相比，如今的克拉马斯草数量只有原先的百分之一，而这种规模的入侵是无伤大雅的，而且人们也需要一定量的克拉马斯草来供养并维持甲虫的数量，以免这种植物再次泛滥。

另一个有关杂草控制的成功例子则发生在澳大利亚。殖民者总喜欢携带本地植物和动物前往新的国家，亚瑟·菲利浦船长也未能免俗。1787年，菲利浦船长带着各种各样的仙人掌前往澳大利亚，打算用它们来培育胭脂虫作为染料。不承想，有人把一些仙人掌和霸王树从他的花园移植到了外头的野地，到了1925年，已有约二十种仙人掌属植物在野外肆意生长。因为这片新的领土对仙人掌没有任何自然控制能力，所以它们蔓延的速度十分惊人，到最后竟占据了超过六千万英亩的土地，其中至少一半土地由于仙人掌覆盖密度过大，成了无用的废弃之地。

1920年，澳大利亚政府派遣一批昆虫学家前往北美和南美寻找仙人掌的昆虫天敌，经过几轮试验，专家们选定阿根廷飞蛾作为"攻击武器"。1930年，一大批阿根廷飞蛾在澳大利亚产了三十亿个卵。七年之后，最后一片浓密的霸王树丛自澳大利亚大地上消隐了痕迹，从前杳无人迹的荒废土地也开始有人定居放牧了。整个项目花费极低，平均每英亩只需不到一便士。与之形成鲜明对比的是，早年施行的化学控制手段不仅效果低微，而且成本高达一英亩十英镑。

> 人类使用化学药物其实是为了追求巨大的经济效益，而事实上，恰恰是生物防治的费用低，且效果更长久。

这两个例子都说明了，相应的食草昆虫在某些有害植物的有效控制中扮演着十分重要的角色，对此我们应多加重视。尽管这些昆虫也许是所有食草动物中最为挑食的，而它们限制性极高的食谱轻易便能为人类所利用，但牧场管理科学却几乎全然忽视了这一选择的存在。

精华点评

动植物共同生存在地球上，人类并非上帝，哪来的权利决定人类只需要草地，不要蒿属植物？当一切生命存在了千万年后，爬上生物链最顶端的人类理所当然地认为，人类就该主宰万物。为了达到拥有草地的目的，人类向蒿属植物无情地喷洒农药，以期达到立竿见影的效果，殊不知这种做法同时祸及了其他植物，而植物的灾难又自下而上殃及动物。还有对马唐草除草剂的滥用，药物喷洒，短期内好像很见效，殊不知生物防治才是治标治本的方法，而且成本低效果佳。

因而在做决定的时候，我们不能急功近利，应该多听听大自然的声音，时刻敬畏自然，那样或许我们犯的错误就少些，走的弯路就少些，反过来大自然对我们的惩罚就少些或者慢些。

延伸思考

在大自然中，从来只有草，而不是杂草或者非杂草的区别，这不正告诉我们对待世间万物不可以人类的眼光作为唯一标准的道理吗？对此你有何感想？

知识链接

刘易斯和克拉克探险远征队

刘易斯与克拉克远征（Lewis and Clark expedition，1804—1806年）是美国国内首次横越大陆西抵太平洋沿岸的往返考察活动。美国获取了美国西部地理的广泛的知识以及主要河流和山脉的形式地图，观察和描述了178种植物和122种动物种类和亚种，并打开欧美与印第安人的外交关系，建立了一个西部军队探险的先例，同时创作了一部关于西部的文学巨著《刘易斯和克拉克日志》。

（选自"百度百科"）

导 读 ▶ ▶ ▶

安宁和谐的家园是人们共同追求的梦想，可我们自以为是地高举正义的大旗，消灭所谓的外来物种时，事实上是在给自然制造一场场不必要的浩劫。为了消灭外来"入侵者"而枉顾其他生命的存在，既不做任何事前评估，亦不充分考虑恶果，只是一味使用最简单、最直接的化学药物进行喷洒，这种"赶尽杀绝"式的处理方式，最终所带来的危害，将远远超过人类自身能够承担的负荷。

7. 不必要的浩劫

当人类一往无前地向着征服大自然的终极目标进发时，其身后早已留下了一连串血泪斑驳的痕迹，笔笔都书写着人类对地球以及其他生灵的破坏与摧残。翻开近几个世纪的历史书页，明晰可见几节黯黑无光的记载——在西部平原对水牛的屠杀，持枪猎人对沙禽水鸟的捕杀，为了得到其羽毛而对白鹭展开的几乎灭族的残害。而现在，我们又在继续写就新的篇章以及造成新的浩劫——对鸟类、哺乳动物、鱼群的直接杀害以及洒向大地的众多化学杀虫剂对每一类野生生物的无差别攻击。

如今，人类似乎正遵奉着某一种可怖的哲学，在这种哲学的指引下，我们坚信，只要有喷雾器在手，就没有什么阻挡我们的去路。在我们眼中，在对付昆虫的过程中被连带伤害的无辜受害者微若鸿毛，不值一提；假如知更鸟、雉鸡、浣熊、野猫甚至是牲畜恰好与我们意图消灭的昆虫栖居在同一片土地，当漫天而降的杀虫剂毒雾朝它们扑面而来的时候，我们也不必劳心为它们提供佑护。

有部分公民试图为野生生物屡屡遭受损害的问题争取一个公正公平的决断，但现在他们正陷入一个左右两难的困境。一方面，环境主义保护者和许多野生生物学家坚持认为，杀虫剂等引发的野生生物死亡问题十分严峻，在某些个案中甚至已经造成灾难性的悲剧。另一方面，管制机构直截了当地否认了类似死亡现象的存在，并认为，即便有个别例子，也是无关紧要的。那么，我们到底该听从哪一方的观点呢？

毫无疑问，相关证据的可信度是我们应该首要考虑的。对于野生生物死亡现象的发掘与解释，去过现场的野生生物学家自然是最有发言权的人，而只专门研究昆虫的昆虫学家则非合格人选，况且他们潜意识里也不期望看到他们负责的管控项目出现任何的有害副作用。然而，正是地方政府和联邦政府里的管理人员——当然还有化学药剂制造厂商们——正是他们在斩钉截铁①地否认生物学家们呈上的报告，正是他们在言之凿凿②地宣称这些药剂对野生生物危害极小，甚至可以忽略不计。他们就像圣经故事中的祭司与利未人，掩上双目，假装什么也不曾看到似的，绕道而去了。即便我们善意地将他们的极力否认理解为利益相关者们在利益面前的短视，那也不意味着我们必须接受并采纳他们的说辞。

形成我们自己的判断的最好途径是，仔细查阅几个主要管控项目的相关资料，向通晓野生生物习性，并且不对化学药物持有偏见的专家求教，最后透彻了解当毒雨从天际落入野生生物世界之后到底发生了什么。

不管是野鸟观察爱好者、野外探险爱好者，还是从自家花园里的鸟儿那里获取快乐的郊区居民，抑或是猎人、渔夫，在他们看来，任何有损野生生物的行为——哪怕这种伤害只会持续一年

在这种自大"哲学"的引导下，人类自以为能够主宰一切，为达目的不择手段，坚信大规模化学喷药是正确的选择。

这样斩钉截铁的说法，并没有调查依据，显然是为了获取经济利益，枉顾事实的骗局。

---

① 斩钉截铁　形容说话或行动坚决果断，毫不犹豫。

② 言之凿凿（záo）　凿凿：确实。形容说得非常确实。

半载——都是对他们乐趣的一种剥夺，是对他们合法权益的一种侵犯。这个观点无论在何时都是站得住脚的。即便有的时候，在单次喷药以后，鸟儿、哺乳动物和鱼群能够重新安顿下来，但伤害已经造成，这是无法抹却的事实。

但是，这样的重新安顿是不可能发生的。农药的喷洒大多是重复进行的，野生生物与药剂只发生一次接触的可能性微乎其微。喷药的后果通常是毒化了环境，并形成致命陷阱，致使原生群落以及迁徙至此的外来者落入其中，最后一命呜呼。施药面积越大，危险性便越强，因为到那时，所有安全绿洲都会湮灭①消失，不复存在。刚刚过去的十年间，昆虫控制项目大行其道②，杀虫剂以数千英亩甚至数百万英亩为单位大范围地洒向土壤，与此同时，个人及社区层面的喷洒行为也与日俱增，美国关于野生生物受创或死亡的案例记录已然堆叠如山。现在，让我们来看一看其中的一些项目，看一看现实情况到底是怎样的。

1959年的秋季，密歇根州东南部（包括底特律市的大片郊区）的两万七千英亩土地覆满了从天飘落的艾氏剂粉尘，值得一提的是，艾氏剂是世界上危险性最高的氯代烃类化合物之一。该项目是由密歇根州农业部与美国联邦政府直属农业部联合执行的，旨在控制日本丽金龟的数量。

其实并没有多大必要采取这样一个激烈且危险的行动。沃尔特·P. 尼克尔是密歇根州内最著名、最权威的自然学家之一，他每年夏天都会在密歇根南部的田野里待上很长一段时间进行研究。对于这个项目，他表达了不同的看法："据我所知，在过去的三十年间，底特律城中的日本丽金龟数量一直维持在较低水平，并且随着时间的推移，其数量并没有表现出任何失控的迹象。在1959年这整整一年的时间里，除了政府设置的捕捉陷阱捉到的那几只，在底特律我只看到过一只丽金龟……我只能说他们把秘密保守得太好了，以至于我都没有收到一点关于丽金龟数量激增的消息。"

---

① 湮（yān）灭　具有淹没、消失、毁灭的含义，表示一种东西完全消失。

② 大行其道　原指某种学术、道术正在盛行、流行。现指某种新潮事物流行、盛行，成为一种风尚。一般为贬义词或中性词。

密歇根政府机构只发布了一个公告，声称在空中施药的指定区域内，均有丽金龟"出没"的痕迹。尽管合理性与必要性存疑，但这个项目还是如期施行了，州政府提供人力和监督执行情况，联邦政府则提供设备和补充人员，而为杀虫剂的费用买单的则是当地居民。

日本丽金龟这种昆虫是在无意中进入美国的。1916年，人们在新泽西州的里弗顿小镇附近首次发现它的娇小身影，其绿色外壳在阳光下泛着金属般的熠熠光泽。一开始人们并未认出它来，几番周折之后才最终确认它是一种来自日本本岛的外来昆虫。显然，它是在1912年的限运条例颁布之前，随着从日本进口的苗木来到美国的。

此后，日本丽金龟开始从其最初进入的地点向外扩散，在跋涉跨越过几个州之后来到密西西比河以东地区，那里无论是气候条件还是降雨量都十分适宜丽金龟的生存与繁殖。丽金龟的分布边界每年都会朝前推进一些，在它们定居时间最长的东部地区，人们一直在努力为其设置自然控制手段，好在这些措施效果显著，许多记录显示，丽金龟的数量一直控制在较低水平。

尽管东部地区对丽金龟的管控已有成效，且各个步骤均清晰分明地记录在册，但眼下，处于丽金龟分布边缘的中西部各州却已然迫不及待①地对它们发起了猛烈的进攻，仿佛这种破坏力有限的小昆虫是什么极度致命的庞然大物似的，大肆泼洒下毒性最烈的化学药剂，全然不顾②此举极有可能会波及大批居民、牲畜以及所有野生生物。结果可想而知，其惨烈触目惊心，这些日本丽金龟控制项目对各类生物造成了巨大的破坏，同时也使人类无可避免地暴露在可怕的危险之中。在控制丽金龟的名义下，密歇根州、肯塔基州、爱荷华州、印第安纳州、伊利诺伊州、密苏里州的许多地区都经历了化学药雨的洗礼。

密歇根州的喷洒行动是针对丽金龟的首批大规模"空中袭击"计划中的一环。之所以选择剧毒的艾氏剂，并非因为它对控制丽金龟有特效，而仅仅是出于节约成本的考虑——艾氏剂是可

补充丽金龟的由来及在美国的存在过往史，有利于全面了解其习性，说明生物的繁衍是有其规律可循的，无知只会导致不必要的恐慌。

"迫不及待""大肆""全然不顾"写出行动的盲目，表达了作者强烈的控诉。

---

① 迫不及待　迫：紧急。急迫得不能等待。形容心情急切。

② 全然不顾　完全不顾及其他事物，一般指专心地做某事。

用化合物中最便宜的一种。虽然政府发布的公告中明确承认艾氏剂是一种"毒药"，但其字里行间又在极力暗示着，虽然艾氏剂投放的地区中有一小部分是人口稠密区，但它不会危害人体健康。（记者会上有人发问："我们应该采取哪些预防措施呢？"发言官给出的回答是："你不需要采取任何预防措施。"）当地报纸援引一位联邦航空局官员的说法，称"这次行动十分安全"，此后，底特律公园与娱乐管理局的一位代表进一步做出保证："这些粉尘对人类是无害的，不仅如此，它们也不会对植物或者宠物造成伤害。"我们完全可以想象，这些政府官员既没有查阅过美国公共卫生局、渔业和野生动物局业已公开出版的报告资料，也未曾留意过有关艾氏剂剧毒特性的种种相关证据。

密歇根州的害虫防治条例规定，州政府有权在未经个体土地所有者知情或同意的情况下，对其土地施行喷药行为，于是，在法理的支持下，机群开始低空飞越底特律地区。充满忧虑的市民来电瞬间如潮水般涌入市政府以及联邦航空局，一个小时内就打进了超过八百通电话，警察局只能对电台、电视台和当地报社发出请求，希望他们"告知观众和读者们他们看到的是什么东西，以及提醒他们这些东西是安全无害的"（援引自底特律新闻的报道）。联邦航空局的安全官迅速向公众保证，"飞机的飞行是处于严密的监管之下的"，并且"此次低空飞行是经过当局批准的"。为了安抚公众的紧张情绪，他还补充道，这些飞机都安装有紧急阀门，一旦事态有变，飞机可以立即抛卸所有负载——显然，这样的"安慰"只会适得其反。万幸，所谓的紧急事态并没有出现。但是，随着这些飞机开始执行任务，制成小球状的杀虫剂不加区分地坠落在日本丽金龟与人类的身上，"无害的"毒药如雨帘般倾泻在外出购物或上班的行人身上，洒落在刚刚放学准备回家吃午餐的孩子身上，家庭妇女则忙于清理门廊和人行道上那"雪一样"的白色颗粒。奥杜邦学会密歇根分会随后指出："在屋顶的木瓦檐沟间，在树干和枝丫末梢的微小缝隙里，堆积着数百万计只有针头大小的白色艾氏剂颗粒……每逢下雨或落雪，每一处水洼都可能变成一剂致命的药引。"

杀虫剂喷洒行动刚结束没几天，奥杜邦学会底特律分会就已开始接到有关鸟类现状的报告。据学会秘书长安·博伊斯女士

> 时间短，电话多，有力地说明了关注和担忧的人数多以及影响范围广。

称："当地居民十分关注喷药情况，也十分担心喷药的后果，我第一次真切感受到这种忧虑是在星期天的早晨，那天我接到一位妇女的电话，她告诉我说，她从教堂回家的路上，看到了很多很多已经死亡或奄奄一息的鸟儿，数量十分惊人。她所在的那个地区是周四喷的药。她还说，她朝四周瞭望，已经完全看不到飞翔的小鸟了，光是在她家后院捡到的小鸟尸体就不下十二具，她的邻居们还发现了死去的松鼠。"那天，博伊斯女士接到的所有电话无不提及以下这些字眼，"许多鸟死了""没有活着的鸟了"，而负责维护野鸟喂食器的工作人员也报告称，所有的野鸟喂食器附近都没有野鸟活动的痕迹。人们发现，那些濒死状态的鸟儿都有杀虫剂中毒的症状——震颤、失去飞翔能力、麻痹瘫痪以及惊厥抽搐。

即刻受到影响的不只是鸟类。一位当地兽医报告称，他的诊所接诊了很多突然病倒的猫狗，猫总喜欢一丝不苟地整理皮毛、舔舐爪子，因此看起来受影响最深，病征大多为严重腹泻、呕吐和抽搐。而这位兽医能给出的唯一建议就是，如无必要，就别让动物外出，假如动物真的出去了，回来后一定要立即将它们的爪子清洗干净。（然而，水果或蔬菜一旦黏附上氯代烃类物质就再也洗不掉了，因此这个建议提供的保护实则十分有限。）

尽管市县卫生专员一再坚持，称这些鸟类的死亡原因是"另一些喷洒的药物"，而且接触艾氏剂后出现的喉咙与胸部疼痛也是因为"其他一些原因"，当地的卫生部门还是收到了源源不断的投诉与抗议。在药物喷洒结束后的一个小时内，底特律当地一位有名的内科医生就接连接诊了四位病人，他们都是在观看飞机洒药时接触了艾氏剂，他们的病征大体相同——恶心、呕吐、发冷、高烧、深度疲劳与咳嗽。

在其他一些同样采用化学药剂扑杀日本丽金龟的地区，底特律的经历一再重复上演。在伊利诺伊州的布卢岛，人们在地上捡拾到了成百上千只已经死亡或濒临死亡的鸟儿，专门给鸟腿系识别环的工作人员收集到的数据显示，八成鸣鸟已经死亡。1959年，伊利诺伊州的乔利埃特镇在三千英亩农田间施放了七氯，据当地一家野外运动俱乐部的报告称，施药地区的鸟类群落"几近消亡殆尽"，死亡的野兔、麝鼠、负鼠以及鱼类不计其数，当地

由鸟类到家宠再到人类，无一幸免，谁也不能摆脱。

一所学校发起了一个科学项目，鼓励学生外出收集被杀虫剂毒杀的野鸟。

关于为消灭丽金龟而付出的沉重代价，没有哪一个城镇比伊利诺伊州东部的谢尔登小镇和易洛魁镇的毗邻地区体会更深。1954年，美国联邦农业部和伊利诺伊州农业部联合启动了一个项目，旨在阻止日本丽金龟的继续入侵，希望集中的用药行为可以一举清除所有入侵昆虫。第一次"清除"行动过后，从空中飘落的狄氏剂覆盖面积高达一千四百英亩，1955年，又有两千六百英亩土地接受相似处理，至此，清除行动本应"圆满"结束，但未承想，越来越多的地区提请了化学处理的要求，直至1961年底，农药覆盖面积已达十三万一千英亩。在项目启动的第一年间，野生生物和牲畜就已损失惨重，但是项目就此中止，执行者既没有向美国渔业和野生动物局提请咨询，寻求专业意见，也未与伊利诺伊州渔猎部门进行磋商①。（1960年春季，有人提出了一个要求将此类事前协商列为必经流程的议案，不过，联邦农业部的官员在国会委员会上陈词公开反对此议案，他们宣称，该议案是多余的，因为合作与磋商已是"惯例"。看来，这些官员似乎已将那些并未"达到华盛顿级别"的合作情况抛诸脑后了。在这个会上，他们还清楚地表达了他们不愿与渔猎部相互协商的态度。）

多方资金源源不断地流入各类采用化学手段的控制项目，而伊利诺伊州自然历史调查组那些尝试测定野生生物损害程度的生物学家却时常捉襟见肘，只有零星资本支持着他们的工作。1954年，调查组想要雇用一位农林助理员协助工作，但预算却只有少得可怜的一千一百美元，到了1955年，连专项资金都被中断了。虽然困难重重，但生物学家们还是拼凑出了事情的部分真相，向世人展示了这场前所未有的野生生物浩劫的冰山一角②——一场在项目施行伊始就已显露端倪的浩劫。

吞食了昆虫的鸟类之所以中毒，并不全然由毒药直接引起，

---

① 磋商　动词，多用于正式场合，表示双方仔细商量和研究，交换意见。

② 冰山一角　冰山：多用作事物暴露出来的部分。冰山一角：原比喻不能长久依赖的靠山，现指所暴露出来的只是事物的一小部分。

同时也是施用毒药之后的连锁反应的结果。谢尔登小镇的早期项目中，使用的狄氏剂浓度为每英亩三磅。为了更直观地了解它对鸟类所起的作用，可以将它与滴滴涕做个比较——以鹌鹑为样本的实验证明，狄氏剂的毒性是滴滴涕的五十倍左右，也就是说，谢尔登小镇的大地上洒泼的药剂含量相当于每英亩一百五十磅滴滴涕！而且这还只是最小数值，因为在农田交界处和角落地带似乎有重叠喷洒的现象出现。

随着化学药剂渗入土壤，中毒的丽金龟开始翻掘开土壤，微颤着爬到土壤表面，此时，距离它们死去还有一段时间，在这期间，它们就是食虫鸟类眼中的美味佳肴。在施药后的两个星期中，各类将死或已死的昆虫就那样显眼地横躺在土地上，鸟类群落为此遭受的影响可想而知。据生物学家的报告所言，棕色长尾莺、椋鸟、草地鹨、紫拟椋鸟、雉鸡等几乎全数覆灭，知更鸟"几近灭种"，一场小雨过后，死去的蚯蚓漫布遍野，或许知更鸟就是因吃了这些蚯蚓而死的。从前，降雨对野生生物是大有裨益的，但是在这些毒物贸然闯进自然世界之后，雨水就变成了它们破坏自然的帮凶。施药之后的几天内，凡是在地上水洼饮过水或洗过澡的鸟儿几乎都无可避免地死去了，即便有幸逃脱了死神的魔掌，之后也无法再生育了。之后在施药地区找到了几个尚有鸟蛋幸存的鸟巢，但这些鸟蛋均无法孵育出雏鸟，无一例外。

至于哺乳动物，地松鼠已近灭绝，在它们的尸体中都发现了中毒所致的暴毙症状。施药地区还发现了麝鼠的遗体，田野间则四处散落着死去的野兔。原先，狐松鼠是该地区的常见物种，在施药以后也都销声匿迹了。

在对付丽金龟的战争打响之后，谢尔登地区的农场若能有一只猫幸存，就已经是非常稀罕的事情了，因为在第一季度的喷洒行动中，农场里的猫九成以上都成了狄氏剂的受害者，考虑到该类药物在其他地区的黑历史，这样的状况并非意料之外。猫对所有杀虫剂都很敏感，狄氏剂尤甚。世界卫生组织曾在爪哇岛西部展开过抗疟疾项目，在项目施行的过程中，许多猫被连带杀死了，爪哇岛中部的猫也未能幸免，因为损失了太多猫，以至于猫的价格竟翻了两番。在委内瑞拉也有类似事件发生，世界卫生组织接到报告称，猫的数量正急剧减少至濒危动物[1]的数量水平。

在谢尔登小镇这场与丽金龟的战斗中，牺牲的不只是野生生物和家养宠物。观察报告称，羊群和牛群中也出现了中毒的迹象，说明死亡的阴影也正笼罩在牲畜群落的上方。自然历史调查组的报告中描述了这样一个场景：

羊群正被驱赶着离开一片已在5月6日施放过狄氏剂的牧野，它们横穿过碎石路，来到一片还未施药的小牧场，早熟的禾草正随风摇荡，但显然，一些药末也裹挟在风里飘到这片禾草地了，因为羊群在食用禾草以后竟立刻出现了中毒症状……它们胃口尽失，烦躁不安地绕着牧场的篱墙打转，想要找到出口逃走……不管牧羊人如何驱赶，它们都不肯再听指挥。它们聚在一起，垂着头不停地咩咩叫喊。最后，它们还是被带离了牧场……羊群呈现出极度缺水的症状，在横穿牧场时，有两只羊死在了溪涧旁，牧羊人费了好大的力气才将其他绵羊从小溪旁驱赶走，有一些甚至得被硬拽着才肯离开。万幸最后只有三只羊不治而亡，其他的都恢复了原样。

这就是1955年底的景况——化学战争历经数年而未曾停歇，但研究项目的资金却彻底干涸枯竭[2]了。自然历史调查组一直在研究野生生物与杀虫剂之间的关联，他们为此项目提交了资金申请，但这份申请被并入伊利诺伊州的年度财政预算，一同提交立法机构审批，但不幸的是，在立法机构驳回的申请项目名单中，永远都能看到它的身影。一直到1960年，不知为何，这笔钱竟拨到了一个农林助理员的手中，而他一个人要干的却是四人份的活儿。

两相对比可见人们多么迷恋化学药物，以至于重复花费金钱用于施药，却不愿投入少量资金到对自然生物科学的研究中。

当生物学家着手重启于1955年中断的研究项目时，野生生物惨遭屠害的悲戚场景依然没有丝毫改善。此时，所用的化学药剂已经换成了毒性更强的艾氏剂，在鹌鹑身上进行的实验表明，它

---

① 濒危动物　指所有由于物种自身的原因或受到人类活动或自然灾害的影响，而有灭绝危险的野生动物物种。

② 干涸枯竭　水量枯尽，多用于河道、池塘。干涸，断绝，指资源或能源用光。

的毒性是滴滴涕的一百到三百倍。截至1960年，栖居于施药地区的每一种已知野生哺乳动物都遭受了程度不一的损害，鸟类的情况则更加严峻。在多诺万小镇，知更鸟业已绝迹，棕色长尾莺、椋鸟、紫拟椋鸟同样难逃濒危的命运，别处的鸟类数量也通通大幅减少了。雉鸡猎人对丽金龟战役所带来的惨烈后果感触最深。施药地区的新生雏鸟总数下降了至少百分之五十，得以顺利长成幼鸟的雏鸟数量就更少了。前些年，这些地区都是雉鸡猎人的好去处，但如今已鲜少有人问津。

易洛魁镇的日本丽金龟清除项目已经持续八年有余，药剂覆盖面积超过十万英亩，并引发了一场野生生物的巨大浩劫，但丽金龟的数目似乎只是遭到了暂时的压制，它依然没有停止西行扩张的脚步。对于这个成效欠佳的大型项目所造成的损失，我们或许永远也无法做出全面而精确的估量，伊利诺伊州的生物学家们测定的结果只是一个权作参照的最小值。假如他们的研究项目能够获得充足的资金支持得以全面展开，最后披露的损失情况必定更加触目惊心，然而，在清除项目开展的八年间，用于支持生物学野外实地调查的经费只有六千美元。而同时期联邦政府用于控制工作的花费约有三十七万五千美元，州政府还额外补贴了几千美元。也就是说，花在研究项目上的费用仅是化学控制项目总支出的一个零头——百分之一！

中西部的清除项目一直是在恐慌紧迫的情绪中完成的，仿佛丽金龟的蔓延增长正在逐渐形成一种极大的危险，迫使人们不择手段也要将其悉数摧毁——这无疑是在歪曲事实。村镇居民们长年遭受化学药剂的浸染，如若他们及时了解日本丽金龟在美国的早期扩散历史，他们必定不会甘心默许这种情形发生。

东部各州则幸运得多，它们遭受丽金龟入侵的年代，人工合成杀虫剂尚未问世，它们不仅规避了虫灾的爆发，还采用了一些对自然没有威胁的方法成功控制了丽金龟的数量。在东部地区，没有任何城镇蒙受像底特律或谢尔登那样的厄运。它们的主要措施是引进自然力量，最大化地发挥自然控制的作用，这样的方法既持久稳定，也可维护环境安全。

丽金龟进入美国的最初十几年间，由于没有天敌限制，其繁衍速度十分迅速。虽然丽金龟归属害虫一类，但直至1945年，它

> 八年的漫长时间，造成野生动物的浩劫，付出巨大的代价，换来的只是暂时压制丽金龟。或许可以猜测一下，丽金龟的抗毒性已经变强了。

都甚少对其所在区域造成实质伤害，特别是在人们从远东引进了它的寄生性昆虫以及它的致病病原体开始在美国散播之后，其数量更是进一步锐减了。

1920年至1933年，为了对丽金龟施行有效的自然控制^①，研究人员对丽金龟的原生地进行了细致的考察，之后决定从东方引进三十四种针对丽金龟的捕食昆虫和寄生昆虫，其中有五种很好地适应了美国东部的环境，而收效最好、分布最广的当数一种来自韩国和中国的寄生性黄蜂，其学名为春臀钩土蜂。雌性土蜂一在土壤中搜寻到丽金龟的幼虫，就会往幼虫体内注入麻痹性液体，同时在其表皮下产下一个卵，卵孵化为幼体之后，便会蚕食掉因麻痹性液体而无法动弹的丽金龟幼虫。之后的二十年间，在联邦政府的牵桥搭线以及各州政府的努力下，春臀钩土蜂被陆续引进东部的十四个州，就此在这片地区定居下来。由于在控制丽金龟方面所做出的重大贡献，春臀钩土蜂受到了昆虫学家们的广泛赞誉。

千方百计地用药消灭，比不上温和的自然控制。自然控制既保护了其他生物，又有效限制住丽金龟的危害，源于自然还于自然。

在控制丽金龟的过程中，还有一种细菌性疾病也发挥了至关重要的作用。丽金龟类属金龟子科，而这种细菌能够——且只能够——感染这一科属的昆虫，不会攻击其他种类的昆虫，对蚯蚓、温血动物、植物也都无害。这种疾病的孢子存在于土壤之中，当它们被觅食的丽金龟幼虫摄入以后，会在幼虫的血液里迅速繁殖蔓延，致使幼虫外体颜色变成不正常的白色，这种疾病也因此而得名"牛奶病"。

牛奶病于1933年在新泽西被人首次发现，到了1938年，它在日本丽金龟最早出没的那些地区已然十分盛行。1939年，一个控制项目上马，旨在加速这种疾病的传播速度。彼时人们尚未研究出如何在人工培养基高效繁殖该种病原体细菌，好在还有一个符合要求的替代方案：将受到病原体感染的丽金龟幼虫晾干碾碎，然后混入泥土中。经标准比例混合后，一克土壤中大约含有一亿个孢子。1939年至1953年期间，一个联邦政府与州政府的合作项目对东部十四个州的九万四千英亩土地进行了处理，其他地区的

---

① 自然控制　指天然种群的个体数受到种种自然因素的综合作用的限制，而被维持在有限的变动范围内的过程。

国有土地也进行了处理，由私人组织或个人仿效处理的土地面积也十分可观。截至1945年，牛奶病已遍布丽金龟长期盘踞的康涅狄格州、纽约、新泽西州、特拉华州和马里兰州等东部各州。在某些试验地区，丽金龟幼虫的染病率居然高达百分之九十四。从1953年起，该控制项目不再以政府计划的形式存在，而是由一家私人实验室接手，继续提供原料给个人、园艺俱乐部、居民协会和其他试图控制丽金龟数量的个人或组织。

施行过该项目的东部地区至今仍无须担心丽金龟可能泛滥成灾①，因为牛奶病的病原体可在土壤中存活数年，加上其繁殖的有效性以及自然媒介的协助传播，所以我们可以肯定地认为，它已经在这里稳稳扎根了。

那么，既然这个项目在东部地区取得了如此大的成功，为什么伊利诺伊州与其他中西部各州不效仿试行，反而采用了遗患无穷的化学手段呢？

据称，原因之一是牛奶病病原体孢子的接种成本"太高"——但五十年代的东部各州并没有发现这一点。我们不免心生疑问，"成本太高"的结论究竟是如何得出的？（他们在核算化学控制项目的成本时，绝对没有把生态环境的损毁囊括在内。）这一结论并未考虑这样一个事实，即孢子的接种只需进行一次，第一次的成本即是全部的成本。

还有消息称，原因之二是牛奶病孢子不能用于丽金龟分布的边缘地区，因为牛奶病孢子只能在丽金龟幼虫含量较多的土壤中稳定生存。与其他声援化学喷洒的观点一样，这个说法同样值得我们打个问号。研究发现，牛奶病的病原体细菌可以感染至少四十种同属金龟子科的昆虫，其分布范围很广，即便在日本丽金龟的数量很少或不存在的地方，这些昆虫的总数也应当能够支撑牛奶病孢子在此存活。而且，由于孢子具有在土壤中长时间生存的能力，就算现时土壤中完全没有幼虫存在，孢子也可蛰伏在土壤中，等待日本丽金龟下一次繁殖期的到来。

有些人一心想要看到立竿见影的效果，至于付出何种代价也只是他们次要考虑的事情，对于这类人而言，化学手段依然会是首选，而那些乐于反复操作花钱以获利的人们就更有理由选择化

毫不留情地点破，支撑人们拒不效仿病原体接种，反而采取化学手段的所谓"成本太高"之说，完全是谬论。

---

① 泛滥成灾　江河湖泊的水溢出，造成灾害。比喻不好的文章或思想到处传播，影响极坏。

学手段了，因为化学喷洒必须定期多次进行。

另一方面，那些愿意额外等上一至两个季度只为获得一个完满结果的人基本上都会选用牛奶病为控制措施，而他们得到的回报则是对丽金龟的长久管控，而且，随着时间的流逝，控制的效果不会减弱，只会增强。

一个位于伊利诺伊州皮奥瑞亚，隶属联邦农业部的实验室正在进行一项研究计划，试图找出在人工培养基繁育牛奶病病原体的有效方法。经过数年的埋头苦干，该研究如今已小有成果。该项目一旦成功，将大大减少病原体的接种成本，从而促进它的广泛应用，或许，这场人类与丽金龟的战争也能因此而回归理性。

伊利诺伊州东部的喷洒行动并非个案，这类事件的发生向我们提出了一个既是科学上的也是道德上的问题，即人类文明社会在发动针对其他生物的毁灭战争时，是否有能力保证绝不会危及自身以及不会失去文明社会应有的品格与尊严？

这些杀虫剂不是选择性毒药，它们无法从众多生物中识别并筛选出人类意图消灭的那一种，然后将其单独杀死。人们之所以选用它们，原因很简单——因为它们剧毒无比。它们可令所有与之接触的生物中毒：家中豢养的爱猫、农场饲养的牲畜、野地里随风奔跑的野兔、空中欢唱的百灵鸟……它们不仅对人类无害，还为人类的生活增添了乐趣，而人类又是如何报答它们的呢？——死亡！残忍的死亡！谢尔登的一位科学观察者向我们描述了一只草地鹨在临死前的惨状："它侧躺在地上，张着嘴，艰难地喘着粗气，它的肌肉协调性已完全丧失，再也无法飞翔，但它仍旧不停地扇动着翅膀，攘动着爪子，试图站立起来。"可怜的地松鼠也留下了它无言的证词："它正处于濒临死亡的状态，它的背佝偻着，前肢蜷缩在身前，肢上的脚趾紧握成一团……脑袋和脖子向外伸出，嘴里含着些许污物，说明这只垂危的动物曾舔舐啃咬过地面的泥土。"

在我们的默许下进行的这些行动给众多生物带来了莫大的苦难，对此，我们人类难道不该自惭形秽[①]吗？

> 词句描绘草地鹨死时的惨状，由此引发人们的怜悯和重视，从而反思使用化学药物的合理性。

---

① 自惭形秽（huì）　形秽：形态丑陋，引申为缺点。因为自己不如别人而感到惭愧。

精华点评

有时候人过度恐慌的心理，会湮灭点滴理智，做出过激反应，导致无法挽救的恶果。就像日本丽金龟，在没有天敌的情况下，危害确实不小。但我们也无须杯弓蛇影，不加调查地马上将其打为"大反派"，并立即判处"死刑"。化学杀虫剂的使用，虽然解决了人类的忧虑，消灭了日本丽金龟，但与此同时也消灭了鸟类、松鼠，从空中到地上，从鸟类到牲畜，再到宠物猫狗等无辜的生命，一并连累人类。假如人类不一味地进行臆断，而是实地调查研究，展开小范围的科学试验，善用"自然控制"的方法，把努力的焦点放在找天敌上，从而找出"春臀钩土蜂"的克敌，可能就会如作者所说，将没有这"不必要的浩劫"。

延伸思考

当我们遇到未知的外界生物入侵，未确定危害性多大时，我们应该做的，不是伤害自然，而是坚信天地万物必有其共生共存之道。

知识链接

日本丽金龟

日本丽金龟的成虫长约10公釐（lí，0.4吋），金绿色，色泽明亮，鞘（qiào）翅铜褐色，每边有5个白斑块；在露出的腹端上有两簇明显的白毛。幼虫以植物柔软的根为食，成虫以植物的花果和叶为食。为群栖性昆虫，常成大群于单株树上就食，一群日本弧丽金龟能在15分钟内使一棵桃树变得光秃，只剩秃枝和桃核。

（选自"百度百科"）

导 读 ▶ ▶ ▶

"春眠不觉晓，处处闻啼鸟""山光悦鸟性，潭影空人心""鸟向檐上飞，云从窗里出""晓雾将歇，猿鸟乱鸣""好鸟相鸣，嘤嘤成韵"……翻开课本，诵读古诗，我们惊喜地发现，鸟儿经常飞入诗文中，演绎曼妙身姿，婉转美妙歌喉。的确，鸟儿是大自然的歌者，是召唤我们感受自然的小精灵，我们难以想象，没有鸟语花香的日子，是多么的沉闷甚至死寂。你想过如果那一天到来，我们的耳朵该是多么的寂寞吗？

8. 沉寂的群鸟

如今，美国越来越多的地方再也见不到飞鸟北归报春的盛景，越来越多的地方再也听不到清晨群鸟啼鸣的乐声。鸟儿的吟唱骤然沉寂，它曾赋予世界的缤纷与美丽也在倏忽间消退①得一干二净，然而，许多人——特别是那些生活环境尚未遭到侵害的幸运儿——并未注意到这一点。

罗伯特·库什曼·墨菲是一位闻名世界的鸟类学家，现任美国自然历史博物馆鸟类领域荣誉馆长，他曾收到伊利诺伊州欣斯戴尔镇的一位家庭妇女的绝望来信，她在信中这样写道：

> 借信件引发思考，真实，更有说服力。

---

① 消退 消褪，褪色。

许多年来（她写信的时间是1958年），我居住的这个小镇一直在给榆树喷洒农药。六年前我刚搬到这里，就被这儿种类繁多的鸟儿深深吸引，于是我在后院搭造了一个饲鸟架，冬天时，主红雀、山雀、绒毛鸟、五子雀等纷至沓来，到了夏季，主红雀和山雀又携着初生的雏鸟回来了。

在喷洒了数年滴滴涕之后，小镇上的知更鸟和椋鸟几近绝迹，我家后院的饲鸟架上近两年时间已不曾有山雀驻足，到了今年，就连主红雀也杳无踪影了。在附近筑巢的鸟儿似乎只剩下一对鸽子和一窝猫鹊了。

在学校里，老师告诉孩子们，我们的国家出台过一部专门保护鸟类免受捕杀的法律，所以，当孩子们问我"鸟儿们还会回来吗"的时候，我无言以对，实在难以直言不讳地告诉他们，鸟儿已经被杀光了。榆树正在凋亡，鸟儿亦是如此。人们是否正在积极采取措施尽力补救？施行的措施会有用吗？我又可以为此做些什么呢？

> "鸟儿们还会回来吗？"假如孩子们问的是你，你将如何向他们解释？

联邦政府曾推行过一个针对火蚁的大规模药剂喷洒项目，项目施行一年之后，一位来自亚拉巴马州的女士这样写道："在过去的半个世纪，我们这里一直是名副其实的小鸟天堂。去年7月，我们发觉鸟儿的数量竟比往年多了许多，然而，到了8月中旬的时候，所有鸟儿竟都消失不见了。我有一匹母马，前些时候它刚生了一只小马驹，这些年，我已经习惯了每天早起喂养照料它，从前总有莺莺鸟语伴着我做事忙碌，但如今只剩下一片怪异的死寂。我非常害怕——人类到底对这个美好的世界做了什么？直到五个月之后，我才终于见到了一只冠蓝鸦和一只鹪鹩。"

在这位女士提到的那个秋天，南方腹地（大致包括密西西比州、路易斯安那州和亚拉巴马州）也传来了一些令人担忧的消息。由美国奥杜邦协会和美国渔业和野生动物局联合出版的季刊《野外纪实》报道了这样一个骇人现象——南部各州竟出现了许多几乎没有鸟类出没的空白区域。《野外纪实》是由众多资深观察者书写的观察报告编撰而成的，这些观察者分布各地，喜欢深入郊野探险，对他们所处地区的鸟类生存状况无比熟悉。一位观察者报告称，"一连数周"，喂食器中的鸟食一丁点儿都没有动过，而且，往年这个时候，她家院子里栽种的浆果早就已经被鸟群啄食干净了，但今年竟丝毫未动。另一位观察者也述说道，以往，他家的大片落地窗"就像是一个画框，窗前常有四五十只主红雀成群飞过，烈如焰火，组成一幅令人陶醉的绝美风景画，但现今竟连一两只飞鸟都很难看到了"。西弗吉尼亚大学的莫里斯·布鲁克斯教授是阿巴拉契亚山脉鸟类研究方面的权威，他的报告中写道，西弗吉尼亚地区的鸟类数量"正在锐减"。

有一个故事或许可以看作是鸟类悲惨遭遇的象征——这些遭遇已如巨石般压垮了几种鸟类，并威胁着整个鸟类种群。这个故事的主角是一种为人熟知的鸟类——知更鸟。对于许多美国人来说，知更鸟每年的第一声吟啼就是春天即将来临的信号，它的到来是人们茶余饭后的谈论热点，就连报纸都会郑重其事地对其进行报道。随着森林逐渐涌现出绿意，迂回的候鸟也越发多了起来，知更鸟群合鸣的美妙音符开始在拂晓的晨曦中跳动、飞舞，伴着千万美国人从惺忪的睡梦里苏醒过来。但是，现在一切都变了，就连候鸟的回归都不再是一件理所应当的事情。

知更鸟——以及其他许多种鸟类——的生存似乎离不开美国榆树。从大西洋沿岸到落基山脉，中间数千个大小城镇星罗棋布[①]，如果翻开这些城镇的历史图册，必定能够窥见榆树的身影，它们或迎立在道路两侧，或装点着城市广场，或枝叶相接形成拱道，为校园遮阴。如今，榆树正受到一种疾病的侵袭，这种疾病十分严重，且分布极广，甚至有许多专家认为，所有试图拯救榆树的努力最后都会落空。如果榆树真的就此在美国境内绝迹，那的确是一件极其不幸的事情，但是，倘若挽救榆树的徒劳努力会将整个鸟类种群推入灭绝的无底深渊，那么对于人类而言将是双重的不幸——而这正是我们即将面临的窘境。

1930年，随着胶合板工业的发展，美国开始大量进口榆木树瘤薄木板，所谓的"荷兰榆树病"就是在那时自欧洲进入美国的。荷兰榆树病是一种真菌病害，该病菌侵入树木的输水导管后，其孢子将随着流动的树液散播至整株树木，而它分泌的有毒

---

① 星罗棋布 罗：罗列；布：分布。像天空的星星和棋盘上的棋子那样分布着。形容数量很多，分布很广。

物质以及造成的物理堵塞会令枝杈枯萎，最后导致整棵树木凋亡。而且，这种疾病可通过榆绒根小蠹由染病榆树传播至健康榆树。这种昆虫会在染病死亡的树皮底下啃噬出一个深洞，病原体真菌的孢子经由这个深洞黏附于昆虫身上，此后，昆虫飞到哪里，病原体孢子便会散布到哪里，因此，抑制荷兰榆树病①大多从其运载昆虫下手。于是，一个个城镇都开始密集喷洒药剂，在美国榆树分布最密集的中西部与新英格兰地区情况尤为严重，喷药甚至都已变为例行工作程序了。

那么，这样的喷药行为对于鸟类的生存，尤其是对于知更鸟而言，又意味着什么呢？第一次对这个问题做出清晰回答的是来自密歇根州立大学的鸟类学家乔治·华莱士教授和他的研究生约翰·迈勒尔。1954年，迈勒尔先生入学攻读博士学位，他选择了一个有关知更鸟种群的研究课题，而这纯粹出于偶然，因为在当时并没有人认为，在可预见的未来知更鸟会处于濒临灭绝的危险境地。然而，当他正按部就班地展开课题研究时，变故发生了，这个变故改变了他的研究课题的性质，同时也使他失去了其研究的样本原材料。

1954年，为了对付荷兰榆树病，迈勒尔就读的密歇根州立大学对校园里的榆树施行了小规模喷药。第二年，大学所在的东兰辛市也启动了荷兰榆树病喷药计划，并与针对毒舞蛾和蚊子的控制项目同步实施。于是，东兰辛市开始下起了倾盆的"化学药雨"。

喷药计划开展的第一年（即1954年），一切似乎都很顺利，接下来的那个春天，迁徙的知更鸟像往年一样陆续飞回大学校园，找到它们一贯熟悉的地盘安顿栖居，此时的它们就如同汤姆林森的优美散文《失落的森林》中的风信子，"对前方隐伏的危险一无所知"。但很快，异常现象便接连涌现。校园里开始出现死亡和濒死的知更鸟，它们过去常去的觅食地点以及栖身的鸟巢周边都鲜少出现成群的知更鸟，只有零星几只在附近孤单徘徊。此后，幸存的鸟儿很少修筑新巢，也很少孵育出成活的雏鸟。在

---

① 荷兰榆树病　是一种广布的致死性榆树真菌病，1920年首报于荷兰，故名荷兰榆树病。其主要病因在于，榆树为了防止病原物深层的传播，而将病原物阻隔或封闭在形成层外，最后造成形成层阻塞而使树死亡。

接下去的几个春天里，这样的剧情一直重复上演。喷洒过药水的区域变成了一个致命的陷阱，每一拨在此落脚的迁徙知更鸟都无法逃离这个陷阱的桎梏①，一周内必被歼杀殆尽。年复一年，候鸟来了一拨又一拨，但它们均逃脱不了注定的宿命，只能在极度痛苦的震颤中等待死亡的降临。

　　"对于大多数春季来此定居的知更鸟而言，我们的大学校园就是一座坟墓。"华莱士教授这样评价道。那么，为什么会造成如此局面呢？最开始时，他也曾怀疑过几种神经系统的疾病是罪魁祸首，但人们很快察觉，尽管人们一再保证喷洒的药剂"对鸟类无害"，但知更鸟确实是死于杀虫剂中毒，它们临死前的病征就是最好的证据——失去平衡能力，伴随震颤、惊厥②，最后死亡，而这就是典型的杀虫剂中毒症状。

　　许多事实表明知更鸟就是中毒致死的，只不过最主要的原因不是与杀虫剂的直接接触，而是由于摄入蚯蚓间接所致。校园里的蚯蚓被某研究人员抓去喂养实验用的淡水螯虾，结果淡水螯虾迅速死光了。一条实验室豢养的小蛇在食用了蚯蚓以后，也出现了剧烈的震颤症状。而蚯蚓正是知更鸟春季时候的主要食物。

　　伊利诺伊州自然历史调查组的罗伊·巴克博士很快提供了一个对破解知更鸟死亡之谜极其关键的线索。1958年，巴克博士出版了一本著作，在书中他回溯并厘清了此次事件错综复杂的循环关系——知更鸟的命运是通过蚯蚓这一中介与榆树联系在一起的。春天时，榆树已喷了一次药（一棵五十英尺高的榆树通常施用二至五磅滴滴涕，在榆树较为浓密的区域，相当于每英亩用药量为二十三磅），同年7月通常会以减半的浓度再施药一次。强力的喷洒器可喷出毒药水柱，将高挺的榆树上下浇灌一遍，如此一来，不仅杀死了目标物榆绒根小蠹，同时也毒害了包括传粉类昆虫、食肉蜘蛛、甲虫等在内的其他各类昆虫。毒药在枝叶和树干的表面形成一层黏着力极强的坚韧薄膜，连雨水也无法冲走它。秋天时，湿润的落叶在地上层层堆积，开始了融入土壤到最

貌似独立个体的生物，原来是环环相扣、层层推进，我们应避免机械地、孤立地看待地球上的生命，人类也不过是其中的一环。

---

①　桎梏（gù）　原指脚镣和手铐。后指像镣铐般约束、妨碍或阻止自由动作的事物。

②　惊厥（jué）　因害怕而昏厥。或指四肢和面部肌肉阵发性抽搐，眼球上翻，神志不清的症状，多见于婴儿或幼儿。

后转变为土壤的漫长过程。在这个过程中，蚯蚓的活动是一大助力，它以落叶层为食，而在众多种类的树叶中，它最爱的便是榆树叶。蚯蚓在吞食落叶的同时，也摄入了杀虫剂，于是，杀虫剂便在其体内不断累积、浓缩。巴克博士在蚯蚓的消化道、血管、神经和体壁中都发现了滴滴涕的沉淀物，许多蚯蚓因此而死，但也有一些顽强地生存下来，并成为这种毒药的"生物放大镜"。第二年春天按时归来的知更鸟是构成此循环的另一重要环节。仅仅十一条大蚯蚓就足以将致死剂量的滴滴涕转移到一只知更鸟身上，而十一条蚯蚓与知更鸟一天的食量相比实在是微不足道，一只鸟儿在几分钟内便能吞食十至十二条蚯蚓。

并非所有知更鸟都摄入了剂量足以致死的杀虫剂，但除了中毒致死，还有另一个后果也可导致知更鸟的覆灭。不孕不育的阴影笼罩着整个鸟类种群，并还有蔓延扩散至所有生物的潜在可能性。喷药之前，保守估计在总面积高达一百八十五英亩的密歇根州立大学校园中大约有三百七十只已达性成熟的知更鸟，但如今，每年春天仅有二三十只雏鸟降生。1954年时，据迈勒尔观察，几乎每窝知更鸟都有雏鸟诞生，然而，到了1957年6月底，若按喷药以前的正常出生比例计算，应有至少三百七十只幼鸟破壳而出，但实际情况是，迈勒尔寻遍了整个校园，却只找到了一只知更鸟雏鸟！一年以后，华莱士博士在报告中称："（1958年的）整个春季和夏季，我都没有在校园里看到哪怕一只刚学会飞的知更鸟幼鸟，而且迄今为止也没有其他人看到过。"

当然，在筑巢工作完成之前，知更鸟夫妇中的一方或双方很可能就已死去，这肯定是导致雏鸟出生率急剧下降的部分原因，但华莱士手头持有一份极其关键的记录，该记录表明还存在另一个更为邪恶的原因——鸟类繁育能力已遭到实质性损害。记录显示："有许多知更鸟已经筑了巢，却没有产下鸟卵；还有一些已经产下鸟卵并进行了孵化，却没能成功孵出小鸟。我们曾对一个知更鸟的鸟窝进行了近距离不间断观察，结果发现，这只知更鸟满怀信心地在鸟蛋上坐孵了整整二十一天，却依然没有雏鸟破壳，要知道，正常的孵化周期是十三天……之后我们对这一对知更鸟夫妇进行了检查，分析结果显示，它们的睾丸和卵巢中都含有浓度极高的滴滴涕。"1960年，华莱士在国会委员会上详细陈述了调查报告："取样的十只雄性知更鸟的睾丸中均含有浓度从百万分之三十到百万分之一百零九不等的滴滴涕残余，两只雌性知更鸟的卵泡中则分别含有浓度为百万分之一百五十一和百万分之两百一十一的滴滴涕残余。"

很快，其他地区的研究工作也发现了一些令人担忧的情况。威斯康星大学的约瑟夫·希基教授和其学生对喷药地区和未喷药地区进行了细致的对比研究，得出结论：知更鸟的死亡率达百分之八十六至百分之八十八。1956年，为了评估因榆树喷药项目而造成的鸟类损失情况，密歇根布隆菲尔德山的克兰布鲁克科学研究所呼吁人们将发现的因滴滴涕中毒致死的鸟类遗骸送到研究所进行研究。该请求一经发布，便收到了出人意料的热烈反响。不出几周，研究所预先准备的冷冻设备就已迅速满载，研究所不得不遗憾地推拒了其他送来的尸体样本。截至1959年，单单布隆菲尔德山一个社区收到的鸟类中毒死亡报告就累积达一千宗。知更鸟无疑是主要受害者（一位妇女曾致电研究所报告称，光她家的草坪上就发现了十二只已经死亡的知更鸟），但研究所在收集的死鸟样本中还发现了其他六十三种鸟类。

知更鸟只是榆树喷药项目引发的灾难性连锁反应中的小小一环，而榆树喷药项目又只是我们施行的众多"以毒药覆满大地"项目中的普通一个。共大约九十种鸟类蒙受了巨大的死亡损失，其中许多种都是郊区居民和大自然爱好者最为熟悉的鸟儿。在一些施药地区，筑巢鸟类的总数减少了百分之九十之多。正如我们所见，全部种类的鸟群——在地上觅食的鸟类、在树梢觅食的鸟类、以树皮为食的鸟类、食肉鸟类——都受到了影响，无一幸免。

我们完全有理由相信，所有以蚯蚓或其他土壤微生物为食的鸟类以及哺乳动物都正面临着与知更鸟相似的命运。有四十五种鸟类以蚯蚓为食，其中包括一种名为丘鹬的鸟儿，它常到南部地区栖居过冬，而南部地区近期方才大规模喷洒过七氯杀虫剂。研究人员在丘鹬身上得到了两点重要发现，一是新不伦瑞克省繁殖区内雏鸟出生率大幅下降，二是在已性成熟的丘鹬体内发现了大量的滴滴涕与七氯残留物。

目前，人们接到报告称业已出现大量死亡现象的地面觅食鸟类多达二十余种，它们的死亡原因无一例外皆是因为它们的食物

连生殖器官都有高浓度的毒性残留，有毒药物对生物的影响不只限于可见的部分，长期积累的、隐性的伤害更为可怕。

来源——蚯蚓、蚂蚁、蛆虫或其他土壤微生物——受到了毒物污染。这些鸟类中包含三种画眉鸟——绿背画眉、黄褐画眉和隐居画眉，它们的歌声称得上自然界里最为细腻优美的鸟类声音。而北美歌雀和白喉莺这两种同属麻雀科的鸟儿，它们常窸窣飞掠过森林的下层植被，在落叶层里觅食，因此无可避免地成了榆树喷药项目的受害者。

哺乳动物同样十分容易或直接或间接地卷入此循环过程。在浣熊的多种食物来源中，蚯蚓占有颇为重要的地位；负鼠在秋季和春季多以蚯蚓为食；像鼩鼱和鼹鼠这类"地下活动家"经常捕捉大量蚯蚓作为食物，之后，毒素可能经由它们而传递到一些食肉鸟类如鸣角鸮和仓鸮的身上。在威斯康星州，人们就曾在大雨过后捡到了几只濒死的鸣角鸮，而这些鸣角鸮最有可能的致死原因就是摄入了有毒的蚯蚓。人们也发现过一些处于惊厥状态的鹰和猫头鹰（包括长角猫头鹰、红肩鹰、食雀鹰、泽鹰等），而它们很有可能是因为吃了一些内脏中积聚有杀虫剂的鸟类或鼠类，从而发生二次中毒死亡的。

深受榆木喷药所害的不单单只有那些在土壤中觅食的生物以及捕食它们的食肉生物。在喷药频繁的地区，所有在树梢觅食的鸟类（即在树叶间收集昆虫食物的鸟类）都消隐了踪迹，包括如精灵般在林间飞舞的鹟鹩、娇小的食虫鸣禽、春天时如缤纷的潮水般飞涌入林的刺嘴莺等等，种类之多，数不胜数。1956年，一场倒春寒使得喷药计划不得不延后实施，但推迟后的喷药时间恰好撞上了迁徙而来的一大拨刺嘴莺，于是，出现在该喷药地区的刺嘴莺几乎全被杀死了。在威斯康星州的白鱼湾，每年都会见到至少一千只桃金刺嘴莺齐飞迁徙的盛景，然而，1958年，在对榆树施行了喷药计划之后，野鸟观察者仅能捕捉到两只桃金刺嘴莺的影迹。随着其他地方的鸟类死亡情况不断传来，这个伤亡名册正不断加长增厚：黑白刺嘴莺、金翅莺、木兰刺嘴莺、栗肋林莺、黑喉绿林莺……这些于密叶间觅食的鸟类不仅因摄入中毒昆虫而受到直接影响，还会因食物短缺而受到间接影响。

与遨游无垠海洋以捕食浮游生物的鲱鱼一样，燕子也常游弋[①]

---

① 游弋（yì）　泛指在水中游动。此处指在空中。

于天空搜寻飞虫充当食物，食物的短缺同样也是加速它们走向灭亡的沉重一击。一位来自威斯康星州的自然学家说道："燕子遭受的打击十分严重，人们都在抱怨，与四五年前相比，现在的燕子实在是少得可怜。仅仅是四年以前，我们头顶的天空还满是燕子盈舞，如今却已是连零星几只都很难再见到了……其中大概有两个方面的原因：一是喷药使得昆虫数量骤减，二是化学药物令昆虫染上了毒性。"

这位观察者也谈到了其他鸟类："同样损失惨重的还有燕雀类小鸟。从前，人们随处可见这种生命力旺盛的小鸟，但是在上一个春天，我只远远地眺望到了一只，而这个春天的情况也没有好转。威斯康星州的其他鸟类爱好者亦有同感。此前我曾喂养过五六对主红雀，但现在都杳无踪迹了；以往我家后院每年都有鸲鹩、知更鸟、猫鹊和鸣角鸮飞来筑巢，如今只有一片死寂。夏日的清晨再也没有莺莺鸟啼，只余下了一些害鸟、鸽子、椋鸟和英国麻雀。真是可悲、可叹！我至今无法接受这个事实。"

"可悲""可叹""至今无法接受"，可见鸟类的无辜受害已经让普通民众无比愤怒。

榆树在秋天时要接受休眠式喷药，这种喷药方式会将毒药径直送入树干的每一道微小缝隙，而这或许就是山雀、五子雀、啄木鸟和旋木雀数量骤减的主要原因。1957年至1958年间的那个冬天，华莱士博士诧异地发现，他家里的饲鸟架上竟一直没有出现山雀或五子雀轻巧啄食的身影，这么多年来这还是头一遭。他随后在别处发现的三只五子雀恰好清晰地呈现了一条完整的因果关系链：第一只正在食用榆树叶子；第二只正处于垂死边缘，并表现出典型的滴滴涕中毒症状；第三只则已是冰冷的尸体。经分析显示，第二只五子雀的细胞组织中含有浓度为百万分之两百二十六的滴滴涕。

鸟类种群的捕食习惯使得它们十分易受喷洒药剂的侵害，而对于我们人类来说，鸟类的大量死亡不仅意味着经济上的有形损失，它在许多方面造成的无形损失更加难以估量。比如，众多有害昆虫的卵、幼虫和成虫都是白胸五子雀和褐色旋木雀夏季食单上的菜品，山雀的食物来源中有四分之三是处于各生命阶段的昆虫。本特的著作《北美鸟类传记》详细描述了山雀的捕食手段："鸟群停栖在林间，仔细地检查着树干枝杈搜寻食物（一般为蜘蛛卵、蚕茧或其他冬眠昆虫）。"

多年来，各个方面的科学研究成果均肯定了鸟类种群在昆虫控制方面所发挥的关键性作用。啄木鸟是抑制恩格尔曼氏云杉甲虫泛滥的主要功臣，将其种群总体数量由百分之九十八降至百分之四十五，同时它在帮助苹果树抵御苹果卷叶蛾方面也有重要贡献。山雀和其他冬栖鸟类则可保护果园免受尺蠖的侵害。

可是，这类大自然的巧妙安排却为现代社会所不容，当下的世界已被化学药剂浸染淹没。化学喷洒在摧毁了昆虫世界的同时，也杀死了它们的天敌——鸟类。通常情况下，在喷药之后的一段时期，昆虫将死灰复燃般地再次复苏，迎来一波种群数量的逆增长，但届时已没有鸟类可遏制其发展蔓延了。就像美国密尔沃基公共博物馆鸟类展馆的馆长欧文·J. 格罗梅写给《密尔沃基日报》的信中所写的那样："昆虫的最大敌人是其他食肉昆虫、鸟类和一些小型哺乳动物，但在滴滴涕的无差别攻击下，这些大自然的卫士和警察已几临绝境……我们以发展为名，采用恶魔般的化学手段抑遏①昆虫数量，然而，我们注定不会是最后的赢家，获得最终胜利的将是那些我们企图消灭的破坏性昆虫——难道我们真的要继续沿着这条不归路走下去吗？当新的害虫种类再度涌现，而大自然的勇猛卫士（即鸟类）却已被化学药剂毒杀殆尽，此时，我们又该采取何种措施来应对这种局面呢？"

据格罗梅先生所言，自威斯康星州施行化学喷洒计划以来，有关鸟类死亡的报告电话与投诉信件不断增多，数年间从未停歇，且与日俱增。这些质问通通指向一个事实，即鸟群频发死亡的地区恰是化学药剂扩散弥漫之处。

位于美国中西部的科研中心——如密歇根的克兰布鲁克科学研究所、伊利诺伊州的自然历史调查组、威斯康星州——的鸟类专家与环境保护主义者大多与格罗梅先生看法一致。翻开任意一个施药地区的本地报纸，找到"读者来信"栏目，只需扫上几眼便可发现，这些信件的字里行间都在透露着一个信息，即这些化学喷洒项目不仅激起了当地居民的满腔义愤，而且居民们对其危险性与反复性的了解与认识要比拍板执行项目的政府官员更加深刻。"我不想我家后院落满垂死挣扎的美丽鸟儿，但这一天恐怕

---

① 抑遏 抑制，遏止。

很快就要到来了。"一位密尔沃基的家庭妇女写道，"看着这一切，我的内心溢满了悲伤与哀恸……同时我又感到十分懊丧与愤怒，因为这场喷洒行动显然没有达到其预期的目标，反而引发了一场大屠杀……从长远来看，人类难道能够在不保住鸟类种群的情况下保护好树木吗？在大自然的运转机制中，它们难道不是相互依存的吗？难道我们就不能在不摧毁自然平衡的大前提下施行我们的计划吗？"

许多来信还表达了这样的观点：虽然榆树是无可挑剔的最佳遮阴树，但它们并非"神圣不可侵犯的圣物"，对它们的保护并不能成为我们开启一场危及其他生命的"无休止"战役的借口。"我很喜欢榆木，甚至觉得它是具有地标性质的存在，"另一位定居威斯康星州的女士无奈道，"可这世界上还存在如此多种树木……而且，保护好鸟类同样是我们义不容辞①的责任。你能想象得出一个没有鸟群欢唱的寂静春天该是多么枯燥而阴郁吗？"

要鸟类还是要榆树？对于公众而言，这道非此即彼的选择题似乎并无难度可言，但实际上，问题绝非这么简单，而且十分讽刺的是，假如我们继续沿着当下这条"坦途"一路前行的话，最后我们极有可能两头落空，因为洒落的药剂正在屠杀鸟类，却拯救不了榆树。认为光靠一只喷洒器便能挽救榆树的天真妄想就像漆黑路上的虚幻鬼火，危险地指引着一个又一个城镇前仆后继②地走向化学药剂的泥潭，背负上高额的花费，却得不到长久有效的结果。康涅狄格州的格林尼治小镇在过去的十年间一直定期喷洒农药，未曾中断，当时，一场大旱使得周遭环境变得十分适宜榆绒根小蠹（荷兰榆树病的传播载体）生存繁殖，那一年，榆树的死亡率极速增长了十倍。伊利诺伊州立大学所在的乌尔班纳于1951年首次发现荷兰榆树病，1953年首次启动化学控制项目，截至1959年，虽然喷药计划业已施行六年之久，但榆树染病的情况并未好转，伊利诺伊州立大学损失了百分之八十六的榆树，其中半数死于荷兰榆树病。

俄亥俄州的托莱多市也发生了一个相似案例，该次事件迫使

> 连续三个反问句，表达了居民们的强烈抗议。

---

① 义不容辞　容：允许；辞：推托。道义上不允许推辞。

② 前仆后继　仆：倒下；继：接着，跟上。前面的倒下了，后面的紧跟上去。常形容斗争的英勇壮烈。

当地的林业部管理人员约瑟夫·A.斯维尼不得不从现实的角度对整个喷洒项目可能导致的后果重新进行审视。该地区的喷洒行动始于1953年，并一直持续到1959年。与此同时，斯维尼先生已经注意到，虽然已严格遵照"指导书和政府当局"的指引给染病榆木喷了药剂，但感染状况并未得到有效遏制，反而扩散到了整个城市。于是他决定亲自去查看一下该市有关荷兰榆树病的喷药情况，结果令他大吃一惊。他发现，在托莱多市，"只有在那些果断采取措施，迅速移走患病或死亡榆树的地区，荷兰榆树病才能得到有效控制；相反，在那些依赖化学手段的地区，荷兰榆树病的传播并未受到抑制。而且，在未经任何处理的郊外野地，疾病蔓延的速度要慢于喷过药剂的城镇村庄。

"我们正在逐步暂停针对荷兰榆树病的喷药项目，我也因此与那些拥护美国农业部的一切主张的人发生了争执，但是我并不畏惧这样的争执，因为我背靠的是如山的事实。"

荷兰榆树病在这些中西部小镇传播开来的时间并不长，而且这些喷药项目成本极高，侵略性极强，因此，很难理解为何这些小镇竟如此坚定而迅速地启动这些项目，而不先咨询一下被这个问题困扰已久的地区是如何处理的。比如，对付荷兰榆树病经验最为丰富的非纽约州莫属，因为当年染病的榆木就是从纽约的港口进入美国的，并且，纽约州在遏制该种疾病方面可谓战绩辉煌，但它依赖的却不是化学手段。

那么，在这场拯救榆树的战役中，纽约州究竟是如何取得胜利的呢？从战争打响伊始直到现在，纽约州倚靠的一直是严格的防卫措施——一旦发现死亡或感染树木，即刻采取行动将其移除。最开始时的效果并不显著，但那是因为当时人们还没有意识到，不仅要铲除染病的榆树，就连那些可供榆绒根小蠹繁殖产卵的榆树都要一并清斩。人们将砍下的染病榆木储存起来当作柴火，但是，如果不在春天到来之前就将它们悉数烧掉，它们就会释放出携带有病原体真菌的榆绒根小蠹。这些业已达到性成熟的昆虫从冬眠中苏醒过来，在4月末和5月出外觅食，补充能量，而后便开始四处传播荷兰榆树病。纽约州的昆虫学家从失败的经验中吸取教训，最终掌握了一个关键信息，即在榆绒根小蠹产过卵的众多榆树中，到底哪些才是在疾病扩散过程中真正发挥了作用的。只要弄清了这一点，便可把这些危险的榆木收集起来，集中销毁。这一措施不仅成效显著，而且能够将防卫项目的成本控制在合理的范围内。截至1950年，在纽约市的五千株榆树中，荷兰榆树病的发病率已降至百分之一。1942年，韦斯特切斯特镇也效仿启动了类似的防卫项目，不出意料，效果依然引人注目，最近一年的榆树死亡率只有百分之一。这意味着，按照这个速度，得花整整三百年时间才能将韦斯特切斯特的榆树全部根除。

锡拉丘兹所经历的一切令人印象深刻。在1957年以前，这座城市从未实施过任何有效的管控项目，1951年至1956年期间，锡拉丘兹失去了将近三千棵榆树。之后，在纽约大学林业学院的霍华德·C.米勒教授的指导下，锡拉丘兹如火如荼地展开了一场集中清理死亡榆树和潜在病源的行动。如今，榆树每年的死亡率已牢牢控制在低于百分之一的水平线下。

百分之一的低死亡率，成效快，更印证随便使用药的错误。

纽约州的荷兰榆树病控制专家强调了防卫措施的经济性优势。"在大多数情况下，该项目的实际花费都是十分低廉的。"纽约大学农业专业的J·G.马蒂斯陈述道："为了阻止荷兰榆树病进一步扩散，我们必须迅速移除染病或业已死亡的榆树，但这并不会提高它的处理成本，因为在城市区域，无论由于什么原因而枯亡的树木，到最后都是会被清理掉的。"

因此，只要处理得当，对荷兰榆树病的防治工作还是有可能取得成功的。虽然目前已知的所有方法都无法直接彻底消灭这种疾病，但是，一旦它在某个地区落脚扎根，我们就能依靠合理范围的公共防治措施抑制其扩散蔓延。森林遗传学方面的一些实验研究也给我们带来了几分曙光，研究人员认为，未来有可能可以培植出一种对荷兰榆树病具有抵抗力的杂交榆树。欧洲榆树就对这种疾病具备极高的耐受力，华盛顿特区已进口并栽种了一些，即便城市里的其他榆树正处疾病高发期，这批欧洲榆树之中也没有发现任何一个染病案例。

那些已经失去了大量榆树的城镇正急需通过一个紧急重植项目以补填死去的绿植，其中值得注意的一点是，这一重植项目必须囊括各种不同的树种，只有这样，才不会出现一种流行疾病便可夺取一个城镇所有绿树的情况。英国生态学家查尔斯·埃尔顿提出的"保持多样化"是植物种群和动物种群得以健康维系的关键所在。在某种程度上说，如今正在上演的这一幕幕悲剧就是上几代人推崇的生物单一化所结下的恶果，就连我们的上一代都还未曾意识到，在大面积土地上种植单一树种其实是一种招灾之举，于是，他们在城镇的道路两旁和居民活动的市政广场整齐划一地种下了榆树，今时今日，榆树死去了，鸟儿也就随之沉寂了。

一谈到现代世界中鸟类面临的危险，世界各处都传来了共鸣的回响，尽管各地的实际情况在细节方面略有差异，但其主题是一致的——杀虫剂引起的野生生物异常死亡。例如，法国的某个地区在使用含砷杀虫剂对葡萄藤蔓进行处理之后，成百上千只小鸟和鹧鸪死去了；比利时一向以鸟类众多闻名于世，但在国内几个大型农场施行了喷洒计划之后，鹧鸪的数量便开始急剧下降。

英国的问题较为特殊。英国越来越多的农民倾向于在播种之前就将种子用杀虫剂进行处理。实际上，种子处理已不是什么新鲜事情，但早年间人们采用的化学药剂多为杀菌剂，而这种处理方式似乎对鸟类影响不大。到了1956年，种子处理的方式有了变化，人们陆续转向双重用途的种子处理手法，除了原有的杀菌剂，还加入了艾氏剂、狄氏剂或七氯等药物，以对抗土壤中的有害昆虫。也就是从这时起，情况开始恶化。

1960年的春天，鸟类的死亡报告犹如洪水般涌进英国各个野生生物权威机构，包括英国鸟类学信托基金会、皇家鸟类保护协会和猎鸟协会。诺福克的一位农场主如此形容道："整个地方就像是尸殍遍野的战场，饲养人员发现了不计其数的遗骸，其中包含大量小型鸟雀——苍头燕雀、欧洲金翅雀、朱顶雀、树篱雀，甚至还有家雀……野生生物的覆灭实在是一件十分沉痛的事情。"一位猎场看守人来信称："拌过种的玉米粒害得我喂养的麻雀全部死光了，还有雉鸡和其他一些鸟类也遭了殃，统共死了好几百只鸟儿……我在猎场工作了一辈子，这是我最伤心的一次经历，看着麻雀一对对死去，我的心就像在滴血似的。"

英国鸟类学信托基金会和皇家鸟类保护协会共同发布了一份公告，公告中详细地描述了六十七宗鸟类死亡的案例——这一数字远非1960年春季死亡鸟类的完全统计数字。在这六十七个案例中，五十九宗死于拌种，八宗死于有毒喷洒药剂。

第二年，一波新的中毒事件汹汹来袭。英国上议院接到一份报告称，诺福克的一处庄园总共死了超过六百只小鸟。北埃塞克斯的一处农场发现了一百余只雉鸡的尸体。人们很快察觉到，与1960年的情况相比，此次事件涉及的范围更广（1960年，有二十三个城镇涉及其中，1961年增加至三十四个）。以农业为支柱产业的林肯郡损害最为惨重，报告死亡的鸟类多达一万只。从北部的安格斯到南部的康沃尔，从西部的安格尔西岛到东部的诺福克，毁灭的阴影笼罩在整个英格兰农业区的上空。

1961年的春天，人们对事件的关注达到顶峰，下议院迅速组织了一个特殊委员会负责对此次事件进行调查，委员会向各方收集了证据证言，包括农民、地主、农业部的代表、各级政府的代表以及与野生生物相关的非政府机构的代表。

一位目击者称："鸽子就那样突然从天上掉下来，很快就死了。""在伦敦市郊开车，连续开了一两百英里，却连一只茶隼都没看到。"自然保护协会的官员作证："无论是本世纪，还是我所知道的任何历史时期，都没发生过这样的惨剧，这应该是我们国家面临过的最大一次野生生物危机。"

事实胜于雄辩，转引两位目击者所见，真实有说服力。

在委员会的调查过程中，最缺乏的是对受害者进行化学分析的仪器设备，全英国只有两位化学家能够胜任这项分析工作（其中一位供职于政府，另一位则在皇家鸟类保护协会工作）。目击者描绘了鸟类尸体在熊熊篝火里焚化的震骇一幕，但调查人员还是找到了一些可供检查的鸟类遗骸。分析结果表明，除了一只例外（唯一的例外是一只不以植物种子为食的沙锥鸟），其他所有死亡鸟儿的体内都检测出了杀虫剂残留。

由于捕食了有毒的老鼠或鸟类，狐狸也受到了间接影响。英国的兔子几近泛滥成灾，作为捕食者的狐狸可抑制兔子的过度繁殖。但是，1959年11月至1960年4月期间，至少死了一千三百只狐狸。在狐狸损亡最惨重的那几个郡县，食雀鹰、茶隼和其他食肉鸟类也几乎悉数覆灭，这就说明，毒物是沿着食物链传播扩散的，从以植物种子为食的生物到各类食肉动物，环环相扣，依次传递。濒死状态的狐狸所呈现的病征就是典型的氯代烃类杀虫剂中毒症状，它们焦躁地原地转圈，双目无神，临死前处于惊厥状态。

一切所见所闻令委员会深信，野生生物所面临的威胁已达到了"最为严重"的临界线，于是，委员会向下议院建言："农业部与苏格兰国务大臣须立即下达命令，禁止使用含有艾氏剂、狄氏剂、七氯或其他毒性相近的化学物质的化合物对种子进行拌种处理。"委员会还建议采取更加严格的管控措施，以保证化学药物在推向市场之前必须经过充分且严密的野外试验及实验室试验。值得强调的一点是，这是世界杀虫剂研究中的一个空白点。制造厂商通常只在普通实验室动物如老鼠、狗、豚鼠等身上进行检测实验，从未将野生动物、鸟类和鱼类等纳入实验样本的采集范畴，而且只在受控状态和人工状态下开展实验。而这些研究成果是绝对不能直接套用在野生生物身上的。

因种子的不当处理而出现鸟类保护问题的国家绝不止英国一个。在美国，这个问题最为突出的地区当数加利福尼亚和南部的水稻种植区。多少年来，加利福尼亚的水稻栽培者一直使用滴滴涕处理种子，以保护水稻免受蝌蚪虾和水龟虫科甲虫的侵扰。由于水稻田里常常聚集着繁多的水禽和雉鸡，加利福尼亚野外运动爱好者们的打猎之行往往收获颇丰。但是过去的十年间，有关鸟类损亡——特别是有关雉鸡[①]、野鸭和画眉死亡——的报告从种植水稻的各个城镇如雪花般接连传来。"雉鸡病"甚至还成了一个广为人知的病征：鸟儿"疯狂地搜寻水源，然后开始麻痹瘫痪，常在沟渠和水稻田边发现它们惊颤不止的脆弱身影"。这种"疾病"多在春天发病，正值水稻播种的时节。农民使用的滴滴涕浓度是雉鸡致死剂量的数倍。

数年时光匆匆流逝，毒性更强的杀虫剂络绎不绝地推向市场，这无疑增加了经过处理的种子所带来的风险。对雉鸡而言，艾氏剂的毒性强过滴滴涕百倍，现在已广泛用于拌种处理。在得克萨斯州东部的水稻种植区，这种处理方式已令树鸭数量骤降数倍。我们有理由相信，水稻种植者热衷使用的双重用途杀虫剂正对许多生活在水稻田周边地区的鸟类造成灾难性的恶劣影响。

有时，人们心中会陡然冒出一个念头，想要"消灭"那些

> "不止"透露出作者深深的忧虑。

---

① 雉（zhì）鸡　野鸡。

恼人或给我们带来不便的生物，随着这个念头愈来愈盛，越来越多的鸟类发现，它们自己已经成了人类的直接毒杀目标。在空中喷洒类似对硫磷的剧毒物质以"控制"（不合农夫心意的）鸟类密度已是当前的发展趋势。渔业和野生动物保护局认为，有必要对这一趋势发出严正警告，向公众指出"对硫磷对人类、家养宠物和野生生物均有潜在威胁"。比如，1959年夏天，印第安纳州南部的几个农民一起租借了一架喷药用飞机向河岸地区喷洒对硫磷，因为这片河滩是成千上万只黑背鸟最为钟情的栖息地，而来此休憩的黑背鸟经常飞到邻近的田地偷吃谷物，农民们为此烦恼不堪，所以才决定施行喷药。其实只要稍稍更改种植的作物，这个问题便可迎刃而解[①]，比如可以改种谷穗包裹较深的水稻，这样鸟儿就啄食不到谷物了——但农民们已被杀虫剂厂商的鼓吹宣传遮蔽了双眼，于是飞机依约起飞，开始了播撒死亡的航程。

结果或许可令农夫满意，毕竟鸟类伤亡名单上又添了沉重的一笔——六万五千只红翅黑背鸟和椋鸟。至于其他那些未引起注意的、未经记录的野生生物死亡情况如何，我们至今仍然无从得知。对硫磷不是针对黑背鸟的专属毒药，而是通用型杀虫剂。那些在河滩边漫游觅食的野兔、浣熊、负鼠或许从未造访过农民们的谷地，但它们就这样被判了死刑，而做出审判的法官和陪审团甚至都不曾知晓过它们的存在——即便知道了，大体也不会在意的吧。

"死刑""法官""陪审团"，冷峻的比喻，形象地刻画出被毒害生物的无辜可怜。

人类的遭遇又如何呢？加利福尼亚的一处果园也喷洒了对硫磷，负责操作喷洒器的工人在施药一个月以后出现了昏厥、抽搐的症状，好在他们就医及时，最后总算逃过一劫。印第安纳州的小男孩们是否依旧如他们的父辈一样，喜欢在林地郊野漫步闲荡或去河边探险野游？如果答案是肯定的话，那么该由谁来看管那些喷了药的地区，以防孩子们误入呢？又有谁在警惕守望，以便告知那些一无所知的流浪者，他们即将踏足的那片野地实则淬满了毒药呢？这些农夫发动的这场对付黑背鸟的战争既无必要，又遗患无穷——却不曾有人阻挠过他们。

[①] 迎刃而解　劈竹子时，头上几节一破开，下面的顺着刀口自己就裂开了。在此比喻处理事情、解决问题很顺利。

在上述提及的每一个案例中，没有人曾直面或思考过这样的问题：是谁做出的决定，启动了这些叫人胆寒的中毒反应链？是谁往平静的湖泊投掷石子，激起了不断向外扩散的死亡涟漪^①？是谁决定在天平的一端放上被甲虫啃食过的枝叶，又在另一端放上毫无生气的斑斓^②羽毛？是谁在替无数未经征询的公民做出决定——又是谁拥有这样的权利替他们做出决定——认为最高的价值追求就是创造一个没有昆虫的世界，认为没有飞鸟掠过的天空依旧值得仰望？是被公民委以重任的掌权阶级！他们的权利是由公民赋予的，但他们在做出决定之时，却完全无视了公民的意愿，无视了公民对自然秩序与自然之美的敬慕与珍视。

> 两个"无视"强调部分掌权者的独霸无知、武断执迷，贻害至深。

阅读札记 ▶ ▶ ▶ ▶

精华点评

人类看似纠结在要榆树还是要知更鸟的苦恼中，其实这本身就是个错误的命题，但人类盲目地去选择前者，并用化学喷药消灭后者，貌似无心之过，实则贻害无穷。

知更鸟以捕食害虫和蜘蛛、白蚁、黄蜂等为生，在农业上是益鸟，一直深受人们的喜爱，曾经被高度赞誉为上帝之鸟，英国人民甚至为它赋予希望、活泼和爱情的美好寓意。可一旦影响了人的生活，人类就开始随意地毁灭鸟类，对它们的生死置之不理，这显然是违反自然规律的。只有在对恶果的反思中，人类才能深刻地认识到这一点。

---

① 涟漪 形容被风吹起的水面波纹。常用作比喻心里细微的活动。

② 斑斓 色彩灿烂绚丽的样子，灿烂多彩。

万物有灵，众生平等，切勿以功利目的去衡量生命的存在价值。想得更远，方能走得更远，生活中心怀善意，以宽容之心对待其他生命，或许恰恰是为人类自己留一条后路。

知识链接

榆木

榆科，主产温带，落叶乔木，树高大。榆木的木性坚韧，纹理通达清晰，硬度与强度适中，是主要家具用材之一。其木材的特征，心边材区分明显，边材窄且呈暗黄色，心材暗呈紫灰色；材质轻较硬，力学强度较高，纹理直，结构粗。可供家具、装修等用，榆木经烘干、整形、雕磨髹（xiū）漆、可制作精美的雕漆工艺品。

（选自"百度百科"）

手机微信APP的开启页面是一个美丽的蓝色星球——地球，从太空中看，地球是极为秀丽的蔚蓝色球体，什么让它呈现出如此美的蓝？是水，水覆盖了地球71%以上的表面，令其成为名副其实的大水球。水的载体是江河湖泊，是什么让河流从生命之源沦落成死亡之河？

9. 死亡的河流

在大西洋海岸的绿色海水深处，潜藏着许多条回流至海岸的小路。它们虽然看不见，摸不着，却是鱼类的通道，由沿岸河流的水体流动造成。几千年来，鲑鱼已对这些淡水线路驾轻就熟，沿着它们返回河流；每条鲑鱼都要回到生命之初的那条小支流里。1953年的夏秋季节，鲑鱼从大西洋远海觅食区回到了新不伦瑞克省的米罗米奇河，由此溯流而上，游入它们的故乡河流。鲑鱼所到达的地方，溪流掩映在绿荫之中，彼此交织成河道网络。鲑鱼会在秋天把卵产在河床的沙砾上，从那儿流过的溪水，绵柔而又凉爽。这里是一片广袤的针叶林区，内有云杉、冷杉、铁杉和松树，为鲑鱼提供了赖以生存的繁衍产卵之所。

鲑鱼溯河洄游①的情况由来已久，经久不息，并且让这条名为米罗米奇的河流冠绝北美，以出产最好的鲑鱼品种而闻名遐迩。

----

① 溯河洄游　某些水产动物性成熟时，从海中向原出生的江湖水域所作的洄游。

但是到了1953年，这一情况遭到了破坏。

秋冬季节，大个的、带有硬壳的鲑鱼卵就产在沙砾满满的浅槽之中，即所谓的"产卵区"里，这些都是母鱼在河底挖好的。在寒冷的冬天，鱼卵发育缓慢，按照它们的生长规律，只有在春天冰消雪融，林中小溪完全融化之时，小鱼才能孵化出来。起初，它们在河底的卵石之间潜藏，身长仅半英寸，什么东西也不吃，单靠一个大的卵黄囊维生。直到卵黄囊吸收完毕，小鱼才开始游到溪流里，捕食小昆虫。

1954年春，随着新的小鱼孵化出来，米罗米奇河里，既有一两岁的鲑鱼，也有刚孵出的幼鱼。这些小鱼衣着华丽，由小条纹和亮红色斑点做装饰，在溪水里四处觅食各种各样奇形怪状的昆虫。

> 以上描绘的鲑鱼成长环境的美好画面，令人遐想。

到了夏天，情况开始发生变化。那一年，米罗米奇河的西北部流域被纳入到一个大规模的喷药项目之中。加拿大政府于一年之前开展此项计划，目的在于拯救森林，保护其免受云杉卷叶蛾之害。这种蚜虫是一种本地昆虫，以侵害多种常绿树木为生。在加拿大东部，大约每隔三十五年就要爆发一次虫灾。二十世纪五十年代初期，蚜虫的数量已呈急剧上升之势。为了除害护林，人们开始喷洒滴滴涕，起初只是小范围喷洒，到了1953年却陡然扩大了规模。为了挽救冷杉这一纸浆和造纸工业的重要原料，人们不再满足于像从前那样，只在几千英亩的森林里喷药，而是把喷洒范围扩大到几百万英亩的森林。

于是乎，在1954年6月，喷药飞机光顾了米罗米奇的西北部林区，药水的白色烟雾在天空留下十字形的飞行航迹。每英亩就喷洒了半磅的油溶性滴滴涕，药水在冷杉森林中渗落过滤，其中一部分最终抵达地面，随后进入溪流。飞行员们只关心交代给他们的任务，既没有尽量避开河流喷洒，也没有在飞过河流时关闭喷药枪管；但实际上，即使是在极其微弱的气流之中，喷洒的药物也能随之飘浮很远，因此，即使飞行员注意到了这些，结果也未必能有多大改观。

喷药刚一结束，不容置疑的糟糕迹象就已接踵而来①。两天

---

① 接踵而来　指人们前脚跟着后脚，接连不断地来。形容来者很多，络绎不绝。

之内，河流沿岸频频发现已死或垂死的鱼，其中就包括许多幼鲑。河鳟也未能幸免。道路两旁和树林之中，鸟儿也奄奄一息。河流里，万类生灵尽归沉寂。在喷洒之前，河流中尚有种类繁多的水生生物，它们构成了鲑鱼和鳟鱼的食物。这些水生生物包括石蚕，它们居住在一个松散而舒适的保护体中，保护体由树叶、草梗与沙砾组合而成，通过黏液胶结在一起。河流中还有石蝇虫蛹以及蚋虫幼蠕，前者在涡流中紧贴着岩石生活，后者则可以在浅滩石边，或者溪水自陡峭斜石湍流而下的地方找到。可是如今，小河里的昆虫都被滴滴涕杀死了，再没有什么东西可供幼鲑取食了。

在这样一种死亡和毁灭的图景之中，幼鲑本身难求自保，结局也是如此。时至8月，曾于春天在河床沙砾之中栖息逗留的幼鲑，竟一条也没有出现。一年的辛苦繁殖化为乌有。那些于一年前或更久之前孵化出来的小鲑鱼，情况也不见得好到哪里。在飞机光顾过的小河中，于1953年孵出的鲑鱼只有六分之一幸存；而1952年孵出并且已经准备入海的鲑鱼，数量也损失了三分之一。

难逃喷药"魔爪"的还有幼鲑——存活率降低。

所有的真相公之于众还要归功于加拿大渔业研究会自1950年以来，在米罗米奇西北部从事的鲑鱼研究。每年，该学会都会对生存于这条河流中的鱼类进行一次普查。生物学家的记录涵盖了当时河流中洄游产卵的成年鱼数量、各年龄组的幼鱼数量、鲑鱼和其他居住在此河中的鱼类的常态数量。正因为在喷药之前就有了对河流情况的完整记录，才能够测定喷药后造成的损失，测定的准确性也是其他地方所难以企及的。

这次调查不仅查清了幼鱼的损失情况，还揭示了河流本身发生的严重变化。反复喷药已经彻底改变了河流的环境，作为鲑鱼和鳟鱼食料的水生昆虫已被杀死。即便在单次喷药过后，也需要相当长一段时间，使这些昆虫再度大量繁殖，以供正常数量的鲑鱼取食之用——这个时间不是以月计，而是以年计。

小型品种的昆虫，如蠓、蚋，恢复起来比较快，对仅几个月大的小鲑鱼苗来说，它们是最合适的食料。但是，对两三龄的鲑鱼赖以为食的大型水生昆虫来说，恢复则非朝夕之功，这些昆虫是石蛾、石蝇与蜉蝣的幼体。即使滴滴涕渗入河流已经过去了一年的时间，除了偶然出没的小石蝇以外，觅食的幼鲑仍然难以找到其他的食物果腹。大的石蝇、蜉蝣和石蛾则根本找不到。出于努力供应这种天然食料的目的，加拿大人尝试使用移植的方式，将石蚕及其他昆虫输送到米罗米奇这片贫瘠的区域中来。然而显而易见的是，这种生物迁移仍然经不起重复性喷药的危害。

食物都灭绝了，哪里还有鲑鱼生存的空间呢？

与此相反，树蚜虫不但数量并未如预期那样有所减少，反而表现出顽强的耐药性。自1955年到1957年，新不伦瑞克和魁北克各地多次喷药，局部地区甚至喷洒了三次之多。截至1957年，已有将近一千五百万英亩的土地喷洒了药物。虽然此后喷洒行为一度暂时停止，但蚜虫突如其来的死灰复燃，又使得喷药活动于1960年和1961年重新开始。的确，在任何地方都没有证据表明，化学药物的喷洒仅仅只被视作防治蚜虫的权宜之计（以此挽救树木免遭连年脱叶致死）。正因如此，随着喷药的继续，其产生的副作用也会不断为人们所感知。为了将对鱼类的危害程度降至最低，加拿大林业局已下令将滴滴涕的施放量由从前的每英亩零点五磅降至零点二五磅，以期符合渔业研究会的提议标准。（在美国依然盛行每英亩一磅的高致死量释放标准。）在对喷药效果观察了数年之后，加拿大人如今看到了一个正反效果兼备的复杂情况；不过有一点可以肯定，只要喷药继续下去，鲑鱼的垂钓爱好者一定不会感到任何安慰。

一次非同寻常的综合性事件拯救了米罗米奇西北部，没有让它如预期那样向毁灭加速发展，像这样一种各类事件扎堆发生的情况，实属百年难得一遇。不过，当务之急是弄清楚究竟发生了什么及其背后的原因。

如我们所知，1954年在米罗米奇这一支流流域内大量喷药。此后，除了1956年在一个狭窄地带再度喷药以外，该流域滴药未洒。1954年秋，一场热带风暴出手改变了米罗米奇鲑鱼的命运。来势汹涌的艾德纳飓风到达了北上路线的终点，为新英格兰和加拿大海岸降下了瓢泼大雨。由此引发的洪流卷集着河流淡水，远奔入海，进而招引来了数量异常多的鲑鱼。结果，在鲑鱼的产卵地——河流的沙砾河床上，出现了异常大量的鱼卵。1955年春天，出生在米罗米奇西北部的幼鲑鱼发现，这儿的情况对它们的生存很是理想：在滴滴涕杀死河中全部昆虫的一年之后，体形最小的昆虫——蠓和蚋已经恢复数量，它们是幼鲑的正常食料。

这一年出生的幼鲑不仅发现食物丰足，而且几乎找不到什么竞争者，这是由于稍大一些的鲑鱼已于1954年被喷药杀死了。因此1955年的幼鲑长势特别快，数量也多得出奇。它们很快就完成了在河流中的成长阶段，并早早提前入海。其中又有许多在1959年洄游，为故乡的溪流生产出大量的幼鲑。

如果说米罗米奇西北部的情况相对好转，幼鲑的数量之所以增加，是因为这里只喷了一年药，那么多年以来，反复喷药在该流域其他河流中所产生的后果已经清晰地显现出来了——那儿鲑鱼的数量骤减，令人担忧。

在所有喷了药的河流里，各种大小的幼鲑数量都很稀少。生物学家在报告中说，最年幼的鲑鱼"实际上已被尽数消灭"。米罗米奇西南全境在1956年和1957年都喷了药，1959年孵出的小鱼数量为十年以来的最低值。在洄游鱼类中，最小的幼鲑数量极度匮乏，渔夫们为此议论纷纷。在米罗米奇河口的样本采集处，1959年幼鲑的数量仅相当于一年前的四分之一。1959年，在整个米罗米奇流域，两三龄的幼鲑（正是顺流入海的小鲑鱼）产量仅为六十万尾，比前三年数据的三分之一还少。

> 数据落差之大，消亡数量之巨触目惊心。

针对这一背景，新不伦瑞克鲑渔业的未来只能将期望寄托在找到一种替代滴滴涕的东西洒向森林了。

加拿大东部的情况并非特例，唯一与众不同之处就是森林喷药的面积广阔以及采集到的第一手资料众多。缅因州也有云杉和冷杉森林，也有防治森林昆虫的问题。而且，缅因州也有鲑鱼洄游，虽然相较过去，洄游的情况已经大不如前了。河流因受工业污染和木块淤塞的双重打击，使得生物学家和环保主义者不得不通过艰苦卓绝的努力，才让河里的鲑鱼残存下来。虽然当地一直在尝试将喷药作为一种武器，对付无处不有的蚜虫①，但受影响的范围相对比较小，并且尚未包括鲑鱼产卵的重要河流。不过，缅因州内陆渔猎部在某地河鱼中所观察到的情况，或许将成为不祥的先兆。

---

① 蚜虫 地球上最具破坏性的害虫之一。其中大约有250种是对于农林业和园艺业危害严重的害虫。蚜虫的大小不一，身长从一到十毫米不等。

据该部报告："在1958年喷洒药物以后，在大戈达德溪流中立刻发现了大量濒死的亚口鱼。这些鱼表现出滴滴涕中毒的典型症状，它们不规律地游动，浮出水面喘气，并伴有战栗和痉挛的现象。在喷药后的头五天里，两个拦阻渔网里收集到六百六十八条死亚口鱼。在小戈达德溪、卡利溪、阿德溪和布莱克溪中，也有大量的鲦鱼和亚口鱼中毒而死。经常观察到虚弱、濒死的鱼漂流而下。有时，在喷药之后一周，仍发现目盲和垂死的鳟鱼随水漂流。"

[滴滴涕可以致鱼目盲的事实已见诸多份研究报道。一个在北温哥华岛对喷药进行观察的加拿大生物学家于1957年报告说，现在徒手就能在河流中轻易地捕捉到割喉鳟，这些鱼行动迟滞，也不企图逃跑。经检测，它们的眼睛蒙上了一层不透明的白色薄膜，说明视力受损或完全丧失。由加拿大渔业部进行的实验表明，所有的鱼（银鲑）实际上不会因为暴露在低浓度的滴滴涕中（百万分之三）而死亡，但是这些鱼几乎无一例外，都出现了眼睛晶状体不透明的目盲症状。]

凡是有大森林的地方，现代防治昆虫的方法势必威胁到树荫底下栖息在溪流中的鱼类。在美国，一个最臭名昭著①的鱼类毁灭案例发生在1955年，罪魁祸首就是在黄石国家公园及其附近喷洒的农药。那年秋天，黄石河中发现了大量的死鱼，场景令钓鱼爱好者和蒙大拿渔猎管理人员心惊。约九十英里长的河流受到了影响，在一段长达三百码的岸边就统计到了六百条死鱼，其中包括褐鲑鱼、白鲑鱼和亚口鱼。鲑鱼的天然饵料——河流昆虫已经销声匿迹②。

林业管理处宣称，他们的喷洒符合每英亩一磅的"安全"用量建议。然而喷药的实际后果足以让人相信，这一建议显然难以立足。1956年，由蒙大拿渔猎署和两个联邦机构（鱼类和野生动物管理局和林业管理局）共同牵头，开始了一项协作研究。当年，蒙大拿喷药面积达到了九十万英亩，而1957年又处理了八十万英亩。所以，生物学家要想寻找合适的研究场所，大可不

成语"如鱼得水"说的是鱼在水中游动灵活，而这样的生物沦落到被人徒手就捉到的地步，可见鱼儿受损之深，连生命都无法顾及。

---

① 臭名昭著 坏名声人人都知道。

② 销声匿迹 销：通"消"，消失；匿：隐藏；迹：踪迹。指隐藏起来，不公开露面。

必蒙受铁鞋踏破之苦。

一直以来，鱼类死亡的景象都呈现出鲜明的特征：滴滴涕的气味在森林中弥漫不散，水面上有一层油膜漂浮，河流两岸遍布横尸的鳟鱼。对所有的鱼（不论是死是活）都做了分析，结果发现它们的组织全部蓄积着滴滴涕。同加拿大东部的情形一样，喷药造成的最严重后果是有机食料的急剧减少。在许多被研究的地区内，水生昆虫和其他栖息在河底的生物已经减少至正常数量的十分之一。这些对鳟鱼的生存至关重要的水生昆虫一旦遭遇灭顶之灾，需要相当长一段时间方能恢复数量。即便到了喷药过后的第二个夏天，也只有极其少量的水生昆虫恢复元气；而在一个从前底栖动物种类丰富的河流里，几乎什么也找不到了。在这个河段里，鱼的捕获量锐减了八成。

鱼不一定马上就死，事实上，正如蒙大拿的生物学家发现，比起即刻死亡，迟来的死亡情况更为多见，只是死亡的情况多发生在渔季之后，因此可能很难见诸报道。在所研究的河流中，产卵鱼大量死亡的情况发生在秋天，其中包括褐鳟、河鳟和白鲑鱼。这并不奇怪，因为不论是鱼还是人，所有生物在其生理应激期，都需要积蓄脂肪作为能量来源。由此可知鱼类脂肪组织中滴滴涕致死的充分作用。

因此，有一点十分明确，以每英亩一磅滴滴涕的比例进行喷药，对林间河流中的鱼类构成了严重的威胁。不仅如此，防治蚜虫的目的一直未能达到，许多地区因此计划要继续喷药。蒙大拿渔猎局对进一步喷药提出了强烈反对，并且声明："不愿为了这些喷药计划而危害渔猎资源，这些计划的必要性和成绩都是令人怀疑的。"该局宣布，无论如何，它都要继续与林业部精诚合作，"确定能够尽量减少副作用的途径"。

不过，这样一种合作一定能够成功拯救鱼类吗？在这一问题上，可以参见英属哥伦比亚的一例经验。在那儿，黑头蚜虫的大量繁殖已猖獗①多年。林业部担心下一次季节性的树叶脱落将可能造成大量树木的死亡，于是决定于1957年执行蚜虫防治项目。林业部与渔猎局商量了多次，但后者更关心鲑鱼的洄游问题。林业

为追求目的而喷药，却从不反思这一行为是否适合有效。

---

① 猖獗　任意横行，凶猛。

部只得同意修改喷药计划，采用各种可能办法消除其影响，以减少对鱼类造成的风险。

虽然采取了预防措施，即便这些措施诚意十足，但最后，至少四条主要河流中的鲑鱼几乎百分之百地被杀死了。

在其中一条河里，四万条洄游的成年银鲑鱼所产下的幼鱼几乎被消灭干净。几千条年幼的钢头鳟鱼①和其他鳟鱼的命运也是如此。银鲑鱼的生活三年为一个循环，参加洄游的鱼几乎全都是一个年龄组的。如同其他类属的鲑鱼，银鲑的回归本能十分强烈，驱使它们回到出生的那条河流。不同河里的鲑鱼不会混居乱窜。这就意味着，除非采取精心管理或人工繁殖等其他方法介入该重要经济鱼类的恢复工作，否则鲑鱼每三年一洄游将不复存在。

要同时解决森林保护和鱼类保护两方面的问题，其实是有办法可循的。假若我们听任②河流全部变成死亡之河，那无异于低头屈从绝望和失败主义。我们必须加强推广使用目前已知的、可替代的方法，并且必须动员我们的智慧和资源去发展新的方法。可以在相关记载中找到这样的例子，天然寄生性生物已经征服了蚜虫，效果比喷洒药物更好。此类自然防治方法理所应当大力推广。也可以利用低毒农药，或者更好的办法是引进微生物，这些微生物将在蚜虫中引起疾病，而不至于影响整个森林的生物结构。我们将在后面看到这些可替代的方法是什么，以及它们能起到什么作用。现在我们应该认识到，用喷洒化学药物防治森林昆虫，既不是唯一的方法，也不是最佳的方法。

威胁到鱼类的杀虫剂可分为三类。如上所知，一种是与喷药林区的个别问题相关的杀虫剂，它们已对北部森林里洄游河流中的鱼产生了影响，几乎全部属于滴滴涕的作用结果。另一种是大量的、可蔓延和可扩散的杀虫剂，受其影响的鱼类种类不胜枚举，其中包括鲈鱼、翻车鱼、刺盖翻车鱼、亚口鱼等，这些鱼在美国各地的各种水体中栖居，甚至也在流动水体中出没，这类杀虫剂几乎涵盖了所有农业上现行使用的杀虫药，但其中只有如异狄氏剂、毒杀芬、狄氏剂、七氯等主要药剂能够比较容易地检验

① 鳟鱼　是一类很有价值的垂钓鱼和食用鱼，全世界有10种左右。

② 听任　随其发展，不加干预。

出来。目前还应充分考虑到另一个问题，我们也许能够通过逻辑推理，预想到将来发生的事情，这也是因为揭露事实真相的相关研究工作才刚刚开始——这里涉及生活在盐碱化沼泽、海湾与河口中的鱼类。

随着新型有机杀虫剂的广泛使用，鱼类世界不可避免地要蒙受严重摧残。鱼类对氯化烃异常敏感，而近代的杀虫剂恰恰大多是由氯化烃①制成的。几百万吨的化学毒剂被施放到大地表面时，其中的毒素也将不可避免地通过各种方式，进入到陆地和海洋间无休止的水循环之中。

有关鱼类遭灾难性毒杀的报告已是层出不穷，美国公共卫生部不得不设立专门的办事处，专门去各州收集类似报告，以作为水体污染的指标。

这一问题关系到广大民众。将近二千五百万美国人把钓鱼看作是主要的娱乐活动，另外至少有一千五百万人是不定期的钓鱼爱好者。每年这些人在执照、钓鱼器具、小船、露营装备、汽油和住处上的花费就达到了三十亿美元。任何剥夺他们娱乐场所的行为势必将牵涉并影响到极大的经济利益。职业渔民将鱼视为食物来源，他们更是商业利益的重要代表。内陆和沿海渔民(不包括海上捕鱼者)每年至少捕获三十亿磅鱼。然而诚如我们所见，杀虫剂对小溪、池塘、江河和海湾的污染，已经给业余的和专业的捕鱼活动都带来了威胁。

到处都可以看到因为对农作物喷药水或药粉而殃及池鱼的例子。例如，在加利福尼亚州，由于试图用狄氏剂防治一种稻叶害虫，损失了近六万条待捕获的鱼，其中主要包括蓝鳃鱼和其他的翻车鱼。在路易斯安那州，由于在甘蔗田中施用了异狄氏剂，单单1961年中，就发生了三十多起大型鱼死亡的案例。在宾夕法尼亚州，为了对付果园中的老鼠，大批的鱼也被异狄氏剂杀死了。在西部高原，利用氯丹防治草跳蚤造成了许多溪鱼死亡。

也许再没有哪一个农业计划，能够达到像在美国南部执行的计划一样的宏大规模了。那里为了防治一种火蚁，在几百万英亩的土地上广泛地喷洒了农药。主要使用的农药是七氯，它对鱼类

---

① 氯化氢　一个氯化氢分子是由一个氯原子和一个氢原子构成的，是无色而有刺激性气味的气体。

的毒性稍逊于滴滴涕。狄氏剂是另一种可以毒死火蚁的药品，它对所有水生生物的强烈毒害作用可谓臭名昭著。只有异狄氏剂和毒杀芬魔高一尺，能对鱼类产生更大的危险。

在对火蚁分布区进行防治的每个地方，不论是使用七氯还是狄氏剂，都报告说对水生生物产生了灾难性影响。只要摘录出不多的几句话，便可得知这些由专门研究药物危害的生物学家所写的报告里透露出来的信息。得克萨斯州在报告中说，"为了竭力保护运河，水生生物损失惨重"，"死鱼……出现在所有处理过的水域之中"，"鱼死亡严重，并且持续了三个多星期"；亚拉巴马州在报告中说，"在喷药后不过几天时间内，大部分成年鱼都被杀死了（在维尔克斯郡）"，"临时性水体和小支流中的鱼类已全部灭绝"。

在路易斯安那州，农场主抱怨着农场池塘中的损失。在一条运河上，仅在不到四分之一英里的距离内，就发现了五百条以上的死鱼，漂浮在水面或躺在河岸边。在另一个教区里，死了一百五十条翻车鱼[①]，占原有数量的四分之一。另有五种鱼类完全被消灭了。

> 一英里约等于一千六百〇九点三米，四分之一英里即四百米左右，却有五百条以上的鱼死亡，距离之短，死亡之多，令人目不忍视。

在佛罗里达州，在取自喷药地区池塘中的鱼体内，发现含有七氯残毒和一种次生的化学物质——氧化七氯。这些鱼包括翻车鱼和鲈鱼。当然，翻车鱼和鲈鱼都是钓鱼人喜爱的鱼类，并且也时常出现在餐桌上。食品与药物管理局认为，这些鱼体所含的化学物质一旦摄入人体，即便剂量微小，也会造成很大危险。

鱼、青蛙和其他水中生物都被杀的报告接连不绝，因此美国鱼类学家和爬行类学家协会(这是一个专门研究鱼、爬虫和两栖动物的科学组织，颇具权威）于1958年通过了一项决议，呼吁农业部及其在各州的办事机构"在不可挽回的损害造成之前，应中止七氯、狄氏剂及此类毒剂的空中喷洒"。该协会还提请要留意生活在美国东南部的种类繁多的鱼类和其他生物，其中包括那些在世界的其他地方所没有的种类。该协会警告："这些动物中，有许多种类只生活在一些很小的区域内，因此很有可能已经濒临

---

① 翻车鱼 又称翻车鲀、曼波鱼、头鱼，是硬骨鱼纲，翻车鲀科三种大洋鱼类的统称。分布栖息于各热带、亚热带海洋，也见于温带或寒带海洋，中国沿海均产。

灭绝。"

用于消灭棉花昆虫的杀虫剂也沉重地打击了南部各州的鱼类。1950年的夏季对亚拉巴马州北部的产棉区来说，不啻为灾难。在一年之前，为了防治象鼻虫，一直在十分有节制地使用有机杀虫剂。但是由于一连过了几个温和的冬天，因此在1950年出现了大量的象鼻虫；因此，约有百分之八十至九十五的农夫在本地掮客商^①的鼓动下，转而求助于杀虫剂。农夫最普遍使用的化学药物是毒杀芬^②，这是其中一种对鱼类最具杀伤力的药物。

对比前面几章文字，作者用"十分""节制"等词写出人们意识到化学药物的毒性之后，不再像以前一样肆意滥用，但不可否认，依然无法阻挡商家的急切怂恿。

这一年的夏天，雨水丰沛而且集中。雨水将这些化学药物冲进了河里，因此农夫为了应对这一情况，又开始向田里洒更多的药。一年下来，平均每英亩的棉田就得到了六十三磅毒杀芬。有些农夫竟在一英亩地里施用了两百磅之多的药量，甚至有一个农夫近乎发狂般地每英亩地施放了四分之一吨以上的杀虫剂。

结果可想而知。在流入惠勒水库之前，富林特河在亚拉巴马州农作地区流经了五十英里，在富林特河中所发生的情况在这一地区是比较典型的。8月1日，富林特河流域迎来倾盆大雨。这些雨水通过细流、小河和滚滚洪流，由土地倾注到河流里。富林特河水上涨了六英寸。次日清晨，许许多多除了雨水之外的东西出现在河中。鱼在附近水面上漫无目的地绕圈浮游，有时，一条鱼会自己从水里往岸边跳，不费吹灰之力便可捕捉到它们。一个农夫捡了许多鱼，把它们放进了泉水补给的水池中。在清洁的水中，一些鱼苏醒过来了。而在河流中，死鱼终日顺水漂浮而下。但这仅仅是以后更多鱼死亡的序曲^③，因为以后每次下雨，都会把更多杀虫剂冲洗进入河流，导致更多的鱼儿死亡。8月10日的降雨在整个河流中造成了严重后果，鱼几乎全被杀死了。以至于到了8月15日，再次下雨把毒物冲进河里的时候，几乎没有多少鱼剩下来再次成为牺牲品了。不过，这种化学物质造成死亡的证据，还是通过将实验金鱼笼放入河流后才得到的：金鱼在一天内全部死了。

① 掮（qián）客商　指替人介绍买卖，从中赚取佣金的人。也常喻指投机者。

② 毒杀芬　为乳白色或琥珀色蜡样固体（纯品为无色结晶）。不溶于水，易溶于有机溶剂。有樟脑样的兴奋作用，是全身抽搐性毒物。

③ 序曲　歌剧、舞剧等开场前演奏的乐曲，在此比喻事情、行动的开端。

在富林特河中惨遭灭顶之灾的鱼类包括大量的白刺盖太阳鱼，钓鱼者都很喜爱这种鱼类。而在富林特河水流入的惠勒湾里，还发现了大量死去的鲈鱼和翻车鱼。这些水体中所有的杂鱼——鲤鱼、水牛鱼、鼓鱼、砂囊鲥和鲇鱼等也一概消灭殆尽①了。没有一条鱼表现出病疫的症状，只表现出死亡时的反常运动和鳃上奇怪地出现了深酒红色。

如果在农场圈起的温水水塘附近使用杀虫剂，塘里的鱼很有可能死亡。正如许多例子所说明的，毒物源自周围土地，经雨水和径流的搬运，带到河里来。有时，这些鱼塘不仅仅由于径流带来污染，当给农田喷药的飞行员飞过鱼塘上空，却忘记关闭喷洒器时，鱼塘就直截了当②地接收了毒物。一些情况甚至远没有如此复杂，在农业正常使用农药的情况下，也会使鱼类摄入大量的化学药物，剂量已远远超过致死量。换言之，即便提升每磅用药所征收的税费，也很难改变这种致命的情况，因为一般来说，每英亩零点一磅以上的使用量就被认为对鱼塘有害了。这种毒剂一旦引入池塘就很难消除。一个池塘为了除掉不中意的银色小鱼而曾使用滴滴涕处理过，在反复的排水和流动中，这个池塘依旧残余了毒物，后来由于毒物积累，又杀死了百分之九十四的翻车鱼。很显然，这些化学毒物仍会留存于池塘底部的淤泥之中。

很明显，现在的情况并不比新式杀虫剂刚刚投入使用时的情况好多少。俄克拉荷马州野生动物保护局于1961年宣称，有关农场鱼塘和小湖中鱼类损失的报告一直以每周至少一例的频率报来一次，且越报越多。刚给农作物施用杀虫剂，马上迎来一场暴雨，毒素就这样被冲进了池塘里。多年以来，这样的情况在俄克拉荷马州反复上演，人们早已司空见惯③。

在世界有些地方，塘鱼是人们必不可少的食物来源。在这些地方，由于未考虑到对鱼类的影响就使用了杀虫剂，立刻发生了问题。例如，在罗得西亚，浓度仅为百万分之零点零四的滴滴涕就杀死了浅水中的一种重要的食用鱼——卡菲鲤的幼鱼。其他

---

① 殆尽　几乎罄尽。

② 直截了当　形容说话做事爽快、干脆。

③ 司空见惯　指某事常见，不足为奇。

很多杀虫剂甚至剂量更小，也足以致死。这些鱼所生活的浅水环境，恰好是蚊子滋生的温床。在消灭蚊子的同时还要保护中非地区的食用鱼，这一问题显然始终未能找到妥善的解决办法。

罗列了地球上的六个国家的事例，涉及面广，影响全球。长久以往，化学药品的毒害势必扩大，除非人们懂得重视。

在菲律宾、中国、越南、泰国、印度尼西亚和印度养殖的牛奶鱼也面临着同样的问题。这种鱼被养殖在这些国家海岸带的浅水池塘里。这种鱼的幼鱼群会突然地出现在沿岸海水中(没有人知道它们来自何处)，于是被捕捞起来，放入蓄养池，于是在池里完成生长。对于东南亚和印度几百万吃大米的人口来说，这种鱼作为一种动物蛋白来源，作用相当重要。因此太平洋科学代表大会已经提议进行一次国际努力，寻找这一至今尚无人知晓的产卵地，以便在广大地区发展这种鱼的养殖事业。但是，喷洒杀虫剂已经对现有的蓄养池造成了严重损失。在菲律宾，为消灭蚊子而进行的区域性喷药已使鱼塘主人付出了高昂的代价。在喷药飞机光顾了一个养有十二万条牛奶鱼的池塘以后，有一半以上的鱼死亡，虽然养鱼者竭尽全力，想用流水稀释塘水，依然于事无补[①]。

1961年，在得克萨斯州下游的奥斯汀，科罗拉多河发生了近年来最大的一次鱼类死亡事件。1月15日，是一个星期日，在黎明后不久，突然有死鱼出现在新唐湖和该湖下游约五英里范围内的河面上。这一天之前并未发现任何异常。星期一，有报告说下游五十英里发现有鱼类死亡。这时情况已经清楚了，原来是某些毒性物质正顺着河流向下扩散。到1月21日，在一百英里下游靠近莱·格兰吉的地方，也出现了毒害致死的鱼。而在一个星期之后，这些化学毒物又在奥斯汀下游两百英里处逞凶作恶。1月的最后一个星期里，内海岸河道的水闸关闭，以避免有毒的河水进入玛塔高达海湾，进而将它们转送至墨西哥湾。

与此同时，奥斯汀的调查者们闻到了与氯丹和毒杀芬有关的杀虫剂的气味。这种气味在一条下水沟的污水里尤为强烈。过去，这条下水沟一直由于工业废物排放而事故频发。当得克萨斯州渔猎局的官员从湖泊顺着河流找上来时，他们注意到一种好像是六氯苯的气味，这种气味甚至能够远远地溯源至一家化学工厂的支水线。这家工厂主要生产滴滴涕、六氯苯、氯丹和毒杀芬，

---

① 于事无补 对事情毫无补益。

同时还生产少量其他杀虫剂。该工厂管理人员承认，近年来曾将大量杀虫药粉冲洗到下水沟中；更为甚者，他承认这种对杀虫剂的溢流和残毒的处理方法，在过去十年内一直是作为常规措施实施的。

通过进一步的研究，渔业官员发现，其他工厂的雨水和日常生活用水也可能裹挟杀虫剂进入下水沟。然而，这一连锁反应的最后一环竟是源于这样一个发现：在河湖的水质变得对鱼类致命的几天之前，整个排水系统已经流过了几百万加仑的水，这些水在加压的情况下冲刷了排水系统中的砾石、沙和瓦块沉积物，毫无疑问地将其中贮存的杀虫剂给冲洗出来了，然后将它们带入湖中，进一步带至河里，后来被化学毒物测试发现。

大量的致命毒物顺流而下，抵达科罗拉多，死亡接踵而来。这个湖下游一百四十英里的距离内，鱼几乎都被杀死了，后来人们曾用大围网努力寻找是否有鱼侥幸①存留，然而结果却是一无所获。死鱼的种类发现有二十七种，每英里河上的死鱼总计重量就达到了一千磅。有一种运河猫鱼是这条河里的主要捕捞对象，还有蓝色的和扁头的猫鱼、鲵、四种翻车鱼、小银鱼、鲦鱼、石滚鱼、大嘴鲈、鲻鱼、吸盘鱼、黄鳝、雀鳝、亚口鱼、河吸盘鲤、砂囊鲋和水牛鱼都在死鱼之列。其中有一些是这条河中的元老②居民，许多扁头猫鱼的重量超过二十五磅，根据它们的个头大小就可以认定，它们的年龄必定很大了。据报告，当地沿河居民甚至捡到过重达六十磅的，而且根据正式记录，有一种巨大的蓝猫鱼重量可达八十四磅。

该州渔猎协会预言：即使不再发生进一步的污染，要改变这条河里鱼类的种群特征也许要耗费多年的时间。一些生活在有限天然区域中的品种，可能再也不能恢复了，而其他鱼类也只能凭借州里大规模的养殖活动才有可能恢复。

奥斯汀鱼类的这场大灾难如今已为公众所熟知，但几乎可以肯定，还有余波尚未完结。有毒的河水在向下游流了两百英里之后仍具有致鱼死亡的能力。若放任这一极其危险的毒流进入玛塔

> 人们"努力找"，结果竟然是"一无所获"，化学药品把河中生物消灭得无比彻底，关系到了人们的切身利益。

---

① 侥幸　指由于偶然的原因而获得利益或免去不幸。

② 元老　指各行各业中资深望重的人。

高达海湾，它们势必影响到那里的牡蛎产地和捕虾场。因此，整个有毒的洪流被转引到了开阔的墨西哥湾水体中。但到了那儿，它们又会产生什么样的影响呢？也许还有从其他河流来的，带着同样致命的污染物的洪流吧？

当前我们对这些问题的回答大部分还得凭借猜测，不过，人们对江口、盐沼、海湾和其他沿海水体中农药的污染越来越关心了。这些地区不仅吸纳了遭污染的河水流入，而且，尤为常见的是为消灭蚊子及其他昆虫而直接喷洒农药。

没有什么地方比佛罗里达州东海岸的印第安河沿岸乡村更能生动地证实农药对盐沼、河口和所有宁静海湾中生命的影响了。1955年春天，那里的圣鲁斯郡有二千英亩盐沼遭到狄氏剂处理，目的在于消灭沙蝇幼虫，用药量为每英亩一磅有效成分。这对水生生物的影响可谓灾难。来自州卫生部昆虫研究中心的科学家视察了这次喷药后鱼类蒙受残杀的残酷现场，并报告说鱼类的死亡是"真正彻底的"。海岸上，随处可见乱堆的死鱼。从天空中可以看到鲨鱼被水中垂死无助的鱼儿吸引过来。没有任何一种鱼类幸免。死鱼中有鲻鱼、锯盖鱼、银鲈、食蚊鱼。

在整个沼泽区（不包括印第安河沿岸），所有被直接杀死的鱼有二十至三十吨，或约一百一十七点五万条，种类至少达三十种。（调查队的R. W.哈林顿和W. L.彼得林梅耶尔等报告。）

软体动物似乎未受狄氏剂伤害。本地区的甲壳类生物事实上已被完全消灭。水生蟹种群彻底毁灭，提琴手蟹除了在明显漏掉喷药的沼泽小地块中有少数暂时存活以外，也全部被杀死了。

较大型的捕捞鱼和食用鱼迅速地死了……蟹在腐烂的鱼体上爬行和吞食，第二天它们也都死了。蜗牛持续狼吞虎咽地吃着鱼的尸体，两周之后，再没有一丁半点的死鱼残体遗留下来。

如此一幅让人神伤的图景是由已故的H. R.米尔斯博士在佛罗里达对岸的塔姆帕湾观察以后描述出来的，美国奥杜邦学会在那儿建立了一个囊括威士忌残礁在内的海鸟禁猎区。具有讽刺意味的是，在当地卫生权威部门发动了一场消灭盐沼地蚊子的战役以后，这一禁猎区变成了一个荒凉的栖息地，鱼和蟹再一次沦为主要牺牲品。提琴手蟹是一种小巧别致的甲壳动物，当它们成群地在泥地或沙地上爬过时，宛如正在放牧的牛群。但是现如今，它们在撒药人面前，已经毫无招架之力了。这一年的夏秋季节，在进行了大量喷药（有些地方喷了十六次之多）之后，米尔斯博士曾对提琴手蟹的状况进行了一次统计："这一次，提琴手蟹数量逐渐减少的趋势已变得十分明显了。在这一天（10月12日）的潮汐和气候条件下，本应有十万只提琴手蟹在此地群居，然而在海滨实际上只见到不足一百只，而且都是非死即病，它们颤抖着，痉挛着，跌跌撞撞，几乎难以爬行；然而在邻近的未喷药的地区，提琴手蟹仍然很多。"

放眼世界生态，提琴手蟹对于它们所栖居的地方可谓作用重要，不易填补。因为对于许多动物来说，提琴手蟹都是一种重要的食物来源。海岸浣熊吃它们。栖居于沼泽地的鸟类，如铃舌秧鸡、海岸鸟，甚至一些来访的候鸟也吃它们。在新泽西州的一个喷洒了滴滴涕的盐化沼泽中，笑鸥的常态数量在几周内就减少了百分之八十五，推其原因，可能是在喷药之后，这些鸟再也找不到充足的食物了。这些沼泽提琴手蟹还有其他方面的重要性，它们是相当有益的食腐者，并且通过四处挖洞的方式，给沼泽泥地充气。它们还给渔人提供了大量饵料。

> 提琴手蟹作用大：一是作为食物；二是食腐"清洁工"；三是可松化泥地；四是可提供大量饵料。

提琴手蟹并不是潮汐沼泽和河口中唯一遭受农药威胁的生物，一些对人更为重要的其他生物也陷入危险境地。切萨皮克湾和大西洋海岸其他地区中有名的蓝蟹就是一个例子。这些蟹对杀虫剂高度敏感，因而在潮汐沼泽中，小溪、沟渠和池塘里的药物杀死了大部分蓝蟹。不仅当地的蟹死了，而且从其他海洋来到撒药地区的蟹也都因毒物残留而被害死。有的时候，中毒是间接产生作用的，如在印第安河畔的沼泽地中，那儿的蟹像清道夫一样地处理了死鱼，然而它们自己也很快中毒死去。人们对龙虾受危害的情况尚知之甚少，不过它们与蓝蟹一样，都属于节肢动物，彼此具有本质上相同的生理特征，因而推测可能会遭到同样影响。对具备人类食物这一直接经济重要性的蟹和其他甲壳类来说，情况也许如出一辙。

近岸水体——海湾、海峡、河口、潮汐沼泽——构成了一个至关重要的生态单元。这些水体对许多鱼类、软体动物、甲壳类唯一能稍微引起人类注意的词语"海味"，于我们而言就是少了一道美食，事实真的仅仅如此吗？

来说不仅关系密切，而且不可或缺，倘若这些水体不再适宜生物居住，那么这些海味就将从我们的餐桌上永远消失。

甚至那些在海岸水体中广泛地栖居的鱼类当中，有许多都离不开受到保护的近岸区域来作为养育幼鱼的场所。栲树成行的河流及运河交织成偌大迷宫，佛罗里达州西岸三分之一的低地都被这些河流蜿蜒环绕，幼小的大鲢白鱼大量出没于此。在大西洋海岸，海鳟、叫鱼、石首鱼和鼓鱼在岛和"堤岸"间的海湾砂底浅滩上产卵，这条堤岸像一条保护性链带横列在纽约南岸大部分地区的外围。这些幼鱼在此孵出，并由潮水带入这个海湾。在诸如卡里图克海峡、帕勒利科海峡、波哥海峡和其他许多海峡中，幼鱼找到了大量食物，并迅速长大。若没有这些温暖的、受到保护的、食料丰富的水体，各鱼类种群的生存是不可能的。然而我们正在放任农药或经由河流，或直接向海边沼地喷洒，进而进入海水。而这些鱼在幼年阶段比成年阶段更容易遭受化学物品毒害。

此外，小虾在幼年时期也依存于近海岸的觅食区。丰富而又广泛巡游的虾类支撑起了沿南大西洋和墨西哥湾各州的渔业经济。虽然它们在海中产卵，但幼虾会在几周龄的时候，游入河口和海湾，经历形体连续的蜕壳和变化。从5月至6月到秋天，它们停留在那儿，在水底岩屑碎石上觅食。在它们近岸生活的整个期间，小虾的安全和捕虾业的利益全都仰仗①于河口的适宜条件。

农药的出现是否对捕虾人和市场供应构成了威胁呢？由商务渔业局于最近进行的实验室试验可能会提供答案：试验发现幼年期刚过，初具商业价值的小虾对杀虫剂的抗药性非常低——其抗药性是用十亿分之几来衡量的，而不是通常使用的百万分之几的标准。例如在实验中，当狄氏剂浓度仅为十亿分之十五时，即有一半的小虾被杀死，其他的化学药物甚至更毒。异狄氏剂始终是最致命的农药之一，它对小虾的致死量仅为十亿分之零点五。

作者不厌其烦地将数字精确化，使人看到我们日常不甚在意的点滴农药，对于自然生命来说极可能是致命的。

对牡蛎和蛤来说，农药的危害甚至变本加厉，这些动物的幼体同样是十分脆弱的。这些贝类主要生活在从新英格兰到得克萨斯以及太平洋沿岸避风水域的海湾、海峡和潮汐河流底部。成年的贝壳虽然不再迁移，但它们会把卵散布于海水之中。在海水

---

① 仰仗　依靠，依赖；依仗。

里，不出几周的时间，幼体便能自由生活了。在一个夏天的日子里，一个拖在船后的细眼拖网可以收集到这种极为细小、像玻璃一样脆弱的牡蛎和蛤的幼体，与它们一同打捞起来的还有许多组成浮游生物的漂流植物和动物。这些牡蛎和蛤的幼体并不比灰尘颗粒大多少，这些透明的幼体在水面上游动，吃微小的浮游植物。如果这些细微的海洋植物衰败了，这些幼小的贝壳就要饿死。而农药能有效地杀死大多数浮游生物。通常用于草坪、耕地、路边，甚至用于岸边沼泽的除草剂，其浓度只要达到十亿分之几，就足以成为这些构成软体贝壳幼虫食物的浮游植物的强烈毒剂。

这种娇弱的幼体被各种极微量的常用杀虫剂杀死了。即使它们暴露于不足致死的浓度情况下最终也会引起死亡，因为它们的生长速度不可避免地将受到阻滞[①]，这必将延长幼贝在致毒的浮游生物环境中生活的时间，这样就减少了它们发育成为成鱼的机会。

对于成年软体动物来说，至少对某些农药直接中毒的危险要少得多。但这也不一定能让人安心。牡蛎和蛤可能把毒素蓄积在消化器官及其他组织中。两者为人们取食时，一般都是全部食用，有时还吃生的。商务渔业局的菲利浦·巴特勒博士曾打了一个不祥的比方，说我们也许会发现自己已经处于某种类似知更鸟的境地。他提醒我们，这些知更鸟并不是由于直接受到滴滴涕喷洒的毒害而死去的，它们之所以死亡，是由于它们吃了组织中已经蓄积了农药的蚯蚓。

为了防治昆虫而使用农药的做法产生的那些看得见且作用明显的危害既触目惊心，又发人警醒。它造成一些河流和池塘中，成千上万的鱼类或甲壳类突然死亡。但是，那些由于间接到达河口湾的农药所带来的看不见、尚且不为人所知并且无法测量的危害，最终却有可能展现出更为强大的毁灭性。这全部的情况都绕不开某些问题，然而针对这些问题，至今还没得出圆满的答案。我们知道，从农场和森林中出来的洪流中含有农药，这些农药现

---

① 阻滞　阻塞，淤滞。

正通过许多（也许是所有的）河流被带入海洋。但我们却不知道所有这些农药都是哪些成分，也不知道它们的总量是多少；而且，一旦它们汇入海洋，我们目前还找不到任何可靠的方法，在高度稀释的状况下将它们检测出来。虽然我们知道这些化学物质在迁移的漫长时间里肯定发生了变化，但我们却无法知道，最终的变化产物究竟比原来毒物的毒性更强，还是更弱。另外有一个几乎未被探查过的领域，即化学物质之间的相互作用问题，考虑到当毒物进入海洋之后，有很多的无机物质与之混合和转化，这个问题就变得更为紧迫。所有这些问题亟待得到精准的回答，也只有通过广泛的研究，才能提供这些答案，但是用于达成这一目的的基金恰恰又少得可怜。

作为一种非常重要的资源，内陆和海洋的渔业关系到许许多多人的利益和福祉。然而现如今，因为化学物质进入水体的原因，这些资源已经遭受到了严重威胁，这一情况已经无须质疑了。如果我们能把每年花在试制愈来愈毒的喷洒剂上的钱的零头，转用在上述建议的研究工作上去，我们就能够找到使用较少危险性物质的办法，并从我们的河流中将毒物清除出去。<u>什么时候公众将充分认清这些事实，进而要求采取这一行动呢？</u>

> 作者发出最初和最后的提问——何时认清并采取行动？祈求人们能立即停止滥用化学药品的毒害行为。

阅 读 札 记 ▶ ▶ ▶

精华点评

市场上的三文鱼片，已经成为很多人家餐桌上的一道美味，而看完文章后，我们不禁毛骨悚然并不禁质疑，究竟有多少化学药品产生的毒素，经由水产品加工的食物渗透到我们的身体器官里？

人类使用化学用品杀虫剂之初，一定意料不到最后毒害的竟是人类自己。人身体上最多的是水，水是生命的载体，人类污染河流，导致水源毒化，无疑是自取灭亡。如果我们不停止无知又肆意的破坏行为，最终一定连自己赖以生存的源头也破坏殆尽。不能想象，没有水，人类该怎么生存下去。

作者在文中列举了受害严重的鱼类和虾贝蟹类，难道其他水生物可以幸免吗？作者提到水中的毒物会衍生出新的产物，更大可能是另一种莫测的剧毒，那时的世界会变成怎样呢？

延伸思考

人类肆意毁灭的尽头一定是人类自食恶果，因而善待自然就是爱护自我的最佳方式。人类是从水中走上陆地的，不能忘本。爱惜水资源，从这刻起，从你我做起，可以吗？

知识链接

三文鱼

中文名"鲑鱼"，别称有北鳟鱼、大麻哈鱼、马哈鱼。三文鱼为溯河洄游性鱼类，在河溪中生活1~5年后，再入海生活2~4年。产卵期为8月至翌（yì）年1月。溯河产卵洄游期间，它们跳越小瀑布和小堤坝，经过长途跋涉，千辛万苦才能到达产卵场，而且还不摄食。

（选自"百度百科"）

导　读 ▶ ▶ ▶

　　当人们在农田和森林上空喷洒农药时，你喝的牛奶还能保证安全吗？那些被喷过药的地区，仅仅是那些人们意欲消灭的昆虫和植物"领教"了毒物的危害吗？

10. 一视同仁的天灾

　　起初，在农田和森林上空喷洒农药是小范围的，然而后来范围却不断扩大，喷药量也不断增加。因此，正如最近一位英国生态学家所说的，它已经成为洒向地球表面的"骇人死雨"。对待这些毒物，我们的态度已略有改变。一旦这些毒药装入标有死亡危险标记的容器里，我们间或使用也要倍加小心，懂得它们只能施用于那些要被杀死的对象，而不应碰到其他任何东西。但是，随着越来越多的新型有机杀虫剂出现，又由于第二次世界大战后大量飞机过剩，所有的注意事项都被人们抛诸脑后了。虽然现今毒药的危险性已经超过以往任何一种毒药，但其使用方式却令人瞠目——人们竟然毫无顾忌地将含毒农药从天空中喷洒而下。在那些喷过药的地区，不仅是那些要消灭的昆虫和植物领教了这种毒物的厉害，其他生物——人类和非人类——也受了池鱼之殃。喷药不仅在森林和耕地上进行，就连乡镇和城市也无可幸免。

　　现在，有相当一部分人对从空中向几百万英亩的土地喷洒有毒化学药剂的行为感到不安，而在二十世纪五十年代后期所进行

> 如果能早日注意到这些细节，或许人类还不至于这么被动。

的两次大规模喷药运动更是大大地加重了人们的怀疑。这些喷药运动的目的在于消灭东北各州的吉卜赛蛾和美国南部的火蚁。两种昆虫都不是美国本土的昆虫，但是已经在这个国家存在了许多年，期间尚未造成非要我们采取无情措施对付的灾害。然而，在一个"只要结果好，哪怕不择手段"的思想指导下(这也是长期以来，我们的农业部害虫防治科的指导思想)，对它们采取了断然的行动。

消灭吉卜赛蛾的这一计划反映出，当用草率武断的大规模喷药，代替局部且节制的防治时，将会造成多么巨大的损害。而消灭火蚁计划则是过分夸大了昆虫防治的必要性以后，在既不知道消灭害虫所需采用的毒物剂量，又不清楚此举对其他生物的影响的背景下，盲目采取行动的典型案例。其结果就是，两个计划均未达成预期目的。

> 人类必然要为自己的武断行为付出代价。

吉卜赛蛾原本产自欧洲，在美国生存已将近一百年了。有一位名为利奥波德·特鲁洛特的法国科学家在马萨诸塞州的迈德福德设立了他的实验室。1869年，正当他尝试让这种蛾与蚕蛾杂交时，却意外地让几只蛾从他的实验室里飞走了。经过一点一点地发展，这种蛾逐渐遍及整个新英格兰。使得这种蛾得以扩散的主要原因是风；在幼虫（或毛虫）阶段，这种蛾极其轻，因此能够借助风力，到达很高的高度，并带到很远的地方。另一种途径是带有大量蛾卵的植物的转运，这也是这种蛾越冬存在的方式。每年春天，这种蛾的幼虫都会花上几个星期时间，侵害橡树和其他硬木的树叶。现在，新英格兰各州均有这种蛾出现，在新泽西州也不时发现。这种蛾是1911年因进口荷兰云杉而连带引进的。在密歇根州也同样发现了这种蛾，不过具体是如何进入该州的，尚不得而知。1938年，新英格兰的飓风把这种蛾带到了宾夕法尼亚州①和纽约州，不过由于阿迪朗达克②地区生长着不吸引蛾子的树，因此阻止了蛾子西行。

---

① 宾夕法尼亚州　美国东部的一个州，为立国13州之一。

② 阿迪朗达克　即阿迪朗达克公园，为纽约州立公园，位于美国纽约州北部，是美国最大的荒野之一。

由于多种方法的介入，已经把这种蛾限制在了美国东北部。在这种蛾进入这个大陆后的将近一百年中，一直担心它是否会侵犯南阿巴拉契亚山区大面积的硬木森林，所幸这种担心并未成为现实。有十三种寄生虫和捕食性生物从国外进口，并且成功地在新英格兰地区落户扎根。农业部本身很信任这些舶来品，这些舶来品也很可靠地减少了吉卜赛蛾的爆发频率和危害性。通过这种天然的防治方法，辅之以检疫手段和局部喷药，业已取得了如同农业部在1955年所描述的成果："已显著抑制害虫的分布和危害。"

你从"天然的防治方法"中获得什么启示？

然而，在宣布了上述情况之后仅仅一年，农业部的植物害虫防治处却开始了一项新的计划。在宣称要彻底"扑灭"吉卜赛蛾的口号下，这项计划在一年中对几百万英亩的土地实行了地毯式喷药。（"扑灭"的含义是指，在害虫分布的区域中，完全而彻底地消灭和根除这一种类。然而，随着计划接连遭遇失败，农业部不得不一而再，再而三地向人们宣讲"扑灭"同一地区同一害虫的必要性。）

一开始，农业部志在消灭吉卜赛蛾的全面化学战争规模相当壮大。1956年，对宾夕法尼亚州、新泽西州、密歇根州和纽约州将近一百万英亩的土地喷了药。在喷药区，人们纷纷抱怨药品危害严重。随着大面积喷药的方式趋于常态化，环境保护派们变得更加不安。当计划宣布要在1957年对三百万英亩土地进行喷药时，保护派变得越发群情激昂。州和联邦的农业官员却标志性地耸耸肩，对那些被他们认为是无足轻重的个别抱怨置若罔闻①。

长岛区被划入1957年的灭蛾喷药区中，此地主要包括拥有大量人口的城镇和郊区，还包括一些被盐化沼泽所包围着的海岸区。长岛的纳塞郡是纽约州除纽约城以外，人口密度最大的地区。"害虫在纽约市区中蔓延的威胁"一直是被用作一大重要借口，以此证明喷药计划的正当性，但这一点看起来荒诞透顶。吉卜赛蛾是一种森林昆虫，显然不会在城市里栖居，也不可能生活在草地、耕地、花园和沼泽中。然而，1957年由美国农业部和纽约州农业和商业部所雇用的飞机"把预先调配好的油溶性滴滴涕

---

① 置若罔闻　放在一边不管，好像没有听见一样。形容不重视、不关心。

不偏不倚地喷洒下来。滴滴涕被喷到了蔬菜园、乳牛场、鱼塘和盐沼中。它们还洒到了郊外街区，药水打湿了一个家庭妇女的衣裳。她当时正竭尽全力，想赶在轰隆作响的飞机到达之前，把自家花园覆盖起来。这些杀虫剂也被喷洒到了正在玩耍的孩子和火车站乘客的身上。在锡托基特，因为喝了田野里一条被飞机喷过药的小沟里的水，一匹优秀的短距离竞赛用马十小时之后就死去了。汽车被油类混合物弄得斑驳，花和灌木也枯萎了。鸟、鱼、蟹和有用的益虫都被杀死了。"

> 这是多么令人心痛的画面啊！

在举世闻名的鸟类学家罗伯特·库什曼·墨菲的带领下，一群长岛居民曾上诉法院，试图阻止1957年的喷药。在临时禁令的请求遭法院驳回以后，这些来抗议的居民不得不忍受既定的滴滴涕喷洒。不过之后，他们仍坚持不懈去争取对喷药的长期禁令。然而由于法令已经生效，法院只能认定这一申诉"有待讨论"。案件一直被送到了最高法院，但最高法院拒绝接受申诉。律师威廉·道格拉斯对法院不肯重审这一案件的决定表示强烈反对，他认为："许多专家和负责官员都已经对滴滴涕的危险做出警告，这恰好说明了这一案件对民众的重要性。"

长岛居民所提出的这一诉讼，至少使民众注意到了大规模使用杀虫药的次数逐渐增长的趋势，同时注意到昆虫防治管理处渎职滥权，漠然不顾居民个人财产神圣而不可侵犯的倾向。

由于对吉卜赛蛾采取的农药喷洒，牛奶及农产品不幸遭受污染，这一出乎意料的结果被摆在了许多人的面前。在纽约州，在北韦斯特切斯特郡的沃勒牧场两百英亩土地上发生的事，已经足以说明污染之严重。沃勒夫人曾特别要求农业部官员不要向她家土地喷药；但是既然要向森林喷药，避开牧场又是不可能的。她曾提请当局考察自己的土地是否存在吉卜赛蛾，并且建议使用点状喷洒的方法来阻止蛾虫的蔓延。尽管人们向她保证，药不会喷到牧场上，但她的土地还是被直接喷了两次，除此之外，还有两次受到飘夹药物的影响。取自沃勒牧场的纯种根西乳牛的牛奶样品表明，在喷药四十八小时之后，牛奶中滴滴涕的浓度就达到了百万分之十四。从乳牛吃草的田野上取来的饲料样品也当然被污染了。尽管这个郡的卫生局接到了通知，但是并没有指示牛奶不能上市。这一情况是顾客缺乏保护的一个典型事例，不幸的是，这种情况太普遍了。尽管食品和药物管理局要求牛奶中不能有杀虫剂的残余，但这种限制没有被严格执行，并且仅对州与州之间交换的货物才加以应用。对于联邦政府所规定的农药容许标准，州和郡的官员实际上不受任何强制性约束，除非本地区的法令与联邦规定一致——但这种情况少之又少。

受影响的还有菜园种植者。一些蔬菜的叶子枯焦不堪，并带有斑点，无法上市。其他种类含有大量残毒；例如一个豌豆样品，在康奈尔大学农业实验站分析出滴滴涕含量达到百万分之十四至二十，而法定最高容许值是百万分之七。因此，种植者们要么不得不承受巨大的经济损失，要么在不知情的情况下，售卖违法的残毒超标产品。其中一些人寻求和收集了损失赔偿。

随着在空中喷洒滴滴涕的情况逐渐增多，法院的上诉案件也与日俱增。在这些申诉案件中，有纽约州几个区域的养蜂人所提的申诉。甚至早在1957年喷药之前，养蜂人就已经受到了在果园中使用滴滴涕所带来的严重危险。一位养蜂人痛苦地说："直到1954年，我一直将美国农业部和农业学院提出的所有事情都奉为圭臬[①]。"但是在那年5月，这个人在这个州大范围洒药之后，损失了八百个蜂群。损失是如此广泛和严重，以至于另外十四名养蜂人也加入进来，和他一同起诉该州，他们已经损失了二十五万美元。另一位养蜂人，他的四百个蜂群在一九五七年的喷药过程中，意外地蒙受了连带损失。据他报告，在林区，负责野外工作的蜜蜂（即蜂巢中外出采集花蜜和花粉的工蜂)已经被百分之百杀死，而在喷药较轻的农场地已有百分之五的工蜂死亡。他如此写道："5月份到院子里散步，两耳却听不到蜜蜂的嗡嗡声，真是让人十分沮丧。"

这些防治吉卜赛蛾的计划由于种种不负责任的行动，而打上了难以磨灭的烙印。因为给喷药飞机结算报酬的依据不是喷洒的亩数，而是喷药量，所以飞行员完全没有花心思节约农药，于是许多土地被喷了不止一次，而是很多次的药。至少在一个案例中，签订空中喷药合同的，是一个无州内地址的外州公司，因此，它不需要遵照法律要求，不必向州内官员注册登记以承担法

仅仅因为不合理的结算方式，就导致了更不合理的结果。

---

① 奉为圭臬（guī niè） 比喻把某些言论或事当成自己的准则。

律责任。在这样一种非常微妙的情况下，在苹果园和养蜂业中遭受直接经济损失的居民们会发现他们控告无门。

在1957年灾难性的喷药之后，行动计划突然间大幅度缩减了规模。同时还发表了一个含糊的声明，说要对过去的工作进行"评估"，并试验替代农药。1957年喷药面积是三百五十万英亩，1958年减少到五十万英亩，1959年、1960年、1961年又大致减少到十万英亩。在此期间，防治害虫处一定会觉得来自长岛的消息令人坐立不安——吉卜赛蛾又在那儿大量出现了。昂贵的喷药行动使得农业部不仅丧失公信力，而且大损民望——原本志在根除吉卜赛蛾的行动，到头来却是竹篮打水——一场空。

付出了大量的物力、人力，结果适得其反。与其"消灭"昆虫，不如用其他无害的方法应对虫害。

然而，农业部的植物害虫防治科的官员似乎已经暂时忘记了吉卜赛蛾的事，因为他们又忙于在南方开展一个更加雄心勃勃的计划。"扑灭"一词依旧轻易地从农业部的油印机上影印出来，这一次散发的印刷品是承诺要扑灭火蚁。

火蚁，因其如火焰一般颜色的蜇刺得名。应该是从南美洲，中途经由亚拉巴马州的莫比尔港进入美国的。第一次世界大战结束没过多久就在亚拉巴马州发现了这种昆虫。到了1928年，它就蔓延到了莫比尔港的郊区，从此以后，它继续入侵，现在已经进入到南部的大多数州中。

从火蚁抵达美国开始算起的四十多年中，它们似乎一直很少引起人们的注意。在一些火蚁分布最多的州，仅仅是因为这些火蚁建起了高达一英尺有余的窝巢，才觉得这种昆虫有些讨人厌。这些窝巢可能会妨碍到农机操作。但即便如此，只有两个州把这种昆虫列为最重要的二十种害虫之一，并且还是把它们列在了清单末尾。不论是官方或者私人都不曾感到这种火蚁是对农作物和牲畜的威胁。

随着毒力广泛的化学药物的发展，官方对火蚁的态度骤然发生变化。在1957年，美国农业部发起了一个在其历史上宣传最为铺张的大规模行动。这种火蚁突然变成政府的宣传品、电影和煽动性励志故事的众矢之的，在这些宣传中，这种昆虫被描绘成南方农业的掠夺者和杀害鸟类、牲畜和人的凶手。一场大规模的行动宣布开始了，在这个行动中，联邦政府将与遭受虫害的州展开合作，计划在南方九个州内最终处理两千万英亩的土地。

1958年，正当扑灭火蚁的计划如火如荼地进行之时，一家商业杂志兴致盎然地报道："在由美国农业部所执行的大规模灭虫计划不断增加的情况下，美国的农药制造商们似乎开辟了一条生意兴旺的道路。"

历史上还从未出现过类似此次喷药计划的事件，几乎被每一个人唾骂得体无完肤却又罪有应得，当然，那些在这次"生意兴旺"中发财致富的人不包括在内。在大规模昆虫防治的实验领域，这是一个构想拙劣、执行糟糕、贻害无穷①的突出例证，既耗资不菲，给生命带来毁灭，又使得农业部丧失了公信力。然而不可思议的是，居然仍然有基金投入该项计划。

帮助这项计划最初赢得国会支持的议员，后来都失去了人们的信任。火蚁被包装成为一种对南方农业的严重威胁，说它们毁坏庄稼，摧残野生生物，并且侵害在地面上筑巢的幼鸟。它的刺也被说成会对人类健康产生严重威胁。

这些论点站得住脚吗？那些想争取拨款的农业部作证人所做出的声明与农业部的重要出版物中的相关内容并不一致。1957年，在防治侵犯农作物和牲畜的昆虫这一专项问题的"杀虫剂介绍通报"中，并没有过多提及火蚁——如果农业部还相信自己的宣传的话，那这次真可算作一个令人吃惊的"遗漏"了。甚至在1952年，农业部五十万字的百科全书年报（该年刊全部登载昆虫内容）中，也只有很小一段述及火蚁。

与农业部未正式归档的意见认为火蚁毁坏庄稼并伤害牲畜的做法形成鲜明对比的，是亚拉巴马州农业实验站的仔细研究——该州在对付这种昆虫方面有最切身的体会。亚拉巴马州的科学家认为，火蚁"对庄稼的危害是很少见的"。美国昆虫学会1961年的主任、阿拉巴马理工学院的昆虫学家F. S. 阿兰特博士说，他们部"在过去五年中从未收到过任何有关蚁类危害植物的报告……也从未观察到对牲畜的危害"。这些人一直在野外和实验室中对蚁类进行观察，据他们所说，火蚁主要是吃其他各种昆虫，而这些昆虫的大多数都被认为是对人不利的。观察到了火蚁能够从棉

---

① 贻害无穷　比喻留下无穷的祸患。

花上寻食棉籽象鼻虫的幼虫，并且火蚁的筑巢活动对土壤疏松和通气都有好处。阿拉巴马州的这些研究已经得到密西西比州立大学的考察证实，并且远比农业部的所谓证据更具说服力。农业部的证据，显而易见，要么是根据对农民的调查走访得到的，而这些农民又很容易把一种蚂蚁和另一种蚂蚁相互混淆；要么就是依据陈旧的研究资料。一些昆虫学家相信，由于数量日益增多，这种蚁类的取食习性已经发生改变，所以在几十年前进行的观察，现在已经没有多少价值可言了。

这种关于火蚁对健康与生命构成威胁的论点将要被迫做出重大修正。农业部拍摄了一部宣传电影（为了争取对其灭虫计划的支持），其中有几个恐怖镜头就是围绕着火蚁的刺展开的。这种刺当然会令人产生剧痛，人们也被再三提醒要避免被其刺伤，正如一个人通常要躲开黄蜂或蜜蜂的刺一样。偶然也可能在比较敏感的人的身上出现严重反应，而且医学文献也记载过一个可能是由于火蚁的毒液致死的病例，虽然这一点尚未得到证实。据人口统计办公室报告，仅在1959年，由于受到蜜蜂和黄蜂蜇刺而死去的人数为三十三名，然而似乎却没有一个人提出要"扑灭"这些昆虫。当地的证据再次彰显了其最令人信服的一面。虽然火蚁在亚拉巴马州栖居已达四十年，并且在此地大量集中，但是亚拉巴马州的卫生官员声称"本州从来没有得到报告说有人由于被外来的火蚁叮咬而死亡"，并且认为由火蚁叮咬所引起的病例属于"偶发性的"。在草坪和游戏场上的火蚁蚁巢可能容易伤害到那儿的儿童，不过，如果仅因这个借口而给几百万英亩的土地打上毒药似乎难以取信。类似状况只要靠个人对这些蚁巢进行处理就能轻易得到解决。

对于猎鸟的危害同样也是在缺乏证据的情况下武断而定的。对此问题最有发言权的一个人是亚拉巴马州奥波恩野生动物研究单位的领导人M. F. 贝克博士，他在这个地区具有多年的工作经验。不过贝克博士的观点与农业部的说法完全相反，他宣布："在阿拉巴马南部和佛罗里达西北部，我们可以猎到很多鸟，北美鹑的种群与大量迁入的火蚁并存。阿拉巴马南部存在这种火蚁已有近四十年的历史，然而猎物的数量一直保持稳定，并且有实质性的增长。当然，假如这种迁入的火蚁对野生动物是一种严重威胁的话，这些情况根本不可能出现。"

但是，为了对付火蚁而使用的杀虫剂，由此对野生动物产生的后果就是另一码事了。这次使用的药物是狄氏剂和七氯，它们都是相对比较新的药。但是人们实地应用这两种药的经验聊胜于无，没有一个人清楚在大范围使用时，这些药将对野生鸟类、鱼类或哺乳动物产生什么影响。不过，已知这两种毒物的毒性都超过滴滴涕许多倍。滴滴涕已经使用了大约十年的时间，即使以每英亩一磅的比例使用，也会杀死一些鸟类和许多鱼；而狄氏剂和七氯的剂量用得更多——在大多数情况下，每英亩用到了二磅，如果也要防治白边甲虫的话，每英亩需要用到三磅狄氏剂。如果换算成它们对鸟类的效力，每英亩所规定使用的七氯相当于二十磅滴滴涕，而狄氏剂则相当于一百二十磅的滴滴涕。

紧急抗议由该州的大多数自然保护部门、国家自然保护局、生态学家，甚至一些昆虫学家提出来了，并向时任农业部部长的叶兹拉·本森呼吁，要求推迟这个计划，至少等到做完一些研究之后，以确定七氯和狄氏剂对野生及家养动物的影响作用和确立防治火蚁所需的最低剂量。抗议遭到无视，而洒药计划也于1958年开始执行。在第一年中，处理了一百万英亩的土地。有一点是不言自明的，那就是在这种情况下，任何研究工作都只能起到亡羊补牢的作用了。

就在这个计划继续进行之际，各类事实开始在州、联邦的野生生物部门和一些大学的生物学家的研究工作中逐渐积累起来。这些研究工作表明，某些地区在喷药之后，造成的损失一发而不可收拾，大有使野生动物彻底毁灭的势头。家禽、牲畜和宠物都被杀死了。农业部则以"夸大"和"误导"为借口，对一切证据统统置之不理。

然而，事实还在继续积累。在得克萨斯州哈丁郡有一个例子，袋鼠、犰狳①类以及种群繁多的浣熊在施用农药之后，实际上已经消失了，甚至在用药后的第二年秋天，这些动物仍然屈指可数。在这个地区发现的寥寥几只浣熊的组织中，都带有这种农药

---

① 犰狳（qiú yú） 又称"铠鼠"，是生活在中美和南美热带森林、草原、半荒漠及温暖的平地和森林的一种濒危物种。

的残毒。

在用药的地区发现的死鸟已经吸入或吞食了用于消灭火蚁的毒药，通过对它们的组织进行化学分析，上述事实已经得到了清楚的证实。（唯一残留下来一定数量的鸟类是家雀，其他地区也有证据说明这种鸟可能具备相对的抗药性。）在亚拉巴马州1959年喷过药的一片开阔地上，有一半的鸟类被杀死了。那些生活在地面上或多年生低植被中的鸟类百分之百死亡，甚至在喷药一年以后，居然出现了一个没有任何鸣禽的春天，成片适宜鸟类筑巢的地区也变得阒静无声①，再也没有鸟儿光顾。在得克萨斯州，发现了死在窝边的燕八哥、美洲雀和草地鹨②，许多鸟窝已经荒弃。当死鸟的样本由得克萨斯州、路易斯安那州、亚拉巴马州、佐治亚州和佛罗里达州被送到鱼类及野生动物管理局进行分析的时候，百分之九十的样本都发现含有狄氏剂和一种七氯的残毒，最高含量达到了百万分之三十八。

旨在消灭火蚁的喷洒药物的行为看似简单，但其带来的一系列连锁反应则是难以预知的，可谓牵一发而动全身。以机械的方式理解自然界的生物关系，后果是灾难性的。

如今，野鹬③（这种鸟在路易斯安那州过冬却在美国北部繁衍）体内也带有用来对付火蚁的毒物。污染的来源是很清楚的，野鹬大量食用蚯蚓，它们会用细长的嘴在土中寻找蚯蚓。在路易斯安那州施药以后的六至十个月时段以内残留下来的蚯蚓，其组织内含有百万分之二十的七氯，一年之后仍高达百万分之十以上。现在，野鹬的亚致死的后果已经表现在幼鸟和成年鸟比例的明显变化中了，这一变化在开始处理火蚁后的那一季节中就首次被观察到了。

让许多南方的狩猎者最感到不安的，则是有关北美鹑④的消息了。这种在地面上筑巢、觅食的鸟儿在喷药区已经几乎消灭殆尽。例如，亚拉巴马州野生动物联合研究中心开展了一项初步调查，调查对象是一片三千六百英亩的喷药区中的北美鹑数量。

---

① 阒（qù）静无声　形容没有声音。

② 草地鹨（liù）　小型鸣禽，体细长，地栖，除极地和一些岛屿外，分布于世界各地。

③ 鹬（yù）　为水滨鸟类，它们的嘴有长有短，形态各异。除繁殖期外，常成群或混群活动于湖泊、沼泽、沙洲和沙滩等地，具有较强的迁移飞行能力。

④ 鹑（chún）　今泛指鹌鹑，是一种生性胆怯的鸟类，不喜结群互动，而喜欢成对活动于开阔且有植被覆盖的平原、牧场、农田等环境。

十三个居群——一百二十一只鹑——分布于这个区域。在喷药后的两个星期，只能找见死去的鹑。所有送至鱼类及野生动物管理局的样品都发现致死量的杀虫剂残余。亚拉巴马州发生的情况在得克萨斯州再次重演，后者给两千五百英亩的土地洒了七氯，结果损失了所有的鹑。百分之九十的鸣禽也随北美鹑死去了，化学分析又一次在死鸟的组织中化验出了七氯残余。

除鹑外，野火鸡也因为扑灭火蚁的计划而急剧减少了。在亚拉巴马州维尔克斯郡的一个地方，使用七氯之前虽然有八十只火鸡，但在施药后的那个夏天却一只也没有发现——除了一堆未孵出的蛋和一只死去的幼禽。野火鸡也许遭遇了它们家养的同类一样的命运，在用化学药品处理过的区域中的农场火鸡也很少生出小鸡，很少有蛋孵出，几乎没有幼鸟存活。这一情况没有在邻近未经处理过的区域中发生。

绝不是仅仅只有火鸡才遭此厄运。作为美国最知名、最受尊敬的野生动物学家之一，克拉伦斯·科塔姆博士召集了一些土地被喷药处理过的农民。除了说到"所有树林小鸟"似乎都在土地喷药之后消失不见了以外，大部分农民都报告说还损失了牲口、家禽和宠物。科塔姆博士在报告中说，有一个人"对喷药人员十分生气，他说自己的乳牛已被毒药杀死，只得埋葬或用其他方法处理掉这十九头死牛，此外，他还知道有三四头乳牛同样死于这次药物处理。小牛犊要么胎死腹中，要么出生不久也夭折了"。

对于土地被药物处理后的几个月内究竟发生了什么事，科塔姆博士访问过的这些人都感到困惑不解。一个妇女告诉博士，在周围的土地洒了药之后，她放养了一些母鸡，但是"出于一些她不知道的原因，几乎没有小鸡孵出和存活下来"。另外一个农民"是养猪的，在喷洒了毒药以后的整整九个月中，他没有小猪可喂。小猪崽或者生下就是死的，或者生下后很快就死了"。类似的报告还可以从另一个农民口中得知，他说三十胎接生下来，小猪崽数量本应达到二百五十头之多，但其中只有三十一头活了下来。自从土地遭毒化以后，这个人也不能再养鸡了。

农业部始终否认牲畜损失与扑灭火蚁的计划有关。然而在佐治亚州的布里奇，有一位名为O. L. 波特维特的兽医，他曾被召去处理许多受影响动物，并且整理了许多理由，支撑他认为引起死亡的罪魁祸首是杀虫剂。在消灭火蚁的药物施用后的两个星期到几个月之内，耕牛、山羊、马、鸡、鸟儿和其他野生动物开始出现通常可以致命的神经系统疾病的症状。但这只影响到了那些已经与被污染的食物或水接触过的动物，圈养的动物没有受到影响。这种情况只在处理火蚁的地区才有。对这些疾病的实验室检测结果也与农业部的说法相左。如果援引权威著作，那么波特维特博士与其他兽医所观察的症状与狄氏剂或七氯中毒无异。

波特维特医生又描述了一头两个月的小牛犊出现七氯中毒症状的有趣病例。对它进行彻底的实验室研究后，唯一重大的发现是在它的脂肪里找到了百万分之七十九的七氯。但是这件事发生在施用七氯的五个月以后。因此，这个小牛犊究竟是直接从草中摄入七氯呢，还是间接从它的母亲的奶中得到的？或者，甚至早在它出生之前就已经有了七氯？波特维特问道："如果七氯来自牛奶，那为什么还不采取特别的防范措施来保护那些饮用本地牛奶的儿童呢？"

波特维特博士的报告提出了一个关于牛奶污染的重大问题。既然实施火蚁消灭计划的区域以田野和庄稼地为主，那么对在这些土地上的乳牛会产生什么影响呢？在洒药的田野上，青草不可避免地带有某种形式的七氯残毒，如果这些残毒被乳牛吃了进去，牛奶中就会出现这些成分。在1955年进行的七氯实验就已经验证了毒物可以直接进入牛奶，这个实验远发生在实行火蚁防治项目之前。后来又对同样用于防治项目的狄氏剂做了同样的实验，报道了同样的情况。

现在，农业部的年刊中称七氯和狄氏剂会使草料变得不再适宜喂养产奶和产肉动物。然而农业部门的害虫防治处却依然发起项目，意图大力将七氯和狄氏剂推广到南方的大部分牧草区域。谁能向消费者保障牛奶中不会找到狄氏剂和七氯的残毒呢？美国农业部肯定会毫不犹豫地回答说，他已经劝告农民将乳牛赶出喷药区三十至九十天了。但是考虑到许多农场占地之小，而防治项目的规模之大——许多化学药物都是用飞机来喷洒的——所以很值得怀疑农业部的劝告是否为人所遵守，抑或是有无能力遵守。而从残留物的持久性来看，这个规定的期限也是不够的。

虽然食品与药物管理局对牛奶中出现农药残毒的情况直皱眉

杀虫剂的危害早已波及人类。

头，但是囿于^①职权，也没有多少办法。火蚁项目范围内的大多数州里的乳制品工厂规模很小，产品的销路也是至州际界线即止。如此一来，要想保护由于联邦项目而出现危机的牛奶供应，各州只能自己想办法解决了。1959年寄给亚拉巴马州、路易斯安那州和得克萨斯州卫生官员及其他有关当局的问询表明，没有进行过任何实验研究，甚至完全不知道牛奶是否已经被杀虫剂污染。

同时，在防治火蚁计划开始之后而非之前，已经对七氯的特殊性质做了一些研究。也许，更准确的说法应该是，有人查阅了已经出版过的研究成果，联邦政府之所以后知后觉地采取行动，实际上源于一个简单的事实：七氯在动植物的组织中或土壤中短期存在一段时间之后，会变成毒性更强的环氧七氯。环氧化物通常称为风化作用产生的"氧化产物"。从1952年开始，就已经知道这种转化作用了，当时食品和药物管理局发现母鼠在摄入了百万分之三十的七氯之后仅仅两周，其体内就蓄积百万分之一百六十五的毒性更强的环氧化物。

上述农药转化的事实一直语焉不详^②地存在于生物学文献中，直到1959年，食品与药物管理局采取行动，禁止食品中含有七氯及其环氧化物的任何残留，才得以打破这一尴尬境地。这一规定至少暂时给火蚁防治项目泼了冷水；尽管农业部仍为了取得每年的火蚁项目拨款不遗余力，但地方农业部门人员却越来越不愿意劝说农民去使用那些可能导致作物无法合法售卖的化学农药了。

简而言之，农业部在启动项目时，居然对即将投入使用的化学物质的已知信息丝毫不做基本调研——或者就算做了调研，也选择无视其中的发现。它一定也没有进行初步调研，考察能够达成目的的最小化学物质使用量是多少。在大剂量地使用药物长达三年之后，突然在1959年将七氯使用量从每英亩两磅减少到一点二五磅；之后又减为每英亩零点五磅，等分成两次喷洒，中间间隔三至六个月。农业部的一位官员解释，"一个积极的方法改进项目"表明更低的剂量会更有成效。假若这些信息能够在项目启动之前掌握的话，大量危害就能避免，纳税人也能节省一大笔

---

① 囿（yòu）于　被局限在，受（某种情况）拘束，受束缚。

② 语焉不详　是指虽然提到了，但说得不详细。

资金。

1959年，也许是为了抵消对项目越来越多的不满，农业部提出向得克萨斯州的土地所有者免费提供农药，只要他们签署一份声明，表示联邦、州及地方政府对所造成的危害概不负责。同年，亚拉巴马州对这些农药所造成的损失感到警醒和愤怒，因此拒绝再为该项目提供任何资金。有位官员把整个项目概括为"欠缺考虑，匆忙上马，计划不周，堪称肆意践踏其他公共机构和私人机构之职责的鲜明例子"。尽管州里缺乏资金，但联邦政府的钱却源源不断地流入亚拉巴马州，并且在1961年，当地立法部门再度被说服，拨出了一小笔经费。与此同时，路易斯安那州的农民越来越不愿意签署该项目协议，因为很明显，对付火蚁的农药已经造成危害甘蔗的昆虫肆意繁殖。除此之外，这个计划显然一事无成。这种可悲状况已由路易斯安那州大学昆虫系主任L. D. 纽瑟姆教授在1962年春做了精练的总结："由联邦机构和州立机构共同发起的所谓外来火蚁'扑灭'计划目前已经宣告彻底失败了。现在路易斯安那州遭受虫害的地方甚至比项目开始时要多得多了。"

目前看来，人们越来越倾向更加理智、保守的方法了。据称，佛罗里达州"现在的火蚁比项目开始时还多"，因此宣布将摒弃任何大范围清理项目的想法，转而集中力量实行局部防治。

行之有效、投入较小的局部防治办法多年来已为人们所熟知。火蚁具有堆砌蚁巢的习性，而对个别蚁巢进行化学处理又是一桩易事。这种处理的花费约为每英亩一美元。在那些蚁巢众多的地方，则宜采取机械化的方法，密西西比农业试验站已经发明了一种耕耘机，能够首先铲平蚁巢，然后直接向里面施放农药，这种办法可以达到百分之九十到百分之九十五的火蚁防治率，平均下来，每英亩的花费仅为零点二三美元。相较之下，农业部的大规模防治项目每英亩要花三点五美元——在所有方法中，费用最高，危害最大，成效却最小。

看来，官员中也有人看出此举的荒唐可笑。公众意识的转变，将使越来越多的人认识到此种自大之举的危害。

精华点评

"覆巢之下，焉有完卵？"具有灭绝性的农药一旦洒下，受到危害的又岂止是所谓的"害虫"？吉卜赛蛾和火蚁只是在某些不那么重要的方面影响了人类的农作过程，却要遭受一而再，再而三的"扑灭"。农药虽然消灭了害虫，但与它们密切相连的蔬菜如豌豆，家养动物如蜜蜂、奶牛，野生动物如袋鼠、犰狳、浣熊、野鹑、野火鸡等都遭受了灭顶之灾。而这些，都源于人类的无知和对利益的追求。

人类和大自然是一个整体，两者的发展是密切相关的，大自然就好比一串珍珠项链，人类、动物、植物等就好比项链上的一粒粒珍珠。所以，当人类做出决定时，不要站在大自然的对立面，而应从大自然一员的角度，制定出适应人类、适应整个大自然发展的准则。

延伸思考

不仅是大自然的生物，世间的万物都有密切联系的，这是一个亘古不变的哲学道理。你能从生活中找出几则实例吗？

知识链接

除草剂用量增长

据美国农业部经济研究服务部的分析，在1960年至1981年，美国农药用量增长了两倍多。分析的21种作物上的农药用量从1960年的1.97亿磅（89,360吨）快速增加到1981年的6.32亿磅（286,676吨），这主要由于除草剂的防治面积增加所致。而且，在此期间玉米、小麦和大豆的种植面积增加，从而进一步扩大了除草剂的使用。

（节选自《农药快讯》2017年第9期，有删改）

导　读　▶ ▶ ▶

当你在花坛的草丛里，看见成群的蚂蚁，密密麻麻，令人极不舒服时，你会采取什么样的措施？拿一瓶杀虫剂毫不犹豫地喷上去？看完这篇文章后，你还会坚持用原来的方法吗？

11. 超越波吉亚家族的梦想

我们的世界受到的污染不仅仅是大规模喷药的问题。的确，对大多数人来说，相比于我们日复一日、年复一年暴露于其中的无数小规模污染，它的确是小巫见大巫了。如同水滴石穿一样，人类自生到死与危险化学物质的持续接触，最终可能被证明是灾难性的。反复不断的暴露，不管每一次多么轻微，都会促进化学物质在我们体内蓄积，并且导致累积性中毒。也许没有人能够免疫这种扩散型污染，除非他生活在幻想中完全与世隔绝的情况里。由于受到花言巧语和隐讳劝说的哄骗，普通公民很少意识到，这些剧毒的物质正逐渐形成包围之势——他甚至完全意识不到自己正在使用这些物质。

> 水滴石穿，化学物质在体内积少成多，危害也日益扩大。

这是一个彻头彻尾的毒药年代，任何人都有可能走近商店，在没有受到任何问讯的情况下，随随便便就能买到比某些医药更加危险的化学物质，这里的医药是指需要消费者在隔壁药店的"有毒药物登记本"上签名的医药品。只需花上几分钟，对任何超级市场展开一番调查，其结果都足以吓倒最大胆的顾客——前提是他对自己所选的化学药物具有最起码的知识。

如果在杀虫剂售卖区域挂起一张画有头骨和交叉腿骨的死亡图案，那么顾客在进入商店时，至少会心怀对致死物质最起码的敬畏之意。然而，在商店里，杀虫剂展示柜一排接一排摆在一起，琳琅满目，像其他商品一样既舒适又顺眼，对面就是泡菜和橄榄，旁边则紧挨着沐浴和洗护用的肥皂。儿童好奇的手很容易碰触到装在玻璃容器中的化学药物。如果有儿童或者粗心的大人不小心把这些玻璃容器打翻在地，那么周围的任何人都可能溅上这种足以使人抽搐的物质。当然，这种危险性还会跟随购买者回家。例如，一罐防治蛀虫的药物，罐身上印着一段非常细的小字警告，说明它是高压填装的，一旦受热或遇见明火，就有可能引发爆裂。氯丹是一种普通的家用杀虫剂，甚至能够满足厨房的多种需要。然而食品和药品管理局的首席药理学家已经宣称，住在喷洒过氯丹的房子里危险系数"非常大"。其他一些家用杀虫剂甚至含有毒性更强的狄氏剂。

在厨房中使用这种毒剂既方便又吸引人。厨房隔板用纸，无论是白色或者搭配了个人配色方案的颜色，都可能浸过杀虫剂，而且不仅是浸一面，而是两面皆浸。制造商向我们提供了一个自己动手消灭臭虫的小册子。只需轻轻按压按钮，就能够把狄氏剂喷雾送至难以接近的死角里以及橱柜、角柜和脚板的缝隙里。

如果我们被蚊子、恙螨或其他对人体有害的昆虫搅得心烦，我们可以选择种类繁多的洗剂、面霜和喷雾剂，涂用在衣服或皮肤上。尽管有警告说其中某些物质会溶解清漆、颜料以及混合纤维，但是我们却想当然地以为，这些物质不会渗入人体皮肤。为了保证我们能够随时随地驱逐各类昆虫，纽约一家专卖店推出了一款口袋大小的杀虫剂分装瓶，既可以放在钱包里，也可用于海滩上、高尔夫球场中和渔具上。

我们可以用药蜡擦亮地板，确保杀死任何在地板上穿行而过的昆虫。我们可以在壁橱、挂衣袋挂一条浸过林丹的布条，或者把这些布条放在写字台的抽屉里，这样就能享受半年不受蛀虫侵扰的自由时间。推销这些药品的广告中并没有提及林丹的危险性。有一种电子设备能够喷出含有林丹的雾气——广告只告诉我们它性能安全，没有异味。然而实情却是，美国医药协会认定林丹雾化器非常危险，并在其期刊中广为声讨。

在一期《家庭与花园通讯》中，农业部建议人们使用油溶性的滴滴涕、狄氏剂、氯丹或其他几种飞蛾杀虫剂来喷洒衣服。因过量喷洒杀虫剂而堆积形成的白点，农业部说可以通过刷洗去除，但忘记提醒人们要注意刷洗的位置和方式。所有这些事实导致了一个结果，那就是当我们结束了忙碌的一天，最后却睡在一条浸过狄氏剂的防虫毯下面。

如今，园艺已经和超级毒药紧密联系在了一起。每家五金店、园艺用具店和超级市场都提供了成排的杀虫剂，用以应对园艺工作中任何可能遇到的情形。没有广泛使用这些致命喷雾和粉尘的人被暗示为懈怠懒惰，因为几乎每份报纸的园艺版块和大部分园艺杂志都将使用这些药物视作理所当然。

甚至能够快速致死的对硫磷杀虫剂也被广泛应用于草地和观赏植物。为此，佛罗里达州卫生部在1960年认为有必要禁止任何未事先获得许可并达到特定要求的个人在居民区将杀虫剂用于商业用途。在这一规定实施之前，对硫磷已造成多起死亡。

然而几乎没有人警告园艺工人或户主，告知他们正在和极其危险的物质打交道。与之相反，不断有新出品的小物件使得毒物更加轻易地在草坪和花园中大行其道。例如，人们可以在浇水的软管上弄一个瓶型配件，这样就能在给草坪浇水时，像氯丹和狄氏剂这样极其危险的化学物质就能随水一同流出。这种装置不仅对软管使用者自身产生危害，同时还会威胁到公众。《纽约时报》认为有必要在其"园艺"版块发布一则警告，告诉人们除非加装保护装置，否则毒物有可能通过虹吸作用进入供水系统。考虑到这种装置正被大量使用，而且鲜有人发声警告，我们还会为公共水体受到污染而感到奇怪吗？

要想知道园艺匠身上究竟会发生什么事，我们可以看看一名内科医生的例子。这名医生本人也是狂热的业余园艺爱好者。他每周按时在灌木丛和草坪上使用农药，起初用滴滴涕，后来用马拉硫磷。有时他用手持喷雾器喷药，有时在水管上装一个配件。他这么做的时候，皮肤和衣服经常被药水浸湿。持续了约一年之后，他突然昏倒，还住了院。通过对脂肪的活体组织切片检查，发现已经累积了百万分之二十三的滴滴涕。还出现了大范围神经损伤，医生则认为这种损伤是永久性的。随着时间的推移，他日渐消瘦，极度疲劳，还出现了肌无力症状，这些都是典型的马拉硫磷中毒特征。这些持久的影响非常之严重，这个园艺爱好者以后也许再也无法从事自己的爱好了。

医生的以身试险精神固然可敬，但我们应该深刻认识到农药的极大危害。

除了曾经无害的花园水管之外，机动割草机也为了适应施放杀虫剂的需要，加装了某种附件。这种附件可以在人们除草的过程中，施放蒸汽般的白色烟雾。不论郊区居民有意无意，无论他们选择了哪种杀虫剂，它们高度分散的微粒都会和潜藏着危险的汽油废气混合在一起，加剧了周围空气的污染等级，很少有几个城市能够达到这样的污染程度。

然而很少有人提到在花园里使用杀虫剂这一流行趋势的危害。印在商标上的警告占地很小，字也不显眼，几乎没有人会费心去读它，遵守它。一家工业公司最近开展了一项调查，想要弄清楚究竟有多少人认真对待这种警告。据调查表明，每一百名使用杀虫剂的人中，甚至只有不到十五人注意到包装上有这种警告。

从列出的数据当中，你感受到了什么？你觉得可以采取怎样的行动？

郊区居民现在的观念是，不惜一切代价，一定要清理掉马唐草。为了铲除草坪上这种受人鄙视的植物，人们专门研发了农药，而拥有多少袋这种农药，几乎成了社会身份的象征。从这些除草剂的商标名称来看，根本想不到它的特性或性质。要想知道里头含有氯丹或者狄氏剂，人们往往要在农药袋子最不显眼的地方阅读字迹十分细小的信息。而在五金店和园艺用品商店里随处可见的描述性文字中，对于操作和使用这种物质会造成的真正危害则不过寥寥几句（如果有的话）。恰恰相反，包装上典型的插图描绘的是合家欢乐的场景，父子面带微笑，准备向草坪上喷洒这种物质，小孩子和狗则在草坪上打滚。

商业广告隐瞒了药物的危险性，对市民造成了误导，而清楚事实情况之后，这一画面又显得多么讽刺。

我们食物中的化学物质残留问题已成为民众讨论的热点。工业领域要么不痛不痒地称残留问题无关紧要，要么断然否认它们的存在。与此同时，现在还存在一种强烈的倾向，要将所有坚持要求食物中不能有任何杀虫剂残留的人扣上"狂热主义"或"盲从主义"的帽子。拨开矛盾的重重迷雾，真相到底是什么呢？

医学上已经证实，同常识告诉我们的一样，在滴滴涕时代

（大约1942年）降临之前，人们的体内没有找到任何滴滴涕或者其他类似物质的痕迹。如第三章所述，1954年到1956年，从普通人群中采集到的人体脂肪样本中平均含有百万分之五点三到百万分之七点四的滴滴涕。有证据表明，自此之后，平均含量水平持续走高。当然，由于职业或其他特殊原因而暴露在杀虫剂中的个人，其体内的积蓄量就更高了。

而对于那些没有明确暴露在杀虫剂环境中的普通人群，可以推断他们脂肪沉积物中的滴滴涕大部分源于食物。为了验证这一假设，美国公共卫生署对餐馆及食堂的餐食进行了抽样。每一餐都发现含有滴滴涕。因此，调查者们有充分理由得出结论："几乎不存在可使人们信赖的、完全不含滴滴涕的食物。"

而这种餐食里所包含的滴滴涕，其含量也许是超乎想象的。美国公共卫生署曾对监狱膳食进行过另一项研究，结果在炖干果这类食品中，分析出百万分之六十九点六的滴滴涕，面包则高达百万分之一百点九！

普通家庭的日常食物中，肉类和任何动物脂肪类的食品，其氧化烃类的残留含量最高。这是因为此类化学物质可以溶解于脂肪之中。水果和蔬菜中的残留成分相对要少一些。这些物质几乎不会被冲洗掉——唯一的补救措施是剥除莴苣、白菜这类蔬菜的外层叶子，削掉水果皮，不要使用任何果皮或者外壳当作食材。烹调也不能消灭残留物。

牛奶是为数不多的几种被食品和药物管理局规定不得含有任何农药残留的食物之一。然而事实却是，无论什么时候进行抽样核查，都会检出残留物。它们在黄油和其他乳制品加工品中含量最高。1960年对此类产品的四百六十一份样品进行了化验，结果发现其中三分之一都含有残留物。食品和药物管理局称此情况"远远不足以鼓舞人心"。

要想找到不含滴滴涕和有关化学药物的食物，似乎只能到遥远而原始的土地上去，那儿依然没有现代文明的舒适生活。这样的土地可能依旧存在，至少在偏远的阿拉斯加北极海岸还有少量存余——可即便到了那里，也许还能看见化学剂悄然逼近的阴影。科学家对该地区因纽特人的本地食物进行了调查，发现其中不含杀虫剂。新鲜的鱼干，从海狸、白鲸、北美驯鹿、麋、髯海

现代文明带给人类便利的同时，也给人类带来了种种健康隐患。

豹、北极熊和海象身上取得的脂肪、油脂或肉，蔓越莓、大树莓和野生大黄迄今为止尚未污染。只有一个例外——来自波因特霍普的两只白猫头鹰身上携带有少量的滴滴涕，可能是在迁徙的过程中摄取的。

对一些因纽特人的脂肪样品进行抽样分析时，发现了少量的滴滴涕残留(零到百万分之一点九)，原因很清楚。因为脂肪样品来自那些离开原住地，前来位于安克雷奇的美国公共卫生服务医院就诊的人。这儿流行着文明的生活方式。医院食物也像人口最为稠密的城市一样含有大量的滴滴涕。因纽特人不过是在文明世界里做了蜻蜓点水般的短暂逗留，却也留下了毒药的痕迹。

几乎全国各地都用这种农药对农作物进行喷雾或粉尘处理，由此产生的必然结果就是，我们吃的每一顿饭都带有氯化烃。如果农民们小心翼翼地遵守标签上的使用说明，那么使用农药所产生的残留就不会超过食品和药物管理局的规定标准。暂且不论这些规定的残留标准是否像所说的那样"安全"，一个众所周知的事实是，农民们经常超过规定用量，在临近收获期的时候依旧使用农药，在使用一种就能管用的情况下使用多种杀虫剂，或者在其他方面犯了没有去看小字说明的常识性错误。

甚至连化工产业也承认经常存在杀虫剂误用的情况，有必要对农民们进行教育。该行业的一本领军杂志最近声称："很多使用者似乎不明白，如果他们超出建议的使用剂量，那么就会超出杀虫剂的许可标准。农民可能一时心血来潮，给许多农作物随意使用杀虫剂。"

食品和药物管理局的卷宗中记载了大量违规逾矩的案例。从一些案例中足以说明人们对于使用说明的漠视态度：一位种植莴苣的农民在临近收获时，不是施用一种，而是同时施用了八种不同的杀虫剂。一位货主在芹菜上使用了剧毒的对硫磷，剂量相当于推荐最大用量的五倍。尽管在莴苣上不允许带有任何残留，但莴苣种植者们仍使用异狄氏剂——所有氯化烃中毒性最强的物质。菠菜也在临近收获的一周之前被喷洒了滴滴涕。

也有偶然和意外污染的情况。大量装在粗麻布袋中的生咖啡也遭遇污染，因为同一艘运输船上装有杀虫剂一类的货物。存放在仓库里的包装食品不断受到滴滴涕、林丹和其他杀虫剂的喷洒

急功近利的做法，最后伤害的是人类自己。

处理，这些杀虫剂可能透过包装，大量积蓄在里头的食物中。这些食物在仓库中的存储时间越长，受污染的危险就越大。

　　"难道政府就不会保护我们免受这些危害吗？"针对这一问题，回答是："力有不逮①。"在保护消费者免遭杀虫剂危害的活动中，食品和药物管理局因为两方面因素而大为掣肘②。第一个原因：该管理局只有权过问州与州之间进行贸易运输的食品；在州内生长售卖的食物则完全不在其管辖范围之内，不管其中是否存在违规现象。第二点原因极大限制了管理局的功能：在该管理局的员工中，只有少量检查人员——各项工作加起来不到六百人。据一位食品和药物管理局的官员的说法，进行州际贸易的农产品只有极少一部分——不到总数的百分之一——能够通过现有的设备进行检测，尚不足以具备统计学意义。而至于州内生产和售卖的食物，情况甚至更糟，因为大多数州在此领域根本不具备完善的法律规定。

　　食品和药物管理局规定的污染最大容许限度(称为"容许值")有明显的缺陷。在如今使用农药盛行成风的背景下，这一规定不过是一纸空文，反而造成一种完全不真实的印象，仿佛安全限制已经确立，人们似乎也奉令唯谨了一样。至于容许少量毒物出现在我们食品中的规定的安全性——这儿一点儿，那儿一点儿——受到了许多人的质疑，他们的理由颇具说服力，认为食品中任何毒物都不安全，也不应该出现。在确定容许值标准时，食品和药物管理局回顾了在实验室动物身上做的试验结果，并据此确定了一个污染的最大容许值，这个值远不足以引起实验中的动物出现中毒症状。这一套体系本来被寄予厚望能够保障食品安全，但实际上却忽视了诸多重要事实。实验室的动物处于高度控制的人工环境之中，摄入一定量的某种化学物质以后，它们的反应与人类具有很大区别，因为人类暴露在各种杀虫剂之中，其中大部分物质都不为人知，既无法检测，也无法控制。即使午餐沙拉的莴苣中，含有百万分之七的滴滴涕，就算这是"安全的"，但是在这餐饭中还包含有其他食物，每一种食物都带有各自允许范围之内

---

① 力有不逮　指能力达不到，能力触及不到。

② 掣肘（chè zhǒu）　原意指拉着胳膊，比喻有人从旁牵制，工作受干扰。

的残留物。由此我们可以发现，食物中的杀虫剂残留不过是所有暴露量的一部分，并且很可能是很小的一部分。多渠道的化学物质叠加就构成了一个完全不可估量的总暴露量。因此，单独讨论任何一种化学残留的"安全值"毫无意义。

此外还有一些问题。有时容许值的确立，要么违背了食品和药物管理局的科学家所做出的正确判断，要么就是基于对某种化学物质不充足的知识。在获取了更多的信息以后，也许又会降低或撤销这一容许值，但是公众已经暴露在危险的高剂量化学物质中几个月甚至几年的时间了。曾经给七氯定了一个容许值，后来又不得不撤销了。对于某些化学物质而言，在注册使用之前，并没有对它们进行实质上的野外分析。这一难题严重阻碍了对"蔓越莓农药"——氨基三唑[①]的分析工作。而对于经常用来处理种子的某些常用的真菌剂也同样缺乏分析方法，如果这些种子在播种季还没有种在地里的话，很有可能成为人们的盘中餐。

由此，确立容许值不过是允许有毒的化学物质污染公共的食品供给，使农民和加工者能够从低成本中捞得利益——遭受盘剥的却是消费者，因为他要缴纳税费，以维持监管机构的正常运营，保护他不会摄入致死剂量的毒素。然而，鉴于目前农药的用量和毒性都到了不可收拾的地步，要落实监管工作就要耗费不菲的资金，所以任何立法者都没有勇气去申请足够的拨款。结果就是，消费者自认倒霉，虽然交了税，却仍在摄入毒素。

解决之道又是什么呢？首先，最有必要的是取缔氯化烃、有机磷类和其他高毒性化学物质的容许值。立马就会有人跳出来反对这一建议，称其将会给农民强加上一个不可忍受的负担。但是如果根据目前假设的目标来看，既然有可能将农药的使用控制在仅仅留下百万分之七（滴滴涕的容许值）的残留，或百万分之一（对硫磷的容许值），甚至百万分之零点一（大量品种的水果和蔬菜均采用此狄氏剂容许值），那么为什么不能更加小心，杜绝残留物的出现呢？事实上，某些农作物对于七氯、异狄氏剂和狄氏剂的使用已经是这么要求的了。如果在这些情形下可行，那为什么不能推而广之、广而全之呢？

---

① 氨（ān）基三唑（zuò）　一种化学品，用作除草剂，特别适于用作棉花脱叶剂。

但这还不是最完全或最彻底的解决办法。写在纸上的零容许值是没有任何价值可言的。当前，据我们所知，超过百分之九十九的州际食品流通都在没有经过检查的情况下流入市场了。因此还迫切需要一个保持警惕、锐意进取的食品和药物管理局，壮大检查人员的队伍。

然而，这样一种制度——先有意毒化我们的食物，再对结果施加监管——让人不能不想起刘易斯·卡罗尔笔下的"白骑士"，这个骑士突发奇想，"要把络腮胡子染成绿色，然后手里时刻拿一把巨大的扇子，这样别人就看不到胡子了"。终极答案是使用毒性较弱的化学物质，这样因为误用化学物质而对公众产生的危害将大幅降低。这样的化学物质其实已经有了，如除虫菊酯、鱼藤酮、鱼尼丁及其他从植物成分中提取的物质。目前还研发出除虫菊酯的合成替代用品，一些生产国也已经准备好依据市场需求扩大纯天然产品的输出了。公众也亟待接受现行销售农药性质的相关教育。普通购买者会对琳琅满目的杀虫剂、真菌剂、除草剂手足无措，根本没法知道哪些是致命的，哪些又是比较安全的。

除了做出改变，使用危险性较低的农药以外，我们还应当坚持不懈地探索不使用农药的办法。在农业上，某些细菌对某些昆虫具有较高的致病性，加利福尼亚州已经试用这种昆虫疾病的防治方法了，范围更广的实验也在进行阶段。还有许多种能在有效防治昆虫的同时，不会在食物中留下残留的方法（参阅第十七章）。只有当这些方法大显神通之时，我们才能从现在的情况下觅得一丝慰藉，而这种情况在任何一种常识性标准下，都是无法容许的。从目前来看，我们的处境可不比波吉亚家族的客人们好到哪里去。

> 亟须建立完善的制度，才能切实有效地监管农药的合理使用。

精华点评

化学用剂属于专业用品，使用前应有专门的使用指导和说明。可现实的情况是：很多人都被它包装上描绘的其乐融融的场面，和无害的广告宣传蒙蔽，当拿到这些具有极大危害，甚至会置人于死地的化学用剂时，他们大手一挥，随手一洒，一遍不够，再来一遍。他们以为这样就能去除令他们"咬牙切齿"的杂草。殊不知，不经意间的接触反而要了自己的性命。

大自然是多么的神奇，每种生物都与其周围的环境发生着微妙的互动，一个生命的逝去必然导致其他生命的相应变化。人类是不是应开始认真反思了？人与大自然和谐共处，才是真正的可持续发展。

延伸思考

只有"用药安全"意识深入民心，才能真正大幅度避免人类与化学物质的危险接触。不仅是农药使用，在我们平常生病吃药之前，也应该认真阅读使用说明书，了解药品的使用注意事项，才能最大限度地避免药品带来的不必要的伤害。

知识链接

蔬果农药残留

随着栽培技术的不断进步，蔬菜的生长期已越来越短，而随着环境污染的加剧，蔬菜的病虫害也越来越严重，绝大部分蔬菜需要连续多次施药后才能成熟上市。农药污染较重的有叶类蔬菜，其中韭菜、油菜受到的污染比例最大。茄果类蔬菜如青椒、番茄等，嫩荚类蔬菜如豆角等，鳞茎类蔬菜如葱、蒜、洋葱等，农药的污染相对较小。生活中可使用盐水浸泡洗涤、加热烹饪、清洗去皮等方法减少农药残留。

（节选自"百度百科"，有删改）

现在，癌症的发病率有升高的趋势，人们的身体器官如肝脏等出现问题，是否仅仅是因为身体劳累或年龄老化？这和人类的饮食有无关联？跟人类毫无节制地使用"杀虫剂"有没有关系呢？

12. 人类的代价

化学药物诞生于工业时代，如今已经对我们的环境形成了席卷之势，极其严重的公共卫生问题给环境带来了天翻地覆的改变。仅仅在昨天，人类还在为天花、霍乱以及横扫各国的瘟疫而担惊受怕。现在我们主要的担忧已经不再是曾经无处不在的病原体了。卫生条件和起居条件的改善，以及新型药物的出现能够帮助我们更加有效地控制传染性疾病。今天我们担忧的是一种完全不同的灾害，这种灾害潜藏在我们的环境里，也是因为现代生活方式的繁荣发展，我们人类自行引入世界的。

新的环境健康问题是多元化的——各种形式的辐射问题，源源不断的化学物质（杀虫剂仅仅只是其中一部分）层出不穷，化学物质在我们所生活的世界里渗透弥漫，以单独或共同作用的方式，对我们的生活方式产生直接或间接的影响。它们的出现给我们的世界笼罩了一层凶多吉少的阴影，因为它既无定形，又晦涩①

> 人类自己打开了"潘多拉的盒子"。

---

① 晦涩（huì sè） 指文辞等隐晦，不流畅，不易懂。

朦胧。因为几乎不可能预测人的一生暴露在这些不属于人体生理体验的化学介质①中会产生何种影响，所以这层阴影又让人觉得害怕。

"我们所有人都生活在一个萦绕②不去的恐惧里，害怕环境恶化到一定程度时，人类重蹈恐龙的命运，成为被淘汰的生命形式，"美国公共卫生管理局的戴维·普莱斯博士说，"更让人苦恼不安的是，也许等不到苗头症状出现的二十多年之前，我们的命运就已经盖棺定论③了。"

杀虫剂在环境疾病中居于什么地位呢？我们已经观察到，杀虫剂会污染土壤、水源和食物，能够让我们的河流没有鱼类的踪迹，使得我们的花园和树林一片寂静，不见莺歌燕舞。人类——不论如何费尽心思地伪装——终究是大自然的一部分。如今污染已经彻彻底底地遍及世界，人类又岂有侥幸逃脱之理？

我们知道，哪怕只暴露在这些化学物质中一次，只要剂量足够大，就足以引发急性中毒。但这还不是主要问题。农民、喷药人、飞行员和其他暴露在大量杀虫剂下的人突然染病并死亡的案例既是悲剧，也不应该继续上演。对于所有人来说，杀虫剂已经在无形之中污染我们的世界了，因此我们必须更加警惕摄入少量杀虫剂之后所带来的迟发效应④。

负责任的公共卫生官员已经指出，化学物质对生物的影响属于长期性累积，对个体的危害也许取决于该个体一生当中摄入的总剂量。正因如此，这种危险很容易就被人忽视掉了。即便未来可能引发灾难，人类还是对看起来并不明晰的威胁不屑一顾⑤，这是人类的本性。"人们平常只对症状明显的疾病极为重视，"一位睿智的医生雷恩·杜博斯说，"然而最危险的敌人却在不知不

---

① 介质　物理学名词，在某些波状运动如声波、光波中，称传播的物质为这些波状运动的介质。

② 萦绕（yíng rào）　意思是盘旋往复。比喻声音在什么东西旁边旋转、缠绕。

③ 盖棺定论　指一个人的是非功过到死后才能做出结论。

④ 迟发效应　又称后效应，指人和高等动物在受放射线照射之后的一段较长时间里（一般是3个月以上）才表现出来的效应。

⑤ 不屑一顾　认为不值得一看。形容极端轻视。

觉之中乘隙而入[①]。"

这一问题对我们每个人来说，正如同对密歇根州的知更鸟或对米罗米奇的鲑鱼一样，是一个相互关联、相互依存的生态问题。我们毒杀了一条河流上讨厌的石蛾，鲑鱼就会逐渐减少和死亡。我们毒死了湖中的蚊蚋，毒素就在食物链中一环接一环地流通，很快湖滨的鸟儿们就沦为牺牲品。我们向榆树喷了药，来年春天就听不到知更鸟的歌唱，这并不是因为我们直接向知更鸟喷了药，而是因为毒药通过我们现在已熟知的榆树叶—蚯蚓—知更鸟的循环一步一步转移。上述这些事故均有案可查，能够观察得到，是我们周围可见世界的一部分。它们反映出生命——或死亡——的关联之网，也即科学家们称为生态学的研究。

然而，我们的身体里也存在这样一种生态学的世界。在这一看不见的世界里，不起眼的小东西可能会引发严重的后果。然而，这种后果通常看似与原因毫无关联，它们显现的位置和原始受损伤的区域相距甚远。"一个点，甚至一个分子上的变化都有可能在整个系统中产生反响，由此引起看似毫无关联的器官和组织出现变化。"一篇有关医学研究现状的文章如此总结道。如果对身体这一神秘而又奇妙的功能有所研究，就会发现其中的因果关系很少能够简单而轻易地表露出来。它们可能在空间和时间上都完全脱节。为了查明疾病和死亡的原因，就需要在不同的领域进行大量的研究工作，耐心地将许多看似孤立、毫无关联的事实拼凑联系在一起。

> 人的身体如同生物圈一样，是一个复杂而又奇妙的整体。

我们习惯于找寻最明显、最直接的影响，却忽略了其他所有影响。除非危害以一种不能否认的明显方式降临，否则我们总是趋向于否认危害的存在。研究人员甚至都因为方法欠缺合理性而难以在症状出现前发现危害，这也是医学亟待解决的一大问题。

"但是，"可能有人反驳，"我在草坪上已经喷过很多次狄氏剂了，从来没有像世界卫生组织的喷药工人那样出现抽搐的症状，因此狄氏剂没有对我产生危害。"但事实并非如此简单。接触过这类物质的人，尽管没有出现明显的症状，毒素却会在其体内累积，这点是毫无疑问的。我们已经知道，氯化烃是从最小的

---

① 乘隙而入　趁着虚弱疏漏的地方进入。

摄入量开始逐渐在人体内累积起来的，这些毒性物质会停留在身体所有的脂肪组织中。当需要动用这些脂肪储备时，毒性就可能迅速发作。新西兰一个医学杂志最近就提供了一个例子：一个正在接受肥胖症治疗的人突然出现了中毒症状；经过检查，在他的脂肪中发现含有狄氏剂，这些物质在他减肥的过程中发生了代谢转化。同样的情形也可能出现在因为疾病而日渐消瘦的人身上。

另一方面，毒素累积所产生的影响也可能是极其不明显的。几年前，美国医学协会的《期刊》就严重警告人们要警惕脂肪组织中储存的杀虫剂的危害，同时指出那些具备累积性质的化学物质要比那些不具有累积倾向的化学物质更加需要小心对待。它警告说，脂肪组织不仅仅是一个储存脂肪的地方(脂肪约占身体重量的百分之十八)，而且还具备许多重要功能，这些功能可能会受到累积的毒素干扰。更何况，脂肪在身体各个器官和组织当中分布广泛，甚至还是细胞膜的组成部分。因而，有一点需要铭记在心，脂溶性杀虫剂可以储存在个体细胞中，它们可能扰乱人体最重要也是最必不可缺的氧化和产生能量的功能。这一重要方面将在下一章中继续讨论。

氯化烃杀虫剂最值得人们注意的是它们对肝脏的影响。在人体所有器官中，肝脏是最不同寻常的。它拥有众多不可或缺的功能，因而无可匹比。肝脏掌控着许多关键的机体活动，因此哪怕稍受危害，也极有可能引起严重后果。它不仅能够产生胆汁帮助消化脂肪，而且它位置险要，有一条特殊的循环通道在此集聚，因而肝脏能够直接获得来自消化道的血液，由此深入参与所有主要食物的新陈代谢。它以糖原的形式储存糖分，并以严格定量的形式释放葡萄糖，保证血糖维持在正常水平。它制造了身体中的蛋白质，其中包括一些与血液凝结有重要关系的血浆成分。肝脏将血浆中的胆固醇稳定在适当水平，并且在雄性激素和雌性激素过剩时，起到钝化作用。肝脏还是许多维生素的储存地，反过来，其中一些维生素又有助于肝脏发挥正常功能。

如果缺少一个正常运转的肝脏，人体就好比被解除了武装——面对不断入侵的毒素却毫无防御之力。其中一些毒素是正常的新陈代谢副产品，肝脏能够卸下其中的氮元素，迅速而有效地化有毒为无毒。非人体自有的毒素也能被肝脏解除毒性。所谓

"无害的"杀虫剂马拉硫磷和甲氧氯之所以毒性要小于各自亲族，正是因为肝脏中有一种酶可以处理它们，改变它们的分子结构，削弱它们的致毒能力。以类似方式，肝脏可以处理我们所接触到的大部分有毒物质。

我们抵抗外来毒素和内部毒物的防线已经被削弱了，如今正在风雨飘摇之中。如果肝脏受到杀虫剂的危害，那么它不仅不能保护我们免受毒害，而且其多方面的功能都可能受到干扰。由此产生的后果不仅影响深远，而且由于这些后果变化多端，不会立即显现，因此人们很有可能难以看出引发这些后果的真实原因。

和世界各地几乎都在使用对肝脏起毒害作用的杀虫剂有关，罹患肝炎的人数在二十世纪五十年代急剧上升，且呈波动式上升趋势，非常值得人们关注。据说肝硬化的病例也在增加。虽然，要在人类身上"证明"原因甲产生结果乙比在动物身上要难得多，但浅显易懂的常识暗示我们，肝脏疾病激增与环境里肝脏毒药肆虐，两者之间的关系绝非巧合。无论氧化烃类的物质是不是主要原因，都已经证实了这些毒素能够对肝脏产生损害，由此合理推测它们还能降低肝脏对疾病的抵抗能力，如果在这种情形之下，还要把自己暴露给毒素，那就无论怎么说都不是明智之举了。

作为两种主要的杀虫剂，氯化烃和有机磷都能直接影响神经系统，虽然作用方式有所区别，但是大量的动物实验以及对人类个体的观察都证实了这一点。滴滴涕是第一种广泛使用的新型有机杀虫剂，它主要作用于人的中枢神经系统，小脑和位置更高的运动皮质被认为是受到影响的主要区域。根据毒理学的标准教科书记载，如果暴露在一定量的滴滴涕中，就会出现诸如刺痛感、灼烧、瘙痒等异常感觉，还可能出现发抖甚至抽搐的症状。

保护环境，也就是保护人类自己！

我们第一次认识滴滴涕急性中毒的症状是由几位英国研究者观察提供的，为了查明滴滴涕的作用后果，他们有意地将自己暴露于滴滴涕中。英国皇家海军生理学实验室的两名科学家通过直接接触含有滴滴涕的墙面而摄入滴滴涕，墙面覆盖有百分之二的滴滴涕水溶性墙漆，墙漆上又附着了一层薄薄的油膜。滴滴涕对神经系统的直接影响可以从他们对自己症状的详细口述中直接得到："很真实地感受到疲惫、劳乏和四肢酸痛，精神状态也极为压抑……易受刺激……对一切工作心生厌恶……感觉无法处理最简单的脑力思考。有时几种痛苦一齐袭来，势头相当猛烈。"

还有一位英国试验者将滴滴涕的丙酮溶液涂抹在自己的皮肤上，他说自己感到四肢沉重且疼痛，肌肉无力，而且出现了"神经极度紧张性痉挛"。他休息了一个假期，身体有所好转，但回到工作岗位以后，情况又急转直下。后来，他卧床三周，期间不断饱受四肢疼痛、失眠、神经紧张和急性焦虑症的折磨，偶尔还出现全身性发抖，发作时的情形同鸟类因滴滴涕中毒的症状十分相似。这名实验者十周未能工作，而当年年底他的病例由一本英国医学杂志报道出来的时候，他还未痊愈。

（除了这一证据，美国也有几名研究者在志愿者身上进行了滴滴涕实验，只是他们认为志愿者抱怨头痛和"每一块骨头都痛"，"明显源自神经病病史"，因而未予重视。）

现在有许多记录在案的病例，其病情症状和整个发病的过程都把致病的矛头指向了杀虫剂。在典型的情况下，这些患者都有过暴露在某种杀虫剂中的经历，在治疗过程中将这些杀虫剂完全从环境里剔除掉以后，症状随之减弱。但是，一旦再次和这些令人不快的化学物质接触，病情又会显著复发。这样的证据——已经足够了——构成了对其他疾病进行医学治疗的根据。因此，它没有理由不能起到警告作用，警示我们明明预估到风险，却仍旧执意要让杀虫剂浸透我们的周围环境是一种多么不明智的行为。

为什么不是所有处理和使用过杀虫剂的人都表现出同一种症状呢？原因可能是个体敏感性的问题。有证据表明，女性比男性，小孩比成年人，长期在室内久坐的人比那些艰难讨生计或经常户外锻炼的人更容易受到疾病影响。除这些差别以外，还有一些其他客观存在的原因，尽管它们难以捉摸。为什么有些人对灰尘或花粉过敏？为什么有些人对毒素敏感？或者为什么有些人容易受到这种传染而不是另一种？这些仍然是医学上的未解之谜，至今找不到合理解释。然而这一问题客观存在，并且影响了大量人群。一个医生估计，在他们病人中有三分之一或者更多表现出某种过敏症状，并且这一数量还在不断上升。不幸的是，以前不敏感的人可能顷刻间变得敏感。事实上，一些医学人士认为，断断续续地暴露于化学物质之中可能引发这类敏感。如果这是真

所以，女性、小孩、长期室内久坐的人更要注重适当锻炼。

的，那么就可以解释，为什么因为职业原因持续暴露在化学物质中的人却很少出现中毒的迹象。正是因为与这些化学药物持续接触，这些人反而不敏感了——这正如一个过敏专科医生给病人反复地小剂量注射过敏原，从而降低病人的过敏性一样。

人类和处于严格控制的条件下生长的实验室动物不一样，从来不会单独地暴露在某一种化学物质之中，这就使得农药中毒的问题变得极为复杂。在不同类型的杀虫剂之间，以及在杀虫剂和其他化学物质之间，都存在着能够产生重大影响的相互作用。不管是进入土壤、水体或是人体血液，这些互不相关的化学物质都不会孤立存在；有神秘而看不见的变化在悄然发生，一种物质会改变另一种物质的危害能力。

虽然两种主要杀虫剂类型的作用机理在通常情况下被认为是完全不同的，但二者之间也存在着相互作用。有机磷会毒害保护神经的胆碱酯酶，如果人体暴露在含有损害肝脏的氯化烃中，那么有机磷的危害会变得更强。这是因为在肝功能受损以后，胆碱酯酶的浓度下降到正常值以下。再加上原本起到抑制作用的有机磷，就有可能引发急性症状。而且我们知道，有机磷两两相遇也会产生相互作用，使各自的毒性增强百倍。再者，有机磷可以与各种药物，或者与合成材料、食品添加剂相互作用——谁又知道还会不会和数不胜数、无处不在的其他人造物质相互作用呢？

一种本来无毒无害的化学物质与另一种化学物质相互作用以后，也可能产生翻天覆地的变化，最好的例子就是滴滴涕的近亲——甲氧氯。（实际上，甲氧氯并不像人们通常以为的那样没有毒性，最近对动物实验研究表明，它会对子宫产生直接作用，并且会抑制某种重要的脑垂体激素。这也再次提醒我们：这些化学物质都会对生物产生极大的影响。其他研究工作也表明，甲氧氯对肾脏有损害作用。）单独使用甲氧氯时，尚不会大量蓄积在人体内，我们据此认为甲氧氯是一种安全的化学物质。然而这未必符合实际。如果肝脏已经由于其他原因遭到损害，甲氧氯就会蓄积在人体内，含量约为正常储存量的一百倍，并且会像滴滴涕一样对神经系统产生长期持续性的影响。可见，哪怕肝脏受到一丁点儿微不足道的损害都能促使甲氧氯产生这些危害。那么许多习以为常的情形——例如使用含有四氧化碳的洗涤剂，服用了一片所谓的镇静药物（虽然并非全部，但大多数属于氧化烃物质，对肝脏有损害）——都会导致上述情况。

论述杀虫剂对肝脏的不利影响之后，作者分条论述几种化学物质对神经系统不同程度的损害。

神经系统的损害并不仅仅局限于急性中毒，暴露在毒素中也有可能产生迟发效应。甲氧氯和其他物质对大脑或神经产生持久损害也能见诸多份报告当中。狄氏剂除了产生立竿见影的后果，还会导致迟发性危害，比如"失忆、失眠、做噩梦，乃至躁狂症"。医学发现表明，林丹会大量储存在脑部以及功能性肝脏组织中，可能对神经系统产生"深远且持久的影响"。然而，这种化学物质（实际上是六氯化苯的一种形式）被大量地用作汽化器，以雾气的形式喷洒在家庭、办公室和餐馆中。

通常认为只会引发急性中毒，表现较为激烈的有机磷，也能够对神经组织造成延续性的物理损害，而且根据最新发现，它还可以引发精神障碍性疾病。迟发的麻痹症状也出现在各种各样的案例之中。二十世纪三十年代禁酒令时期的美国就发生了一件匪夷所思的奇怪事件，似乎是某种不幸的预兆。始作俑者并非杀虫剂，而是与有机磷杀虫剂在化学性质上同属一个群组的物质。在那段岁月，一些医用物质被当作酒的替代品，回避禁酒令的约束。其中有一种物质就是牙买加姜汁酒。然而这种名列《美国药典》的产品要价不菲，于是私酒贩子动了歪脑筋，想要做出替代品。他们取得了超乎预想的成功，假冒伪劣产品通过了化学测试，骗过了政府的药剂师。为了给假冒的姜汁酒增加必要的强烈气味，又加入了一种叫作三元甲苯基磷的化学物质。这种化学物质如同对硫磷及其同类一样，能够破坏保护性的胆碱酯酶。大约有一万五千人因为饮用了这种假冒产品，腿部肌肉出现了永久性麻痹，成了跛子，现在将这一症状称为"姜汁酒麻痹"。随着麻痹症状同时出现的还有神经鞘损坏和脊髓前角细胞退化。

急功近利的行为导致了对人类永久的伤害。

我们知道，大约过去了二十年，其他各类磷酸酯也用作杀虫剂了，不久之后就出现了使人回想起"姜汁酒麻痹"这个历史插曲的衍生案例。有一个德国的温室工人，他在使用对硫磷之后不久就出现了较为温和的中毒症状，但是几个月以后便出现了麻痹症。还有三个化学工厂的工人暴露在磷酸酯类的其他杀虫剂中后，出现了急性中毒症状。经过治疗，虽然都得到了恢复，但不到十天，其中有两人出现了腿部肌肉无力的症状。这一症状在其中一个人的身上持续了十个月；另一名患者则是一名年轻的女化学家，她的病情更严重，不仅双腿瘫痪，手和臂膀也受到波及。两年以后，一本医学杂志对她的病例做出报道，那时候的她依旧无法走路。

造成这些病例的杀虫剂已经撤出市场了，但现在还在使用的一些杀虫剂可能具备类似的危害。深受园艺工人喜爱的马拉硫磷在对鸡进行实验时，引发了严重的肌无力症状，同时伴有坐骨神经鞘和脊神经鞘损伤（正如"姜汁酒麻痹"一样）。

磷酸酯中毒所产生的这些后果，即便没有致死，也有可能进一步出现恶化。从这些侵害神经系统的严重危害来看，这些杀虫剂几乎终将与精神疾病联系起来。最近，这层联系已经由墨尔本大学和墨尔本亨利王子医院的研究人员证实了，它们报道了十六例精神疾病案例。所有这些病例都有长期暴露于有机磷杀虫剂的病史。其中三人是核查喷药效果的科学家，八人在温室中工作过，另有五人是农场工人。他们的症状包括记忆衰退、精神分裂以及抑郁症等。在经受这些化学物质反戈一击并最终被击倒之前，这些人都在普通医院中进行过诊疗。

据我们所知，与此类似的情况能够在各类医学文献中找到，有的与氯化烃有关，有的则与磷酸酯有关。意识错乱、幻觉、健忘、躁狂——这就是为了暂时消灭某些昆虫而不得不付出的沉痛代价。只要我们继续使用那些直接摧残着我们神经系统的化学物质，这一代价注定会继续。

> 人们正在使用的杀虫剂也并非都是被证明安全无害的，如果使用不当，或在生物体内积累到一定的量，其影响便有可能慢慢显现。

阅 读 札 记 ▶ ▶ ▶

精华点评

人们往往在身体出现危机时，才会反思曾经犯下的错误。相比于以前的社会，现代文明带给了我们诸多便利——饮食、住所、工作方式、生活环境。"每种事物都是一把双刃剑"，我们在享受着新科学技术便利的同时，也要承受它背后带给人们的可能的损害。

自然万物是紧密相连的，杀虫剂虽然没有直接触及人体，但它可以通过食物、河流、空气，对我们的身体造成不易察觉的伤害。要想从源头上遏制疾病的发生，我们一定要尽最大可能地防止化学制剂对人类的伤害。

延伸思考

阅读书本，或者查阅资料，试说明除了肝癌，还有什么疾病也与化学制剂的播撒有关？

知识链接

原发性肝癌和继发性肝癌

肝癌即肝脏恶性肿瘤，可分为原发性和继发性两大类。原发性肝脏恶性肿瘤起源于肝脏的上皮或间叶组织，前者称为原发性肝癌，是我国高发的、危害极大的恶性肿瘤；后者称为肉瘤，与原发性肝癌相比较为少见。继发性又称转移性肝癌，系指全身多个器官起源的恶性肿瘤侵犯至肝脏。一般多见于胃、胆道、胰腺、结直肠、卵巢、子宫、肺、乳腺等器官恶性肿瘤的肝转移。

（节选自"百度百科"）

导　读　▶ ▶ ▶

你知道外来化学物质是如何进入我们身体内部，进而产生一系列影响的吗？人体自身的能量是怎样进行循环的？细胞、酶、解耦这些词语你是否虽听说过，却不太明白它们的具体功能机制？辐射对人体的危害到底有多大？什么是不孕不育症和唐氏综合征？在这篇文章中你会找到详尽的回答。

13. 透过一扇狭小的窗户

生物学家乔治·瓦尔德曾经把他从事的一项极其专门化的研究课题——"眼睛的视觉色素"比作"一扇狭小的窗户，如果离这扇小窗比较远，就只能看见窗外一星亮光。但向窗户走近些时，视野便会越来越开阔；直到最后，透过这扇窗户，就可以看到整个宇宙"。

也就是说，我们应该把研究工作的焦点先放在人体的各个细胞上，再瞄准细胞内部的精细结构，最后聚焦在这些结构内部各个分子的终极反应上——只有这么做的时候，我们才能够幡然醒悟，原来外来化学物质进入我们身体的内部环境以后会产生严重而深远的影响。

医学研究直到最近才涉及单个细胞的能量制造功能，这种功能对生命的存在是必不可少的。人体独特的能量制造机制不仅是健康的基础，更是生命的基础。它的重要性甚至胜过最重要的器官，因为如果不能顺利进行氧化作用[①]，身体中的任何机能都无法发挥作用。然而许多用以消灭昆虫、啮齿动物以及野草的化学物质都能对这一系统造成直接打击，破坏其奇妙的作用功能。

让我们认识到细胞的氧化作用的研究工作堪称生物学和生物化学中最伟大的成就之一。在这一领域立下汗马功劳的人员之中，就包括许多诺贝尔奖获得者。这项工作一共持续了四分之一个世纪，人们立足于更为早期的发现，以此为基石，一步又一步地求真探索。即便到了现在，所有的细节尚未完全弄清楚。直到最近十年，该项研究工作的不同碎片才完整地汇集在一起，如此一来，有关生物氧化作用的知识才成为常识，为生物学家所熟悉。但是更为重要的一点是，在1950年之前接受基本训练的医务人员，甚至几乎没有机会意识到这一过程的重要性，以及破坏这一过程会带来什么样的危害。

能量的最终产生不是由某一器官独立完成的，而是由身体所有的细胞来完成的。活细胞就像一团火焰，通过燃烧燃料来制造生命所必需的能量。这一比喻虽富有诗意，却失于精确，因为人体的正常体温就足以为细胞提供"燃烧"所需要的热量。然而，正是这数十亿的温和燃烧的星星之火释放了生命所需的能量。如果这些星星之火不再燃烧，"心脏将不能跳动，植物将无法克服地心引力向上生长，变形虫也无法游动，感觉不能通过神经快速传递，人类的大脑将无法产生出任何灵感的火花。"化学家尤金·拉比诺维奇这样说道。

在细胞中，物质转化为能量的过程周而复始，同时也是自然界更新的循环之一，就像轮子转动一样永不停歇。碳水化合物[②]通过以葡萄糖形式，一粒接一粒，一个分子接一个分子地填入这个轮子之中；在循环作用下，充当燃料的分子被分解打散，经历了一系列细微的化学变化。这些变化有本有则，环环紧扣，每一步

---

① 氧化作用　在生物体内或生物体外将物质分解并释放出能量的一种过程。

② 碳水化合物　由碳、氢和氧三种元素组成。由于它所含的氢、氧的比例为二比一，和水一样，故称为碳水化合物。它是为人体提供热能的三种主要的营养素中最廉价的营养素。

都由一种具有专门作用的酶①进行引导和控制，这种酶只负责做一件事，其他一概不闻不问。能量制造的每一步都会产生废物（二氧化碳和水），经过变化的燃料分子又继续输送至下一个阶段。当不断转动的轮子转够一圈时，燃料分子会被分解为另一种新的形态，以便随时和新进入的分子结合，启动新一轮的循环。

细胞像化学工厂一样产生作用的过程可以说是生命世界的一大奇迹。在此之中，发挥作用的每一个部分都是极其微小的，这更加增添了奇迹的神奇属性。实际上，绝大多数细胞本身就十分微小，只有借助显微镜才能观测到。然而更加不可思议的是，氧化作用大部分都是在一个比细胞还要小得多的场所中完成的，这个场所就是细胞内的线粒体②。虽然六十多年前，人类就已经知道线粒体的存在，但一直以为它们只是细胞的组成部分，功能不明确或者认为无关紧要。直到二十世纪五十年代，对线粒体的研究才取得了振奋人心的丰硕成果，瞬间获得了极大的关注，短短五年之内，这一领域竟涌现出一千篇课题论文。

> 随着生物研究技术的发展，人类的认知又打开了一个新的局面。

通过揭示线粒体的奥秘，人类再次彰显出足智多谋和锲而不舍的卓绝毅力。试想，这样一种极小的微粒，放到三百倍的显微镜下才能勉强观测到。再想想，需要多么精湛的技术才能分离、分解这一成分，确定它高度复杂的功能？不过，多亏有了电子显微镜和生化学家的高超技术，这一切才得以实现。

如今我们知道，线粒体是一个包被有诸多酶的细胞器，其中包括进行氧化循环所必需的酶，这些酶精确有序地排列在细胞壁和各个分区之中。线粒体是"动力室"，大多数能量制造的反应就发生在这里。氧化作用最初在细胞质中进行，接着燃料分子就被输送到线粒体中。氧化作用在此完成，进而释放出大量能量。

> 这是能量来源的"秘密"，你明白了吗？

如果不是为了这一极其重要的结果，线粒体中氧化作用似转动的轮子无休无止的设计就没有任何意义可言了。氧化循环中，每一个阶段所产生的能量通常被生化学家称为ATP（三磷酸腺

---

① 酶（méi）　指具有生物催化功能的高分子物质，在酶的催化反应体系中，反应物分子被称为底物，底物通过酶的催化转化为另一种分子。几乎所有的细胞活动进程都需要酶的参与，以提高效率。

② 线粒体　是一种存在于大多数细胞中的由两层膜包被的细胞器，是细胞中制造能量的结构，是细胞进行有氧呼吸的主要场所。

苷），这是一种包含三个磷酸基的分子。ATP在能量制造方面的作用在于，它能够将其中一组磷酸基传递给另一种物质，与此同时，电子高速前后穿梭，产生了键能①。在肌肉细胞中，当一组末端磷酸盐基被传递给收缩肌时，就获得了收缩所需的能量。由此产生了另外一种循环——循环内的循环，即ATP的一个分子放出一组磷酸基，仅保存两组磷酸基，进而变成二磷酸基分子ADP。随着轮子进一步转动，另外一组磷酸基又被联结进来，于是效力强劲的ATP又恢复过来。整个过程犹如我们所使用的蓄电池，ATP代表充满电的电池，ADP则代表放完电的电池。

　　ATP是万物通用的能量货币，从微生物到人，所有生物体内都有它的存在。它为肌肉细胞提供机械能，为神经细胞提供电能。精子细胞，准备进入激烈活动状态的受精卵(这些活动将使受精卵发展成为青蛙、小鸟或者人类婴儿)，分泌激素的细胞等等，都需要ATP提供能量。除了少部分用于线粒体内部以外，ATP产生的大量能量被立即释放到了细胞里，为其他各类活动供应能量。某些细胞中线粒体所处的位置就足以说明其功能，因为这些位置最有利于将能量精准传输到需要的地方。在肌肉细胞中，它们成群地聚集在收缩纤维周围；在神经细胞中，它们位于和其他细胞的邻接处，为脉冲的传递提供能量；在精子细胞中，它们集中在尾部与头部相衔接的部位。

　　为电池充电的过程——即ADP与自由磷酸基相互结合并还原为ATP的过程——与氧化作用相辅相成。这一紧密联系被称为偶联磷酸化作用。如果这一结合解耦②，那么能量就无法供给。此时，呼吸作用还在进行，然而却没有能量产生，细胞变成一个空转的马达，虽然散发热量，却无法焕发动力。到那时候，肌肉无法收缩，脉冲也不能沿着神经通路传递，精子也没办法抵达目的地，受精卵也不能完成它的复杂分化和心血之作。无论是胚胎还是成人，解耦对所有有机体而言都形同灾难：假以时日，它可能导致

---

① 键能　从能量因素衡量化学键强弱的物理量。一般键能越大，物质本身能量则越低，也就越稳定。

② 解耦（ǒu）　这里是"耦合"的反义词，耦合是指两个或两个以上的体系或两种运动形式间，通过相互作用而彼此影响以至联合起来的现象。解耦指将这种相互作用彼此影响以至联合起来的现象解除开来。下文的"辐射"就是一种解耦剂。

组织甚至整个有机体的死亡。

怎么会发生解耦呢？辐射就是一种解耦剂。有观点认为，细胞暴露在辐射中引发的死亡，实际上就是因为解耦作用。不幸的是，大量的化学物质也具有将氧化作用和能量产生作用分离开来的能力，杀虫剂和除草剂就是这类化学物质的典型代表。我们知道，苯酚对新陈代谢具有强烈作用，它能引发体温升高，留下致命隐患。这就是解耦作用所造成的"空转马达"效应。二硝基酚和五氯苯酚是其中两种广泛应用为除草剂的例子。另一种充当解耦剂的除草剂是2,4-D。在氯化烃类中，滴滴涕已经证实是一种解耦剂，今后的研究可能还会发现其他同类物质。

不过解耦作用并非唯一能够扑灭数十亿个细胞中的小火焰的物质。我们已经知道，氧化作用的每一步都依靠某一种特定的酶进行支配和促进。当这些酶——哪怕只是其中任何一种——遭到破坏或被削弱时，细胞内的氧化循环就会停止。不论哪种酶受到影响，后果都是一样的。氧化过程的循环好比是一只转动的轮子，如果我们将一根撬棍插入轮子的辐条中间，不管插在哪两根辐条之间，结果都是一样的。形同此理，如果我们破坏了任何一种酶，氧化作用都会停止。那时就不能继续制造能量，最终结果与解耦作用无异。

> 这里运用了什么说明方法？起到了什么作用？

在通常用作杀虫剂的化学物质中，就有许多种起到了撬棍的作用，破坏了氧化作用的转轮。滴滴涕、甲氧氯、马拉硫磷、硫代二苯胺和各种地乐酚化合物，这些杀虫剂都被发现能够抑制一种或多种酶。如此一来，它们影响了整个能量生产的过程，剥夺了细胞中的可用氧。这种损伤会导致大量灾难性后果，在此仅援引数例。

仅仅通过系统化地抑制氧气供应，实验人员就能将正常细胞转化为癌细胞，我们将在下一章中看到这部分内容。许多对动物正在发育的胚胎所进行的实验表明，剥夺细胞的氧气会带来极端的后果。如果没有足够的氧气，组织成形以及器官发育的过程被扰乱了，随之将出现畸形和其他变形情况。据此可以推断，如果人类胚胎缺乏氧气，也有可能出现先天性畸形。

> 明白了原因之后，或许我们可以采取一些措施去避免悲剧的发生？

人们已经意识到这一类灾难频率上升的迹象，虽然很少有研究具备长远的眼光，找出其中所有的原因。在一个更加令人不安的预兆中，人口统计办公室于1961年发起了一项全国先天性畸形问题调查统计，并且解释说，统计结果能够为先天畸形的发病率以及发病原因提供必要的事实。毫无疑问的是，这些研究必然会把大部分注意力放在测定辐射影响的环节上，但是也不应当忽视许多化学物质有可能引发辐射一样的后果。人口统计办公室毫不留情地预测，未来儿童的各类缺陷和畸形几乎肯定会受到那些遍布于我们外部和内部环境中的化学物质的影响。

也有情况表明，生殖作用衰退的一些症状很有可能与生物氧化作用受到干扰与随之而来的ATP（人体至关重要的蓄电池）消耗有关。甚至还未受精的卵子就已经需要ATP的慷慨供给了，以便为后续付出的巨大努力做足准备，一旦精子进入卵子发生受精作用以后，就必须消耗大量能量。精子细胞能否抵达并进入卵子直接取决于ATP是否为其本身供应了足够能量，这些ATP集中聚集在精子细胞颈部的线粒体中。受精过程一旦完成，细胞分裂就开始了，以ATP形式供给的能量将在很大程度上决定胚胎发育能否顺利完成。胚胎学家研究了最容易获取的实验材料——青蛙卵和海胆卵，并且发现，如果ATP的含量降到某个临界值之下，这些受精卵将停止分裂，很快便会死亡。

发生在胚胎实验室的一幕并不是不可能发生在户外的苹果树上，在这些苹果树上，知更鸟守护着一窝蓝绿色的鸟蛋，不过这些蛋冷冰冰地一动不动，才刚刚闪烁了几天的生命之火已经熄灭了。高高的佛罗里达松树顶部，有一个由树枝和木棍整齐建造而成的鸟窝，里面盛着三枚大白蛋，同样冰冷而无生命。为什么孵不出知更鸟和雏鹰呢？是不是鸟蛋和实验室里的青蛙卵一样，由于缺乏通用的能量货币——ATP分子——而停止发育了呢？之所以缺乏ATP，是不是因为父母和鸟蛋中储存了过量的杀虫剂，使得氧化作用之轮停止转动，无法供应能量了呢？

没有必要猜测鸟蛋中的杀虫剂储存量了，它们同哺乳动物的卵子相比，更加容易被观察到。不管是做实验，还是在野外，只要暴露在化学物质之中，就能在鸟蛋里找到大量滴滴涕残余成分以及其他烃类物质，并且浓度相当大。加利福尼亚州进行的一次实验中，雉鸡蛋被发现含浓度为百万分之三百四十九的滴滴涕。在密歇根州，从死于滴滴涕中毒的知更鸟输卵管内提取出的蛋内，滴滴涕的浓度超过了百万分之二百。由于老知更鸟中毒死亡，有一些鸟窝遭到荒弃，在这些鸟窝中发现的鸟蛋同样含有滴滴涕。因为邻近农场使用的艾氏剂而中毒的鸡也将化学物质传到了蛋里，在饮食中加入滴滴涕的实验用母鸡产下的鸡蛋里，滴滴涕的浓度高达百万分之六十五。

既然我们已经知道，滴滴涕和其他（抑或全部）的氯化烃物质可以通过钝化某种特定的酶或解耦作用来破坏能量产生的循环，那么很难想象，任何一个含有药物残留的鸡蛋如何能够完成复杂的发育过程：无数次细胞分裂，组织和器官的精细构成，关键物质的合成并最终制造出新的生命。所有这一切都需要大量的能量——而这些能量都是经过不间断的新陈代谢循环一点一点积累而成的。

没有理由认为这些灾难性事件的发生仅仅局限于鸟类。作为通用的能量货币，ATP通过新陈代谢作用而产生，这一点不论对鸟类或细菌、人或老鼠都是一样的。所以，任何物种生殖细胞里储存的杀虫剂事实上都会影响到我们，因为它们对于人类也有同样的危害。

而且有迹象表明，化学物质不仅会在生殖细胞中储存，还能在生产生殖细胞的组织中留存。在许多鸟类和哺乳动物的性器官中都找到了杀虫剂的累积——例如人工控制条件下的雉、老鼠和豚鼠，治理榆树病害而喷药的地区中的知更鸟，漫步在治理云杉卷叶蛾的西部森林喷药区的鹿。在其中一只知更鸟的睾丸内，发现滴滴涕的含量要高于其他身体部位。雉的睾丸也发现了大量的滴滴涕累积，浓度超过百万分之一千五百。

也许正是由于化学物质在性器官中积累的原因，实验中的哺乳动物均出现了睾丸萎缩的现象。暴露在甲氧氯中的幼鼠，睾丸异常小。小公鸡喂了滴滴涕以后，睾丸只有正常大小的百分之十八，依赖睾丸激素发育的鸡冠和垂肉也只有正常大小的三分之一。

精子本身也会受到ATP不足所带来的影响。实验表明，公牛精子的活动能力由于二硝基酚的因素而衰退，这是因为该物质会破坏能量耦合机制，不可避免地产生能量损耗。如果对其他化学物质做同样的检测，也有可能发现相同的作用。有医学报告显示，

人类和动物都遭受了"一视同仁"的灾难。

为农作物喷洒滴滴涕的飞行员中出现了少精子症（即分泌精子的能力下降）的症状。

动物有如此大的变化，人类也未能幸免。

对于人类整体来说，我们的基因遗传要比个体生命更加宝贵，因为这是我们联结过去和未来的纽带。历经数万年的进化演变，我们的基因不仅把我们塑造成现在这个样子，还在它们微小的存在中承载着未来——不论前途光明还是凶险。然而，人造介质所引发的基因恶化已经对我们这个时代构成了威胁，"是对人类文明最后且最大的危险"。

化学药物和辐射之间再次表现出明确且不可避免的相似性。

受到辐射侵袭的活体细胞会遭遇各种损伤：正常的分裂能力可能被破坏，染色体的结构发生改变，而作为遗传物质载体的基因也可能引发骤变，这种骤变被称为"基因突变"，下一代的身上由此产生新的特征。如果细胞极为敏感，有可能当即死亡；或者历经多年的潜伏期，最终演变为恶性细胞。

辐射造成的这些后果均在实验研究中得到了再现，复制这些现象的主体就是一大群被称为拟辐射或类辐射性的化学物质。在这一类物质中，许多都被用作农药、除草剂或杀虫剂，它们能够破坏染色体，干扰正常的细胞分裂，或者引发基因突变。对遗传物质造成的伤害能够使暴露在化学物质中的个体生物患病，或者还有可能在子孙后代中造成影响。

仅在几十年之前，还没有人知道辐射和化学物质的这些作用。在那时候，原子还不能分离成更小的粒子，复制放射作用的化学物质还没有在药剂师的试管中诞生。然而到了1927年，得克萨斯一所大学的动物学教授H. J. 穆勒博士发现，如果将一个有机体暴露于X射线中，其后代就有可能发生基因突变。穆勒的这一发现为科学和医学知识打开了一片辽阔的新领域。穆勒后来也因为他的成就而荣获诺贝尔医学奖。后来，这个世界就因为天空降下灰蒙蒙的原子雨而忧心忡忡。现如今，即使不是一个科学家，也领略到辐射的潜在危害了。

虽然很少有人留意，但是爱丁堡大学的夏洛特·奥尔巴赫和威廉·罗伯逊在二十世纪四十年代初也有过类似发现。在他们对芥子气①的研究中，发现这种化学物质能够造成染色体的永久性异常，而且这种异常无法与放射性所造成的异常相互区别。同穆勒最初的X射线实验一样，他们也采用果蝇作为活体生物进行了测试，结果发现芥子气同样引起了果蝇的基因突变。于是，第一种化学物质突变原就这样被发现了。

作为突变原的芥子气，如今已经找到了一长串名单的化学物质做伴。我们已经知道，这些化学物质能够改变动物和植物的遗传物质。要想弄清楚化学物质是如何改变遗传的过程，有必要首先了解在活细胞的舞台里上演了怎样的生命戏码。

如果要组成人体的组织和器官，细胞就必须实现数量上的增殖，才能让身体发育，让生命的源流代代相传。这一过程通过有丝分裂（核分裂）实现。在一个即将分裂的细胞中，细胞核内首先发生重要的变化，最后逐渐扩展到整个细胞。在细胞核内，染色体出现了不可思议的移动与分裂，排列成为古老的模式，以便将遗传的决定性因素——基因传递给子细胞。首先，它们拉伸成一个线状体，基因则如同细线上的珠子一样排列在上面。接着，每条染色体纵向分裂（基因也随之分离）。细胞一分为二以后，每个子细胞各进入一半遗传物质。借助这样一种方式，新生的细胞能够保有一套完整的染色体，且具备所有遗传信息的编码。也正因如此，种族和物种的完整性得以保存下来，也就有了俗语"龙生龙，凤生凤，老鼠儿子会打洞"的说法。

> 比喻手法，使复杂的、肉眼难以观察到的生物传递过程变得更加简单形象。

生殖细胞的分裂则是一种特殊类型的细胞分裂。因为某一特定生物的染色体数量是恒定的，所以在卵子和精子相互结合为新个体的过程中，只能各自携带一半数目的染色体。这一过程须由染色体在分裂中，一次非常精准的行为变化才可以完成。因为在这个时候，染色体自身并不进行分裂，而是每对染色体自行分离出一个完整的染色体进入子细胞中。

在这最基本的戏码中，所有生物一视同仁。细胞分裂的过程对地球上所有生命都是一样的。不论是人还是变形虫，不论是巨杉还是简单的酵母细胞，如果不能再进行细胞分裂，就注定不复

---

① 芥子气 因具有挥发性，有像芥末的味道而得名。主要用于有机合成、药物（可用于治疗某些过度增殖性疾病）及制造军用毒剂，并由于其在毒剂方面的广泛使用而声名狼藉。

存在了。因而，任何妨害细胞有丝分裂的因素对受到影响的有机体及其子孙后代而言，不啻为致命威胁。

"细胞组织的主要特征，比方说有丝分裂，存在的时间远远不止五亿年，也许近于十亿年，"乔治·盖洛德·辛普森和他的同事皮登哲夫、蒂凡尼在他们包罗万象的《生命》一书中写道，"从这个意义上来看，生命世界虽然注定脆弱而复杂，却又难以置信地经受住了岁月坎坷——甚至比山川峰峦还要长久。长久的背后，完全仰仗遗传信息以不可思议的精确性，一代又一代地薪火相传。"

但是在这几位作者畅想的亿万年间，这种"不可思议的准确性"都没有像二十世纪中期那样，受到了人造辐射和人造化学物质所带来的直接而严重的威胁。来自澳大利亚的杰出医生，同时也是诺贝尔奖获得者的马克法兰·博内特爵士认为，我们当前这一时代"最富有医学研究意义的特征"是"随着医疗手段越来越强效，人类生产出了许许多多生物所不曾经历的化学物质，这些物质的副作用在于，本来能够将诱变剂阻拦在人体内脏之外的常规保护如今已经变得越来越容易渗透了"。

人类对染色体的研究尚处于初期阶段，因此直到最近才有可能研究环境因素对染色体的影响作用。直到1956年新技术的出现，才能够确定人类细胞中染色体的准确数目——四十六条，并且能够对它们进行细致观察，检查是否出现全部或部分染色体缺失的情况。环境中的某些因素可能对基因造成损害的观念比较新颖，除了遗传学家以外，这一观点很少有人能够理解，但人们几乎不去咨询他们的建议。辐射带来的各种形式的危害已经得到了充分理解——虽然在某些领域依旧遭到了出乎意料的否认。穆勒博士时常为"许多人——不仅仅只是负责决策的政府官员，还有大批医务工作者——不愿意接受遗传学原理"的现状深感遗憾。不要说公众几乎不明白化学物质有可能起到类似辐射的作用，就连许多医疗和科学工作者也对此知之甚少。基于这一原因，化学物质的一般性用途（更准确的说法是非实验性用途）至今尚未评估。而做出评估正是当务之急。

马克法兰爵士并不是唯一对这种潜在危险进行评估的人。一位英国权威人士皮特·亚历山大博士曾经说过类辐射物质可能比

作者出版图书的时间是1962年，当时环境保护的观念还不太为人所知，而今天"环境可能对基因造成损害"的观念已被越来越多的人所接受。

辐射物质"更具威胁"。穆勒博士根据他在基因领域的几十年杰出研究，警告人们，大量化学物质（包括以农药味代表的各个群体）"提高基因突变率的能力和辐射一样强……至今尚不清楚，在现在经常暴露在这些非同寻常的化学物质中的情况下，这些诱变剂究竟会给基因带来何种程度的影响"。

对化学突变剂的普遍忽视或许是因为发现这些物质之初，它们原本只具备科学实验的价值。氯芥毕竟不会从空中撒向整个人群，对它的使用掌握在实验生物学家和治疗癌症的医生手中。（最近有报道指出，用这种方法治疗病症的病人身上已经发现了染色体损伤。）但是杀虫剂和除草剂却的的确确与大部分人的日常生活息息相关。

尽管很少有人切实留意，但只要稍加留心，就能搜集到许多与此类农药相关的信息，发现它们的确能够阻挠细胞的关键性生命进程，具体方式从染色体轻微受损到基因突变不等，最终酿成恶性灾难。

连续几代都暴露在滴滴涕中的蚊子已经转变成为一种被称为雄雌同体的奇怪生物——半雄半雌。

用各种酚类处理过的植物，染色体遭到了严重毁坏，基因发生变化，基因突变数量惊人，并伴有"不可逆转的遗传改变"。在受到酚类作用的时候，基因突变的情况也在遗传学的经典实验对象——果蝇的身上出现了。这些果蝇身上出现的突变危害极强，如果暴露在任何一种常用除草剂或者尿烷中，就会当即致死。尿烷属于氨基甲酸酯的一种，这一群体中已经有越来越多的物质被用作杀虫剂和农用化学品。其中有两种物质被实际用来防止储藏中的马铃薯发芽——恰恰印证了它们有中止细胞分裂的作用。另外一种防止发芽的物质——马来酰肼也被认作是一种强大的诱变剂。

经六氯化苯（BHC）或林丹处理过的植物会出现严重的畸形，根部长有肿瘤一样的块状突起。由于染色体数目倍增，细胞体积变大而出现肿胀。这种染色体倍增的现象还会在未来的细胞分裂中持续进行下去，直到细胞分裂在物理上难以为继为止。

除草剂2,4-D也能让受过处理的植物产生肿瘤似的肿块。染色体变得短小、粗厚，彼此密不透风地聚集在一起。细胞分裂严重

看来，当时的预测和警告确实有前瞻性。

迟滞。整体的结果据说与X射线所造成的结果非常相似。

以上不过寥寥数例，类似例证还有很多。然而，至今还没有广泛开展综合性研究来对农药的诱变作用进行检测。上述所引证的事实都是细胞生理学或遗传学研究的附带产物，而直接针对这一问题的研究已经迫在眉睫了。

有一些科学家愿意承认环境辐射对人体存在严重的危害，尽管如此，他们仍在质疑，针对诱变性化学物质是否具有相同作用这一命题，要不要以认真的假定态度予以讨论。他们印证了辐射侵入有机体的强大渗透能力，却对化学物质能否到达生殖细胞表示怀疑。由于缺少对以人类作为研究对象的直接调查，我们再次感到无奈掣肘。然而，在鸟类和哺乳动物的性腺和生殖细胞中，发现了大量滴滴涕积累的现象，这至少能够有力地证明，氯化烃类物质不仅遍布生物体内，而且能够和遗传物质相互接触。宾夕法尼亚州立大学的戴维·E.戴维斯教授最近发现，有一种烈性化学物质能够阻止细胞分裂，这种有限应用于癌症治疗的物质还可以导致鸟类不孕不育。即使剂量不足以致死，这种化学物质也能中止性腺中的细胞分裂。戴维斯教授已经在实地试验中取得了一些成功。但是显而易见的是，没有任何理由希望或者相信，其他任何有机体的性腺能够免受环境中各种各样的化学物质的侵害。

> 杀虫剂对生物的影响不仅关乎生物本身，还关乎遗传物质。

最近医学上在染色体异常这一领域取得的发现不仅非常有趣，而且意义深远。1959年，英国和法国的研究团队在各自独立进行的研究中取得了相同的结论，即一些人类疾病的病因是正常的染色体数目遭到了干扰。调查人员对一些疾病和异常症状进行了研究，结果发现染色体数目与正常数量不一致。举例来说：众所周知，身患蒙古症的人额外多出了一条染色体。有时，这个多余的染色体是附着在其他染色体上面的，所以染色体数目依旧保持在正常的四十六条。但是从一般性规律来说，这一条染色体是独立存在的，因此染色体桑达尔总数应记为四十七条。对患病个体来说，造成这种缺陷的源头必须追溯到上一代人身上。

而对于在美国和英国身患慢性白血病的某些病人来说，起作用的是另外一种机制。这些病人的血液细胞中一直存在染色体异常。这种异常包括部分染色体丢失。在这些病人的皮肤细胞中，染色体的数量是完整的。这说明这种染色体的缺陷并非来自生殖细胞染色体异常，而是患者在其生命的某一时刻遭遇到了特定的细胞危害（在这一例子中，这一特定细胞为血液细胞的前体细胞）。部分染色体的缺失很可能使得细胞丧失正常行为的"指令"功能。

自从打开这一片新的研究领域之后，和染色体异常有关的缺陷症正以惊人速度递增，时至今日，已经超出了医学研究的范畴。我们已经知道，有一种叫作克氏综合征的病症与一条性染色体的复制有关。孕育出来的个体虽然是男性，却携带有两条X染色体（因此染色体称为XXY型，而不是正常的雄性染色体XY型），因此多少显得有些不正常。与之相反，如果只接收了一条性染色体（形成XO型而非正常的XX型或XY型），虽然该个体通常为女性，但会缺少多种第二性征。这些病症通常还伴有许多生理（有时是心理）缺陷，因为X染色体显然携带着多种特征信息的基因。这就是所谓的特纳综合征。在病因远未揭晓之前，这两种病症就已经见诸医学文献了。

如今，许多有关染色体异常的研究课题已经由来自世界各国的研究者们攻克了。其中，威斯康星大学的一个研究组在克劳斯·帕陶带领下，对先天性畸形进行了研究，其中就包括智力发育迟缓。这一症状看起来是由染色体的部分复制造成的，似乎是在精子细胞的形成过程中，染色体出现断裂，各部分没有妥善地进行重新部署。这种不幸的意外很有可能干扰到胚胎的正常发育。

从现有的知识来看，出现一条完全多余的人体染色体通常会带来致命的后果，进而导致胚胎无法存活。这其中只有三个例外。其中一个，当然就是唐氏综合征①。另一方面，如果出现了一段多余的染色体碎片，虽然也会造成严重后果，但不一定致命。来自威斯康星大学的研究者们认为，这一情况能够在很大程度上解释一些至今悬而未决的问题，例如新生儿先天就带有通常包括智力发育迟缓在内的多重缺陷。

截至目前，这仍然是一个崭新的研究领域，科学家更关注的

---

① 即唐氏综合征 即21-三体综合征，又名"先天愚型"，包含一系列的遗传病，其中最具代表性的第21对染色体的三体现象，会导致包括学习障碍、智能障碍和残疾等高度畸形。

是相关疾病所对应的染色体异常以及缺陷进展的情况，而对其中的原因未予以深究。如果认为造成染色体损伤或者在细胞分裂过程中引发染色体异常行为的罪魁祸首是某种单一物质的话，那未免过于愚蠢了。但是，我们又怎么能够忽视这样一个事实——我们正使得环境中充斥着有可能直接影响到染色体的化学物质，正是这些物质的精确打击，才造成了上述种种情况。如果只是为了让土豆不发芽或者露台不滋生蚊虫的话，由此引发的代价是不是太大了些？

> 代价巨大，需要人类反思。

　　如果我们愿意的话，我们是能够减少对遗传基因的种种威胁的。基因是二十亿万年前物竞天择的结果，我们只是暂时代为保管这一财产而已，有朝一日我们必须将它传递给下一代。而我们对基因完整性的保护所做出的努力还太少。虽然法律规定化学工厂要对其产品做毒性测试，却没有要求它们去检验这些化学物质对基因的确切影响，工厂也就自然没有这么去做了。

阅 读 札 记 ▶ ▶ ▶

精华点评

　　对各类现象进行详尽的、专业的、科学的阐释是一个科学家所应具备的科学精神。作为一名环境学家和环保学家，作者蕾切尔·卡逊从生物学的角度，向我们详细地阐述了氧化作用和人类身体内部能量转化的过程，指出了解耦作用对人体的危害，再与前文的内容相结合，指出除了辐射之外，部分杀虫剂就是充当解耦剂，它们有可能会导致人类可能出现先天性畸形和儿童的各种缺陷。杀虫剂不仅影响了人类自身，也影响了鸟类和哺乳动物的生殖和繁育，这些影响都是不可逆的。地球万物是千百年来物竞天择的结果，人类如果过多地干预自然，最后只能是自己品尝自己酿造的苦果。

延伸思考

　　现实生活中还有哪些病症是因为基因突变引起的？

基因突变

基因突变指基因组DNA分子发生的突然的、可遗传的变异现象（Gene Mutation）。从分子水平上看，基因突变是指基因在结构上发生碱基对组成或排列顺序的改变。基因虽然十分稳定，能在细胞分裂时精确地复制自己，但这种稳定性是相对的。在一定的条件下，基因也可以从原来的存在形式，突然改变成另一种新的存在形式。就是在一个位点上，突然出现了一个新基因，代替了原有基因，这个基因叫作突变基因。于是后代的表现中也就突然地出现祖先从未有的新性状。

（节选自"百度百科"）

导　读 ▶ ▶ ▶

　　工业时代以来，越来越多的致癌物质涌现，它们以各种方式伪装潜伏在人们的生产生活中，甚至成为人们的必需品，在人们浑然不觉的情况下，制造了一出出人间悲剧，癌症以极高的发病率光顾人类。那么，是谁打开了这个"潘多拉盒子"？致癌物质又是如何突破人的机体防御的？这场斗争我们又能如何去应对呢？希望你能从本章获取答案。

14. 逢四有一

　　生物与癌症做斗争的历史由来已久，甚至连其起源都在漫长的时间中迷失不见了。不过最初一定是在自然环境中开始的，那时任何居住在地球上的生物所受到的各类影响，不论好坏，都来自太阳、风暴和地球的原始本性。这个环境中的一些因素酿成了灾难，面对这些灾难，生物要么适应，要么就被淘汰。阳光中的紫外线辐射可以引发恶性肿瘤。从某些岩石中放出的辐射，或者从土壤或岩石中冲刷到食物或水源中的砷元素污染也有可能如此。

　　还在生命出现之前，这些敌对因素就已经出现在环境之中了。然而生命还是出现了，并且在经过几百万年的时间以后，它不仅数量难以穷尽，种类也繁荣丰富。在大自然不慌不忙地度过了无数年代以后，生物通过物竞天择、适者生存这股毁灭性的自然力量不断调整，直至适应。这些自然中存在的致癌因子仍然可

敌对因素的出现无法阻挡生命的诞生和繁荣，证明了大自然本身具有强大的调适能力。

以产生恶性肿瘤，但它们为数稀少，并且生物已经从一开始便适应了这些古老力量的作用方式。

随着人类的出现，情况开始发生变化，因为不同于其他所有的生命形式，人类能够创造引发癌症的物质，在医学术语中，这些物质被称作致癌物。其中一些人造致癌物已经在环境中存在了许多个世纪。煤烟就是其中一例，它的成分包括芳香烃①。随着工业时代②的来临，我们的世界就在不断地加速变革。自然环境正快速地被人工环境所取代，后者充斥着新型化学物质和物理物质，其中许多物质都具有引起生物学变化的强大能力。对于这些因人类活动而制造出来的致癌物，人类尚无从抵御，这是因为人类自己的生物遗传进程非常缓慢，所以对新环境的适应也很缓慢。结果就是，这些强大的致癌物能够轻易渗透防备不充分的人类身体。

> 人工致癌物被创造的加速度，与人类自身抵御系统适应的缓慢形成鲜明对比，结果显而易见。

癌症由来已久，但是我们对于癌症起因的认识，却几经波折才渐趋成熟。在将近两个世纪之前，伦敦的一个医生才首先发现，外部因素或环境因素可能引发癌变。1775年，珀西瓦尔·波特爵士声称，扫烟囱的工人中普遍出现的阴囊癌，肯定与积累在他们体内的煤烟摆脱不了干系。囿于时代限制，他当时还拿不出我们今天所要求的"证据"，但是现代研究手段已经从煤灰中提取出了这种致命的化学物质，由此证明他的观点正确无误。

在波特发现这一现象的一百多年以后，人们似乎并没有进一步意识到，某些在人类环境中的化学物质能够通过重复的皮肤接触、呼吸以及饮食引发癌症。人们的确注意到，在康沃尔和威尔士的炼铜厂和锡制品铸造厂工作并长期暴露于含砷废气的工人中间流行着皮肤癌。人们也注意到在萨克森的钴矿和波希米亚的约阿希姆斯塔尔铀矿的工人经常患上一种肺病，后来确诊为癌症。然而，这些都是工业时代降临之前的现象，工厂还未形成遍地开

---

① 芳香烃（tīng） 通常指分子中含有苯环结构的碳氢化合物。具有苯环基本结构，早期发现的这类化合物多有芳香味道，所以称这些烃类物质为芳香烃，长期反复接触低浓度的苯可引起慢性中毒，主要是对神经系统、造血系统的损害，甚至诱发白血病。

② 工业时代 1881年至1935年，主要是对能量资源的开发与利用，表现为现代学校的创办和资本主义发展的崛起和重工业，及化学科学的兴起。

花之势，直到后来，它们的产品才渗透进所有生物所共同生存的环境之中。

直至十九世纪下半叶，人们才第一次意识到恶性肿瘤的源头应当追溯到工业时代。大约和巴士德发现许多传染病的病因是微生物的同时，其他研究者也揭示了导致撒克逊新型褐煤工业和苏格兰板岩工业工人们患上皮肤癌和其他癌症的化学病因，同时发现了因职业因素而暴露在柏油和沥青中的工人为什么会患上癌症。十九世纪末，已经有六种工业致癌物为人知晓，二十世纪则创造出了数不胜数的新型致癌化学物质，并且让广大群众都和它们有了亲密接触。距离波特研究工作过去短短不到两个世纪的时间里，环境状况已经今非昔比。人们暴露在危险的化学物质中的原因不再仅限于职业因素，这些化学物质实际上已经进入每个人的生存环境——甚至包括还未呱呱坠地的孩子。因此，我们目前所看到的恶性病例激增也就一点儿也不觉得奇怪了。

恶性病例增多并不仅仅只是一种主观印象。人口统计办公室于1959年7月发布的月报通报了包括淋巴和造血组织病变在内的恶性疾病的增长情况，1958年的死亡率为百分之十五，而1900年仅为百分之四。根据这类疾病目前的发病率判断，美国癌症协会预计美国现有人口中，最终将有四千五百万人患上癌症。也就是说每三个家庭里，就会有两个家庭遭受这种恶性疾病的打击。

至于孩子们的情况，则更加令人忧虑不安。在二十五年以前，儿童身上出现癌症都被认为是医学上的罕见病例。时至今日，癌症却力压其他任何疾病，成为导致美国学龄儿童死亡的第一大疾病。情况已经变得非常严峻，波士顿因此建立了美国第一家专门治疗儿童癌症病患的医院。一岁至十四岁死亡的儿童中，有百分之十四是由癌症引起的。临床上，发现了大量不足五岁的儿童患上了恶性肿瘤。然而更为可怕的是，这种恶性肿瘤在已出生或待产的婴儿中的数量正急剧上升。来自美国癌症研究所（该研究所是研究环境性癌症的权威机构）的W. C. 惠帕博士指出，先天性癌症和婴儿时期的癌症可能和母体在怀孕期间暴露在致癌性物质中有关，这些致癌物质渗透进胎盘，并且在迅速发育的胚胎组织中产生作用。实验证明，动物暴露在致癌物质中的年龄越小，患上癌症的概率就越大。佛罗里达大学的弗朗西斯·雷博士

"数不胜数""短短"，可见二十世纪致癌化学物质被创造的数量之多、速度之快，而"亲密接触"可见它们已经深入我们的日常生活中。

警告人们："由于化学物质添加到食物中，我们可能正在让今天的孩子们患上癌症……我们想象不到，这将在一两代人的身上产生什么样的后果。"

你知道我们的食物中都有哪些常见的化学物质吗？

这里有一个问题一直困扰着我们，在试图控制自然的过程中，我们使用的化学物质里，究竟哪些对癌症的产生具有直接或间接的作用。依靠对动物的实验，我们得出了结论：有五六种农药被很明确地认定为致癌物。如果再加上那些被某些医生认为会引发白血病的农药，那么这一清单上的物质还会大大增多。在这里，证据是依情况而定的，这也是必然的，因为我们不可能在人体上进行实验，即便如此，依旧让人印象深刻。还有一些化学物质会对我们的组织和细胞产生影响，并被认为是诱发恶性肿瘤的直接原因，如果算上这些物质，那么我们的清单很可能罄竹难书①。

最早使用的几种和癌症有关的农药就包括砷，通常以亚砷酸钠②的形式出现在除草剂中，或者以砷酸钙和其他几种化合物的形式出现在杀虫剂里。对于人类和动物来说，砷与癌症之间的关系可谓由来已久。惠帕博士在其《职业性肿瘤③》一书中，曾举了一个暴露在砷中的精彩例子，他的这本专著也被奉为该领域的经典。在位于西里西亚的雷切斯坦市，开发砷矿几乎拥有近千年的历史。几个世纪以来，含砷废弃物在矿井附近堆积，并且通过山川流水的冲击作用，也污染了地下水，随之进入饮用水之中。几百年以来，许多当地居民都患上了一种被称作"雷切斯坦病"的疾病——实际上是慢性砷中毒，并伴随有肝脏、皮肤、胃肠系统和神经系统紊乱。恶性肿瘤经常与这种病相伴相生。现在，雷切斯坦病已经成为历史了。因为在二十几年以前，当地已改用了新

---

① 罄（qìng）竹难书　指把竹子用完了都写不完（古人写字用竹简，竹子是制竹简的材料），比喻事实（多指罪恶）很多，难以说完。

② 亚砷酸钠　灰白色的固体，微有潮解性，易溶于水，有剧毒，主要用于农药和杀虫剂。

③ 职业性肿瘤　工作环境中长期接触致癌因素，经过较长的潜伏期而患某种特定的肿瘤。职业性致癌因素包括化学的、物理的和生物的，在职业性肿瘤的致癌因素中，最常见的职业性致癌因素是化学物质。

水源，大部分的砷已经从水中清除掉了。同样，在阿根廷的科尔多瓦省，由于来自含砷岩层的饮用水源遭到污染，因此当地流行起一种会引发皮肤癌的慢性砷中毒疾病。

如果依然长期使用含砷杀虫剂，那么重蹈雷切斯坦以及科尔多瓦的覆辙可并非难事。美国西北部许多烟草种植区和果园地区以及东部蓝莓种植区都浸透了含砷物质，很容易导致供应水体的污染。

遭受砷污染的环境，不仅会影响到人类，还会牵连动物。1936年，德国有一个很有意思的报告。在萨克森的弗赖堡附近区域，冶炼银和铅的熔炉向空气中排放了含有砷的废气，这些含砷的气体又飘散在周边农村，沉降在植被上。据惠帕博士报告，以这些植被为食的马、奶牛、山羊、猪都出现了毛发脱落、皮肤增厚的现象。栖息在附近森林中的鹿时而出现异常的色斑和癌前疣。其中一头鹿出现了明显的癌变症状。所有动物，无论畜养还是野生，都出现了"砷肠炎、胃溃疡和肝硬化"的症状。熔炉附近饲养的绵羊患上了鼻窦癌，死后在其大脑、肝脏和肿瘤中都发现了砷。同样在这一地区，"大量昆虫，尤其是蜜蜂的死亡率非常高。下过雨之后，雨水将树叶上的含砷粉尘又冲洗进小溪和池塘里，进而导致鱼类大量死亡"。

在新型有机杀虫剂中，有一种广泛用来治理螨虫和扁虱的化学物质，它也是致癌物的一个例子。纵观这种物质的历史，实际上是以大量证据表明，法律虽然应当起到保护作用，但公众仍有可能在致癌物质中暴露数年之久以后，才能看到法律程序姗姗来迟地收拾残局，控制情势。从另一个角度来看，这个过程颇为有趣。它说明了一个道理，现在要求民众接受的"安全"物质，有可能在明天就被发现是危险至极的。

1955年，在发明某种化学物质的时候，制造商请求批准一个容许值，允许在喷洒了该物质的农作物上能够出现少量残留。制造商遵守了法律规定，进行了动物实验，并同时提交了实验结果和法律申请。然而，食品和药物管理局的科学家认为测试结果恰好表明该物质可能具有致癌性，因而提议将该物质设为"零容许值"，也就是说，在跨州运输的食物中不允许含有任何该物质的

农药是会随着生物链进入动物体和人体的。

有没思考过，为什么蜜蜂的死亡率会那么高？

法律的"姗姗来迟"暴露了什么问题？

残余。但是制造商有权上诉，所以该案又移交给一个委员会进行了评估。委员会做出一个折中决议：设立百万分之一的容许值，允许该产品先行投入市场销售两年，在此期间进一步展开实验室测试，以此确定该物质是否真为致癌物。

虽然委员会没有明说，但它的决议就意味着，民众将要扮演豚鼠①一样的角色，和实验室里的狗和老鼠一起对这种疑似致癌物进行测验。不过实验室的动物实验很快就得出了结论，两年之后，终于证明了这种杀螨剂的确是一种致癌物。可即便到了这种地步，在1957年，食品和药物管理局还是无法立即废除该物质的容许值，坐视已知的致癌物污染着消费者的食物。走完纷繁复杂的法律程序又要花上一年时间。最后，在1958年12月，食品和药物管理局早在1955年就已经提议的零容许值才正式生效。

这绝不是杀虫剂中唯一一种已知的致癌物。在对动物进行的实验室试验中，滴滴涕导致了可疑的肝脏肿瘤的产生。食品和药物管理局的科学家曾经对这些肿瘤进行过报道，虽然并不确定该如何进行分类，但还是觉得"有必要将其视为低级别的肝细胞癌"。现如今，惠帕博士已经给了滴滴涕一个明确的归类——"化学致癌物"。

两种属于氨基甲酸酯类的除草剂，IPC（苯胺灵②）和CIPC（氯苯胺灵③）已经发现能够在老鼠身上诱发皮肤肿瘤。其中一些肿瘤是恶性的。这些化学物质似乎启动了癌变，而环境中弥漫的其他化学物质则完成了病变的全部过程。

除草剂氨基三唑在实验动物身上引起了甲状腺癌。1959年，许多蔓越莓种植者对这种化学物质使用不当，导致流入市场的一些浆果中含有残留。食品和药物管理局对此进行了没收处理，结果引发了争议，有关这种物质会致癌的说法遭遇了广泛质疑，其中不乏许多医学界的从业人士。但是，食品和药物管理局发布的

> 委员会的决议看似折中，实则偏向了谁呢？

> 事实的真相，就这样被隐瞒了，人们就这样被蒙蔽了。"又"和"才"，我们读出了作者对进展缓慢的无奈与愤怒。

> 生物体内的敌对因素早已万事俱备，只待启动的"东风"了。

---

① 豚鼠　又名天竺鼠、荷兰猪等，啮齿目，身体短粗，头大颈短，耳圆且小，四肢短小，前足有四趾，后足有三趾。

② 苯胺灵　土壤处理除草剂，用于大豆、甜菜、棉花、蔬菜、烟草地中防除一年生禾本科杂草，有毒有害。

③ 氯苯胺灵　常用作植物生长调节剂和除草剂，低毒性，对环境可能有危害。

科学证据清清楚楚地表明，在实验室的小老鼠身上使用氨基三唑[1]的确产生了致癌后果。在这些小老鼠的饮用水中添加了百万分之一百的氨基三唑（即每一万茶匙的水中加入一茶匙该物质）以后，小老鼠在第六十八周就出现了甲状腺肿瘤。两年之后，超过一半的小老鼠体内都出现了这种肿瘤。经过诊断，这其中有良性肿瘤，也有恶性肿瘤。即便给药水平很低，也会出现肿瘤——事实上，只要给药水平不为零，就一定会出现肿瘤。当然，没有人知道何种水平的氨基三唑会对人类产生致癌作用，但是哈佛大学的医学教授戴维·鲁特施泰因博士曾指出，不论这个值对人类有利或不利，都不应该因小失大、因利趋害。

截至目前，尚没有足够的时间弄清楚新型氯化烃杀虫剂和现代除草剂的全部影响。大部分恶性肿瘤的发展都很缓慢，患者需要经过相当长一段时间之后，才会表现出临床症状。在二十世纪二十年代之初，那些在钟表表面涂发光料的妇女由于口唇接触毛刷而吞入了少量的镭[2]，其中一些妇女在十五年或较长时间过去之后，得了骨癌。在十五年至三十年或更长一段的时期中，由于职业性与化学致癌物接触而发生的一些癌才得以表现出来。

> 恶性肿瘤发展缓慢，这也是"对于自己一手制造的魔鬼，人们往往难以认清它的真面目"的原因。

与因为工业原因而暴露在各种致癌物中所不同的是，有关军事人员第一次暴露在滴滴涕中的记录，大约可追溯至1942年，非军事人员则是在1945年。直到五十年代初期，各种各样的化学农药才开始投入使用。不论这些化学物质播撒下了多么邪恶的种子，这些种子成熟之后的恶果还没有完全展现。

一般来说，大多数恶性疾病都有一个漫长的潜伏期，不过有一个例外——白血病。原子弹爆炸仅仅过去三年，广岛的幸存者就陆续出现了白血病症状，而现在仍有理由认为，潜伏期还有可能大大缩短。有一天兴许会发现其他潜伏期相对较短的癌症种类。但是眼下，白血病似乎是唯一的例外，不符合发病极其缓慢这一一般性规律。

在现代杀虫剂大肆泛滥的当下时期，白血病的发病率一直稳步攀升。国家人口统计办公室的数据清楚地显示，造血组织

---

[1] 氨基三唑　用作除草剂，特别适于用作棉花脱叶剂。

[2] 镭　一种具有很强的放射性的元素，当镭衰变时，会产生电离辐射，使得荧光物质发光。

恶性疾病的增长势头令人忧虑。1960年，死于白血病的病患多达一万两千两百九十例。死于各类血液及淋巴癌症的患者总计两万五千四百例，相较于1950年的一万六千六百九十例有了大幅度的上涨。1950年，每十万人中就有十一点一例死于此类疾病；而在1960年，这一比率上升到了十四点一例。这种增长情况不仅限于美国，在其他各个国家，各年龄阶段已登记为白血病死亡的人数每年都以百分之四到百分之五的比率持续增长。这意味着什么呢？是哪种或哪些新出现于环境中的物质，使得暴露频率越来越高的人们因此而致死的呢？

在许多类似梅奥医学中心这样举世闻名的机构里，尚有数百名病患死于这类造血器官疾病。马尔科姆·哈格里夫斯博士就在梅奥医学中心[①]的血液科工作，他和他的同事在报告中称，这些病人几乎毫无例外，全部有过暴露在各种有毒化学物质之中的经历，其中包括含有滴滴涕、氯丹、苯、林丹和石油馏出物的喷雾剂。

和使用各种有毒物质相关的环境疾病也呈上升趋势，"特别是在过去十年里，"拥有大量临床经验的哈格里夫斯博士认为，"绝大多数患有血质不调和淋巴类疾病的人都曾有过暴露于各类烃类物质中的显著历史，而当今大部分杀虫剂都包含这类物质。只要仔细审阅病患病史，几乎都能发现这样一种关联存在。"因为曾经诊治过大量白血病、再生障碍性贫血[②]、霍奇金病[③]以及其他血液和造血组织疾病，这位专家如今所掌握的一手病史不仅汗牛充栋[④]，而且细致翔实。他在报告中称："他们都曾经充分地暴露在这些环境介质[⑤]之中。"

① 梅奥医学中心 1863年在美国创立，它是以不断创新的医学教育和世界领先的医学研究为基础，建立起全美规模最大、设备最先进的综合性医疗体系。

② 再生障碍性贫血 简称再障，是一组由多种病因所致的骨髓造血功能衰竭性综合征，确切病因尚未明确，发病可能与化学药物、放射线、病毒感染及遗传因素有关。

③ 霍奇金病 一般称霍奇金淋巴瘤，是淋巴瘤的一种独特类型，为青年人中最常见的恶性肿瘤之一。

④ 汗牛充栋 栋：栋宇，房屋。本义是指用牛运书，牛要累得出汗；用屋子放书，要放满整个屋子，形容藏书很多。

⑤ 介质 一种物质存在于另一种物质内部时，后者是前者的介质。

这些病史又说明了什么呢？其中有一份病史与一位厌恶蜘蛛的家庭主妇有关。8月中旬的某天，她拿着装有滴滴涕和石油馏出物的空气喷雾剂进入地下室，把地下室彻彻底底地喷了一遍。包括楼梯底下，水果橱柜里面以及天花板和梁木周围遮蔽起来的地方，她全都喷了药。喷洒完以后，她开始觉得十分不舒服，并伴有恶心、极度疲劳和神经紧张的感觉。过了几天，她感觉好了一些；然而，她显然没有意识到问题背后的原因。9月，她又重复了整个过程，又经历了两次"喷药—病倒—暂时恢复—继续喷药"的轮回。等到她第三次喷药以后，新的症状出现了：发烧、关节疼痛和全身性不适，一条腿还出现了急性静脉炎。哈格里夫斯博士检查以后，发现是得了急性白血病。第二个月这位主妇就病逝了。

哈格里夫斯博士的另一位病人是一名专业人士，此人的办公室位于一座蟑螂成灾的老式建筑物里。他被这些虫子弄得不堪其扰，于是决定自己动手治理。他花了大半个星期天，把地下室和所有隐蔽的角落都洒了药。用的喷洒剂中，滴滴涕以百分之二十五的浓度悬浮于含有甲基化萘的溶剂之中。没过多久，他就开始出现了瘀青和出血。进入医疗中心时，他全身多处出血。血液检测表明，他的骨髓出现了严重衰退，患上了一种叫作再生障碍性贫血的疾病。在之后的五个半月里，除了其他治疗，他一共接受了五十九次输血，身体局部有所好转。但是大约九年以后，他患上了致命的白血病。

在涉及杀虫剂的地方，那些最显眼的化学物质包括滴滴涕、林丹、六氯化苯、硝基酚、普通的防蛀晶体——对二氯苯、氯丹以及溶解这些药物的溶剂。正如这名医生所强调的，单一暴露于一种化学物质的情况实属例外，不是常见惯例。因为这类商业产品通常是几种化学物质共同悬浮在石油馏出物以及其他分散液中。含有芳香环和不饱和烃的溶剂，其本身就可能是引发造血器官[①]损害的主要因素。从实践而非医学的立足点出发，这一差别实在无关紧要，因为在喷药操作中，石油馏出物都是其中不可或缺的组成部分。

哈格里夫斯博士坚信，这些化学物质和白血病以及其他血液

---

① 造血器官 指生成血细胞的器官，包括骨髓、胸腺、淋巴结、肝脏以及脾脏。

疾病之间有着某种因果联系。美国和其他国家的医学文献中也记载着许多重要病例，支持着哈格里夫斯博士的看法。这些病例囊括了日常生活中的各类人士：有受到自己的喷雾装置或飞机"粉尘"毒害的农民，有在书房里撒了灭蚁药仍旧留在里面学习的大学生，也有在家里安装了便携式林丹雾化器的主妇，还有在喷了氯丹和毒杀芬的棉花地里工作的工人。这些病例在医学术语的半遮半掩之下，隐藏了许许多多人间悲剧。例如，在捷克斯洛伐克有两个表兄弟，他们住在同一个城镇，总是在一起工作，一起玩耍。他们最后从事的工作——同时也是最致命的工作——是在一个合作农场喷洒一袋又一袋杀虫剂（六氯化苯）。八个月之后，其中一个孩子因为患上急性白血病而病倒了，九天以后就死去了。几乎在同一时刻，他的表兄弟开始感觉极易疲劳，并且有发烧的症状。不到三个月，他的症状每况愈下，最后不得不入院治疗。诊断结果也是急性白血病，而这一疾病再次不可避免地造成死亡。

另一个瑞典农民的例子，则让人奇怪地联想到金枪鱼捕捞船"福龙丸"上的日本渔民久保山。像久保山一样，这个瑞典农民一直身体健康，他在陆地上苦心营生，就如同久保山靠海洋为生一样。谁知，从天空飘洒下来的毒药，对他们二人而言，却不啻①为一份死刑宣判书。久保山遭遇的是剧毒的放射性灰烬，瑞典农民则与化学粉尘亲密接触。这位农民用含有滴滴涕和六氯化苯的药粉处理了大约六十英亩的土地。他工作的时候，一阵阵风扬起农药的小粉雾，在他身边吹得直打转。"当天晚上，他感到异常疲倦，在此之后的几天时间里，他时常感到虚弱无力，背疼腿疼，还感觉发冷，不得不卧床休息，"隆德一家医疗诊所的报告中写道，"然而，他的病情每况愈下②，最后在5月19日（即喷药后一周）要求住院治疗。"随后，他发了高烧，血细胞计数异常。他被转送到了内科门诊部，在那里进行了两个半月的治疗以后，不治身亡。尸检结果发现，他的骨髓已经完全萎缩了。

杀虫剂已经作为不可或缺的必需品进入人们的生活，就如作者前面所说"这些化学物质大量地、完全交到人们手中，而人们对它们的潜在危险却全然不知"。

揭开医学术语的遮掩，我们会发现导致众多人间悲剧的祸首就是我们熟悉的身边之物。"再次"可见其频发性，"不可避免"可见其必然性。

这份死刑宣判书来得太突然，令人猝不及防。

---

① 不啻（chì） 指不止，不仅仅，不亚于。

② 每况愈下 指情况越来越坏。

类似细胞分裂这样一种正常而又重要的过程如何变得反常又有破坏性，这一问题已经引起了无数科学家的重视，同时也投入了无法估量的资金。在一个细胞之内，究竟发生了什么变化，让原本有序的细胞增殖变成不可控制的癌细胞滋生？

如果将来能够得出答案的话，那么答案一定也涵盖了多个方面。癌症本身也呈现出多种伪装，因为它们起因不同，发展过程不同，影响其扩散或者退化的因素也各不相同，所以相应地，癌症也会表现出多种形式，背后也会蕴藏着截然不同的原因。但是潜藏在这些原因下面的幕后黑手，几乎都是对细胞造成的几种基本伤害。在世界各地，人们广泛开展研究，而在这些研究之中，甚至是在并非专门针对癌症的研究里，我们都看到了朦胧的曙光，总有一天，这份曙光能够把整个问题照得通亮。

善于伪装，隐藏在癌症幕后的黑手是极其危险的，科学家们开展的研究无疑带给了人们希望。

我们再次发现，仅仅对细胞及染色体这些构成生命的最小单位进行观察，我们也能够找到洞穿这些迷雾的广阔视野。在这里——在这个微观世界中，我们必须找到究竟是哪些因素改变了细胞神奇的作用机制，并使其脱离了正常的模式。

有关癌细胞的起源，来自马科斯·普朗克细胞生理研究所的德国生物化学家奥托·瓦尔堡提出了一个令人印象深刻的理论。瓦尔堡毕其一生，潜心研究细胞内氧化作用的复杂过程。得益于广阔的研究背景，针对正常细胞是如何演变成癌细胞这一问题，他提出了一个引人入胜并且逻辑清晰的解释。

瓦尔堡认为，不论是放射性致癌物还是化学致癌物，两者都是通过破坏正常细胞的呼吸作用，进而剥夺细胞的能量来产生作用的。经常重复性的小剂量摄入可能会导致这一作用的产生。而这种影响一旦造成，就是无法逆转的了。那些没有因为破坏呼吸作用的致毒剂而当即被杀死的细胞，将不顾一切地竭力弥补损失的能量。由于无法继续进行那种特别而又高效的循环来产生ATP，这些细胞退而求其次，转而诉诸一种原始的、效率低下的方法——发酵。借助发酵作用而维持生存的斗争往往会持续相当长的一段时间。发酵呼吸的方式也会通过后续的细胞分裂而代代相传，因此，随后产生的所有细胞都将改用这种不正常的呼吸方式进行呼吸了。细胞一旦失去了这种正常的呼吸作用，就再也无法重新获得了——一年不行，十年也不行，甚至几十年都不行。然而，就在存活下来的细胞想方设法地企图弥补损失的能量时，它们开始越来越多地使用发酵作用进行能量补偿。这就是达尔文式的生存斗争，只有最合适的，或者适应力最强的才能继续存活下去。最后，这些细胞达到了这样一种状态，即发酵作用所产生的能量可以与呼吸作用相提并论了。在此情况下，大致可以说癌细胞已经从正常的体细胞①中被创造出来了。

瓦尔堡的理论还解释了许多令人困惑的其他问题。大多数癌症之所以潜伏期漫长，就是因为在呼吸作用遭到破坏以后，细胞需要一段时间进行大量分裂。在此期间，发酵作用才能逐渐增强。至于发酵作用发展到统治地位需要多长时间，则因物种不同而有所区别：老鼠需要的时间相对较短，因此癌症出现得比较快；人类需要的时间则相对较长（有时甚至数十年），因此癌变过程也就非常缓慢了。

瓦尔堡的理论同时还解释了，为什么在某些情况下，重复摄入小剂量致癌物质的危险反而比单次大剂量摄入要高。这是因为，单次大剂量中毒可以立即杀死细胞，然而小剂量却容许一些细胞存活下来，但是这些细胞已经遭受了损害。假以时日，存活下来的细胞就可能发展成为癌细胞。这就是为什么，对于致癌物来说，根本就不存在所谓的"安全"剂量。

如果不是瓦尔堡的理论，我们也许还会对另外一个事实感到困惑费解——为什么相同的一种物质，既能治疗癌症，也能引发癌症呢？众所周知，辐射就有如此特性，它既能杀死癌细胞，同时又会导致癌症。目前很多用于治疗癌症的化学药物也是如此。这是为什么呢？因为这两种物质都会损害呼吸作用。癌细胞的呼吸作用本来就遭受过损害，所以再稍加破坏，它们就死了。而正常细胞第一次遭受针对呼吸作用的损害，因此不会被杀死，而是步入一条最终会导致癌变的发展轨迹。

> 化学物质"镭"就有如此特性。

瓦尔堡的理论在1953年就得到了其他研究者的验证，当时采取的方法正是长期间断性地对细胞停止供氧，将它们转变为癌细胞。1961年，该理论又得到了其他证明，这次的证据是从活体动

---

① 体细胞 一个相对于生殖细胞的概念，它是一类细胞，其遗传信息不会像生殖细胞那样遗传给下一代。

物而非组织培养中得来的。放射性示踪剂被注入患有癌症的小老鼠体内，通过对它们呼吸作用的细心测定，发现发酵作用的速率要明显高于正常水平，这与瓦尔堡的预见不谋而合。

如果用瓦尔堡创立的标准来衡量，大部分杀虫剂都达到了致癌物的水平，且程度之高令人忧心忡忡。上一章中我们已经知道，许多氯化烃类、酚类以及一些除草剂都能妨碍细胞的氧化作用和能量生成作用。通过这些手段，它们还能制造休眠的癌细胞，这种不可逆转的癌变作用首先处于长期的潜伏状态，不为人们所察觉，最后以明显的癌症形式正式出现——往往到了这个时候，人们恐怕早已淡忘当初它的形成原因，甚至都不会有丝毫怀疑了。

还有另一条路通向癌症——对染色①体进行作用。在这个领域内，许多知名的研究者都把怀疑的目光投向了任何损害染色体，干扰细胞分裂或是引发突变的物质。虽然针对突变的讨论往往涉及生殖细胞，它的作用具体体现在下一代，但是体细胞中也可能存在突变的情况。根据癌症起源于突变的理论，细胞在辐射或化学物质的作用下会产生突变，使其摆脱维护细胞正常分裂的机体控制作用。于是，细胞便会以无拘无束的方式进行疯狂增殖。由这种分裂所产生的新细胞同样具有不受机体控制的能力，于是经过了足够长的时间以后，这些细胞就累积形成了癌症。

其他研究者指出了一个事实，即癌变组织中的染色体是不稳定的，它们容易破裂或者受到损伤；数量也是不稳定的，甚至有可能在一个细胞中找到两套染色体。

首先对染色体异常引发癌变的全过程进行研究的两人是阿尔伯特·莱文和约翰·J.贝塞尔，他们都在纽约斯隆凯特林研究所工作。在考虑癌变和染色体异常究竟孰先孰后的时候，两位研究者毫不犹豫地回答："染色体的异常变化发生在癌变之前。"他们推测，可能在最初的染色体异常出现并最终导致不稳定状态之间，许多代的细胞都经历了不断试错的长期过程（也就是癌症漫长的潜伏期），在此期间，许许多多突变最终集中累积，使得细

---

① 染色体　细胞核中载有遗传信息的物质，在显微镜下呈圆柱状或杆状，主要由DNA和蛋白质组成，在细胞发生有丝分裂时期容易被碱性染料（例如龙胆紫和醋酸洋红）着色。

胞脱离控制，并且开始无规律增殖，癌症也就随之出现了。

欧吉韦德·温吉是染色体不稳定理论的早期倡导者之一，他认为染色体复制的现象尤其需要重点关注。通过反复观察六氯化苯和其同类物质林丹，已经知道它们会导致实验室植物细胞中的染色体加倍；而在许多证据充分的贫血病致死案例中，都能找见这两种物质的身影。难不成是巧合？那么其他各种能够妨碍细胞分裂，破坏染色体并且引发突变的化学物质又是什么情况呢？

不难看出，白血病是暴露在辐射和类辐射化学物质中以后最常引起的疾病之一。物理或化学诱变因子最主要的打击对象就是那些分裂作用尤其旺盛的细胞。其中更是不乏多个种类的组织，但是最重要的是和造血功能有关的组织。在人的一生当中，骨髓是血红细胞的主要制造者，每秒就会向人体血液中输送将近一千万新细胞。白细胞则生成于淋巴腺和一些骨髓细胞之中，生成速度虽然起伏不定，但生成数量依旧十分可观。

某些化学物质让我们又想起了类似锶-90一样的辐射产物，这些物质对骨髓可谓"情有独钟"。苯经常用作杀虫药的溶剂组分，容易在骨髓中沉积，滞留时间可以达到二十个月之久。多年以来，医学文献就已经把苯确认为白血病的一大病因。

对于快速发育的儿童来说，他们的身体组织也能为癌变细胞提供最适宜的发展条件。马克法兰·博内特爵士指出，白血病不仅在世界范围内呈现增长趋势，在三至四岁的年龄组内更是越发频繁，而这个年龄组的儿童并没有其他的高发性疾病。这位权威专家谈道："三至四岁年龄组的儿童之所以出现发病率高峰，很明显是因为他们出生以后，组织曾经暴露在致癌物中，除此之外，再也找不到其他解释得通的原因了。"

另一种已知可以诱发癌症的物质是尿烷。当怀孕的小老鼠经过这种化学物质的处理以后，不仅母鼠出现肺癌，幼鼠也出现了肺癌。而在这些实验当中，唯一可能让幼鼠暴露在尿烷中的时间就是在出生之前，由此证明这种化学物质必定渗透进了胎盘。惠帕博士曾警告，暴露在尿烷及其他相关化学物质的人群中，婴儿很可能因为出生前接触致癌物而出现肿瘤。

尿烷这类氨基甲酸酯，在化学性质上与除草剂IPC和CIPC相近。尽管癌症专家一再发出警告，氨基甲酸酯至今依旧为人们所为何癌症专家"一再"发出警告，而人们至今依旧广泛使用它呢？

广泛使用，不仅用作杀虫剂、除草剂和除菌剂，还被用于增塑剂、药物、服装以及绝缘材料等各类产品当中。

通往癌症的道路也可能是间接而迂回的。有些一般意义上并不是致癌物的物质也可能妨碍到身体某部分的正常功能，并且最终引发癌变。值得注意的例子有扰乱性激素平衡的若干癌症，尤其是生殖系统癌症。在一些病例当中，这种干扰是由于肝脏受到了某种物质的影响，进而无法将这些激素维持在一个稳定的水平上。氯化烃恰好是引发这类间接癌症的物质，因为所有氯化烃类物质都会在一定程度上对肝脏产生毒副作用。

诚然，性激素通常可以在体内正常存在，并且起到促进各类生殖器官发育的作用。不过，身体内部存在一种抑制多余性激素累积的自我保护机制，肝脏就起着平衡雄性激素和雌性激素的作用（不论男女，体内均有这两种激素，只是数量或多或少），避免出现某一种激素积累过度的情况。但是，如果肝脏因为疾病或化学物质的原因受到了伤害，或者B族维生素①供应不足，肝脏的上述功能就无法发挥作用。在这种情况下，雌性激素的含量就会达到一个异常高的水平。

那么会产生什么后果呢？至少在动物方面有大量的实验证据。在其中一例中，洛克菲勒医学研究所的一位调查人员发现，由于疾病原因导致肝脏受损的兔子出现子宫肿瘤的概率非常之高，他进一步认为，这是因为肝脏不能有效抑制血液中的雌性激素，致使雌性激素"逐渐上升到诱发癌症的水平"。大量以小老鼠、大白鼠、豚鼠和猴子为对向的实验表明，长期摄入雌性激素（剂量不一定很高）会导致生殖器官组织发生变化，"既有良性增生，也有明显的恶性肿瘤"。在摄入雌性激素以后，仓鼠长出了肾脏肿瘤。

虽然医学观点就这一问题众说纷纭，但大量证据都表明，人体组织内也会产生类似影响。麦吉尔大学皇家维多利亚医院的研

① B族维生素 有十二种以上，被世界一致公认人体必需维生素的有九种，全是水溶性维生素，在体内滞留的时间只有数小时，必须每天补充。B族维生素是所有人体组织必不可少的营养素，是食物释放能量的关键，各种B族维生素需要相互协同作用。

究人员发现，在他们研究过的一百五十例子宫癌中，有三分之二都出现了异常高的雌性激素水平。后来对二十个病例进行的后续研究中，发现百分之九十都与之前类似，含有高度活跃的雌性激素。

还有一种可能：虽然肝脏受到的损害足以扰乱它抑制雌性激素的正常作用，但目前现有的医学手段无法检测出这种损害。氯化烃就很容易引发这种症状，因为我们知道，低剂量摄入氯化烃就会引起肝脏细胞出现变化，还有可能导致B族维生素流失。这一点极其重要，因为其他环节的证据都表明，这类维生素具有抵抗癌症的保护作用。已故的C. P. 罗兹生前曾任斯隆凯特林癌症研究所的所长，据他发现，哪怕实验室的动物暴露在十分强烈的致癌物质中，只要对其喂食酵母（一种富含天然B族维生素的食物），都不会患上癌症。缺乏这种维生素也和罹患口腔癌以及消化道其他位置的癌症有所关联。不仅在美国观察到了这一现象，甚至在瑞典和芬兰偏远的北部地区也发现了相同的情况，因为那里的日常食物往往缺乏各类维生素。容易患上原发性肝癌的人群——比如非洲的班图部落，都具有典型的营养不良情况。男性乳腺癌在非洲部分地区尤为盛行，通常和肝病以及营养不良有关。在战后的希腊，饥荒时期的一个附带产物就是男性乳腺增生。

总而言之，之所以提出杀虫剂能够间接引发癌症，是因为已经证明了这些物质能够损害肝脏，减少B族维生素的供应量，进而引发"内生性"雌性激素，也就是身体自己分泌的雌性激素增多。除此之外，我们还越来越多地暴露在其他人工合成的雌性激素之中——例如化妆品、食物乃至各类职业的环境中，都有这种雌性激素的存在。两者双管齐下所产生的后果足以让人们严肃对待。

人类暴露于致癌化学物质（包括杀虫剂）的情形纷繁复杂，难以控制。一个人也许会在许多种不同的情况下，暴露于同一种化学物质之中。砷就是其中一个例子。它能够以不同的伪装，出现在每个人的生活环境之中，比如空气污染物、水体污染物、食物残留、医药成分、化妆品成分、木料防腐剂，或是颜料和墨水中的上色物质等。很可能置身于单独某一种暴露之中并不足

你能够发现身边伪装了的危险含砷物质吗？

以引发癌变——然而任何一种所谓的"安全剂量"对于负担有其他"安全剂量"的个体来说，都有可能成为压死骆驼的最后一根稻草。

骆驼是被这"最后一根稻草"压死的吗？这个比喻说明了什么？

可想而知，两种或多种致癌物质同时发挥作用时，就会产生叠加效应。打个比方，如果个体暴露在滴滴涕中，那么几乎一定会暴露在其他造成肝脏损伤的烃类物质之中，因为这些物质被广泛地用作溶剂、脱漆剂、脱脂剂、干洗液以及麻醉药。在这种情况下，滴滴涕的"安全剂量"又有什么意义可言呢？

而上述情况还有可能更加复杂化，也就是说，一种物质可能对另外一种物质产生作用，从而改变其作用效果。癌症有时需要两种化学物质相辅相成的作用才会引发，一种化学物质使细胞或者组织变得敏感，这样一来，在另一种或其他促进因素的作用下，才会真正导致癌变。因而，除草剂IPC和CIPC可能在引发皮肤癌的过程中，起到了"开路先锋"的作用，它们播下了癌变的种子，但直到另外一些物质——或许是普通的洗涤剂——进入以后，才会真正引发癌变。

化学因子和物理因子之间也可能存在相互作用。白血病的发生过程大致可以分为两个步骤：其一，X射线激活癌变；其二，另一种物质——比如尿烷——起到了催化作用。人们在各种辐射源中暴露的频率日益增加，再加上人体与各种化学物质大量接触，都给现代社会提出了一个严峻的新兴问题。

辐射性物质对供水的污染则引发了又一问题。由于水中含有许多其他化学物质，当辐射性物质进入水体以后，很可能通过电离辐射作用改变水中化学物质的性质，将它们的原子以不可预测的方式重新排列组合，进而创造出新的化学物质。

作为一种在世界范围内特别普遍的污染物，洗涤剂如今已经成为威胁公共水源的棘手问题，全美的污染专家都为此忧心如焚。没有任何治理办法能够彻底清除掉它。洗涤剂很少有致癌的，但可以通过间接作用提升癌症的发病率：它可以作用于消化道内侧组织，让这些组织更容易吸收危险的化学物质，从而加剧化学物质的影响。但是，谁又能预见并控制这种作用呢？在这些错综复杂、有如万花筒一般的变化之中，除了"零剂量"，还有什么剂量的致癌物是真正"安全"的呢？

我们对环境中的致癌物质心存容忍，只会让我们自身立于险境之中。最近发生的情况就清楚地说明了这一点。1961年春天，在联邦、各州以及私人的孵化场所里，虹鳟鱼暴发了肝癌。美国西部地区和东部地区均受到了影响，一些地方甚至几乎所有的三龄鳟鱼都患上了癌症。这一事实的发现得益于美国国家癌症研究所的环境癌症部门与鱼类和野生动物管理局事先已经准备对所有长有肿瘤的鱼类进行报告，这样做的目的在于提前警告人们预防水质污染所带来的危害。

只有疾病找上我们时，我们才想到当初犯的错误。

尽管相关研究工作至今仍在找寻如此大规模暴发流行病的确切原因，但是目前最具说服力的证据都指向了事先预备好的孵化场所饲料，怀疑其中含有某种化学物质。这些饲料除了基本食料以外，还包含各种门类的化学添加剂和医用物质，种类之多令人难以置信。

从很多方面来看，此次鳟鱼事件都堪称意义非凡。不过最重要的一点是，它可以告诉我们，当一种强力的致癌物进入环境以后会出现什么样的情形。惠帕博士称这一疾病的大规模暴发严重警告人们，必须更加关注环境之中数量庞大、种类繁多的致癌物的控制问题。"如果不采取相关预防措施，"惠帕博士说道，"那么鳟鱼遭遇的这场灾难未来很有可能降临在人类头上。"

正如一位研究者所形容的，我们生活在"致癌物的汪洋大海之中"，这当然令人心灰意冷，很容易让人产生绝望和消极的情绪。人们经常扪心自问[①]："难道真的无可救药了吗？""难道尝试把这些致癌物从我们的世界中清除出去的做法，注定是不可能的吗？相较于浪费时间的无谓尝试，倾尽全力研发治疗癌症的对策难道不是更好的办法吗？"

这些问题都提交给了惠帕博士，多年以来，他在癌症研究方面的杰出工作使得他的意见备受尊崇。经过长时间的深思熟虑以后，他结合一生的研究和经验给出了自己的回答。惠帕博士认为，今天因癌症而造成的严峻形势与十九世纪末期人类面临传染病时的困难情形非常相似。巴斯德和科赫的卓越工作明确了病源生物和各种疾病之间的因果关系。医疗工作者甚至公众都逐渐意

---

① 扪（mén）心自问　扪，抚摸，用手抚摸着胸口向自己发问，表示自我反省。

识到，人类环境中充斥着大量可以引发疾病的微生物，和今天致癌物质在我们周围四散蔓延的情形一模一样。大部分传染病现今都得到了有效控制，有一些已经被彻底根除了。这一辉煌的医学成就要归功于两面夹攻——既注重预防，又强调治疗。且不论"灵丹妙药"和"万应灵药"在外行人的头脑中占有多么突出的地位，实际情况却是，在对抗传染病的战争之中，真正起到决定性意义的战役都包含了消灭环境中病原体的各项措施。一百多年前暴发于伦敦的霍乱就是一个历史例证。伦敦有一位名叫约翰·斯诺的医生，他把发病地点绘在地图上，发现所有病例都发源于同一个地区，这个地区的所有居民都从布罗德街上的一个泵井里取水。斯诺医生迅速而果断地采取了医学预防的手段，把泵井的把柄给去掉了。从而也控制住了传染病——并不是什么灵丹妙药杀死了（当时尚且不为人知的）霍乱病原体，而是将病原体从环境中连根拔起。医疗手段之所以能够取得重大进展，不仅在于医治病人，还包括减少病灶。现在结核病相对较稀少的主要原因在于，普通人现在几乎同结核杆菌没有什么接触机会了。

　　今天，我们的世界充满了致癌物质。如果我们动用全部或大部分力量仅仅专注于研发治疗手段（就算我们假设可以找到攻克癌症的"治愈办法"），那么根据惠帕博士的见解，这场抗癌战争依然注定失败，因为这种做法忽略了环境是致癌物质最大的储存地，而致癌物质继续逞凶作恶的速度势必将超过至今仍无从捉摸的"治愈方法"延缓癌症蔓延形势的速度。

　　我们为什么一直不愿意接受这种常识性的方法来应对癌症问题呢？也许是因为，"治愈癌症病人的目标比预防癌症更加激动人心，更加具体，更加引人注目也更加令人满意吧。"惠帕博士如是说。然而，在癌症形成之前去预防癌症"确实更加人道"，而且可能"要比治疗癌症更为有效"。惠帕博士几乎无法忍受一种痴人说梦般的想法，以为"每天早上用早饭之前，服用一种神奇药丸"就能预防癌症。公众之所以相信最终能够出现这样的结果，其部分原因在于他们误以为癌症虽然是一种神秘的疾病，但既然它是由单一原因引起的单一疾病，那么就有希望找到单一的治疗办法治好它。这当然和已知的真理相去甚远。环境癌症是由十分复杂的多种化学因素和物理因素共同引起的，恶性肿瘤本身也是以各不相同、生物学特征相互各异的方式而出现的。

預防、治療要双管齐下。

治标更要治本才是解决问题的关键。

这样一种翘首以盼的"突破"，假使有一天真的实现，也不可能指望它是能够治疗所有类型癌症的万灵药。虽然必须继续研究治疗手段，以期减缓并挽救那些已经身染癌症的病患，但是如果就此宣扬，问题会在某种灵丹妙药的陡然降临中迎刃而解，那简直是在帮倒忙。对这个问题的解决方案依靠一步又一步的稳扎稳打。正当我们把好几百万美元和所有希望都投入针对现有癌症寻求治疗方法的研究项目中，我们就极有可能在苦苦寻觅治愈措施之时，忽视掉了预防癌症的黄金时期。

征服癌症绝不是毫无希望可言。从一个重要的方面来看，现在的前景比十九世纪末二十世纪初应对传染病时的情景更为振奋人心。那个时候，世界上充满了致病细菌，正像今天的世界充斥着致癌物一样。不过，当时的病菌并不是由人类带入环境中去的，人类也并非出于自愿而传播了这些病菌。与之相反，绝大部分的致癌物都是由人类自己放入环境之中的，而且，如果人类愿意的话，他们是能够清除环境中的致癌物的。致癌物质在我们的世界里站稳脚跟的原因有二：第一，颇具讽刺意味的是，它们的出现正是由于人类追求更美好、更轻松的生活方式；第二，因为这些化学物质的制造和销售已经成为我们经济和生活方式中公认的组成部分了。

从大众心理和物质经济两方面，分析致癌物质站稳脚跟的原因，抓住了问题的关键，有一定的深刻性。

认为所有化学致癌物能够（或者将会）从现代世界中一举清除掉的想法是不切实际的。但是，相当大比例的化学致癌物绝非生活的必需品。清理掉这些致癌物质以后，它们加之于生命的总负荷量将大为减轻。与此同时，每四个人就有一个人患上癌症的威胁至少会显著缓和。最坚定的努力应当用到消除这些致癌物上面去，因为它们正在污染我们的食物、供水和大气，而且它们对我们最具威胁——虽然暴露剂量轻微，却一年接一年不断地反复。

排除生活中的癌症隐患，降低"逢四有一"的致癌率。

在癌症研究领域获得卓越成就的许多研究者也对惠帕博士的观点表示赞同。他们都相信，只要我们坚定不移地查明致癌的环境因素，并且能够将其清除或减小其伤害，恶性疾病就能大幅减少。而对于体内已经潜藏有癌细胞或者已经有了明显病征的患者，寻找治疗方法的努力当然还要继续进行下去。但是，对那些尚未罹患癌症的人们，以及我们尚未出生的子孙后代，预防措施已成当务之急。

精华点评

生物与癌症的斗争存在已久，人类出现以前，大自然是"不慌不忙"地进行调整。人类出现后，尤其是工业时代以来，人们亲手制造出来的致癌物质越来越多，增长速度越来越快，离我们的生活也越来越近，而相关法律却"姗姗来迟"地收拾残局，更可怕的是，这些"幕后黑手"，越来越善于伪装，以亲切的面孔出现在每个人的生活环境中。当然，面对"致癌物的汪洋大海"，惠帕博士结合一生的研究和经验告诉我们：医学方面应该两面夹攻——既要治疗，也要重视预防，双管齐下，真正起到决定性作用的是要减少环境中的癌症隐患。

延伸思考

经济发展是一把双刃剑，在大大提高人类社会经济发展的同时，也给大自然带来了空前的灾难。我们是否该如工业革命时期一样"先污染，后治理"？或者寻求二者的和谐统一发展？如何平衡好生态环境与经济发展之间的关系？你有怎样的思考？

知识链接

伦敦烟雾事件

1952年12月5—9日，地处泰晤士河河谷地带的伦敦城市上空处于高压中心，一连几日无风，大雾笼罩着伦敦城，又值城市冬季大量燃煤，排放的煤烟粉尘在无风状态下蓄积难散，烟和湿气积聚在大气层中，致使城市上空连续四五天烟雾弥漫，能见度极低。在这种气候条件下，飞机被迫取消航班，汽车即便白天行驶也须打开车灯，行人走路都极为困难，只能沿着人行道摸索前行。

许多人都感到呼吸困难，眼睛刺痛，流泪不止。伦敦医院由于呼吸道疾病患者剧增而一时爆满，仅仅4天时间，死亡人数达4000多人。2个月后，又有8000多人陆续丧生。这就是骇人听闻的"伦敦烟雾事件"。

伦敦烟雾事件中，冬季取暖燃煤和工业排放的烟雾是元凶，逆温层现象是帮凶。伦敦工业燃料及居民冬季取暖使用煤炭，煤炭在燃烧时，会生成水、二氧化碳、一氧化碳、二氧化硫、二氧化氮和碳氢化合物等物质。这些物质排放到大气中后，会附着在飘尘上，凝聚在雾气上，进入人的呼吸系统后会诱发支气管炎、肺炎、心脏病。当时持续几天的"逆温"现象，加上不断排放的烟雾，使伦敦上空大气中烟尘浓度比平时高10倍，二氧化硫的浓度是以往的6倍，整个伦敦城犹如一个令人窒息的毒气室一样。

可悲的是，烟雾事件在伦敦出现并不是独此一次，相隔10年后又发生了一次类似的烟雾事件，造成1200人的非正常死亡。直到70年代后，伦敦市内改用煤气和电力，并把火电站迁出城外，才使城市大气污染程度降低了80％，骇人的烟雾事件才没在伦敦再度发生。

（摘自"中国天气网"，有删改）

导　读 ▶ ▶ ▶

　　在这一章里，你将看到人类如何用杀虫剂有意或无意地杀害了那些都助过我们的昆虫朋友，看到大自然的平衡状态是如何被打破的，看到喷洒农药后人类所遭受到的骇人反扑……

15. 大自然的反击

　　我们冒着巨大的风险力图将大自然改造成令我们满意的样子，但终究未能实现目标，这着实是一个莫大的讽刺。然而，这似乎就是我们现在所处的境况。虽然很少有人提及，但事实就摆在眼前，大自然并不是轻易就能改造的，昆虫也在想方设法地避开我们发起的各种化学攻击。

　　荷兰生物学家C. J. 布里杰曾说："昆虫的世界是大自然最惊人的现象，在昆虫的世界里，没有什么是不可能的，即使是最不可能的事情，在昆虫的世界里也屡见不鲜。一个醉心钻研其中奥秘的人，会不断为它的神奇而惊叹连连。他知道在这里一切皆有可能，完全不可能的事情也时常发生。"

　　这些"不可能的事"目前广泛地出现在两大领域。通过遗传选择，昆虫正逐渐衍生①出能够抵抗化学药物的种类。这一问题将在下一章再做讨论。但是更广泛的问题，也是我们目前最

> 昆虫在地球上存在了四亿多年，比人类出现时间早一百多倍，它们个体虽小，但生命力无比强大。

---

①　衍生　指演变而产生，从母体物质得到的新物质如衍生物，衍生品等。

应当关注的问题在于，我们所采取的化学攻击正在弱化环境本身所固有的防御机制，而这一防御机制目的就是为了避免昆虫的大肆侵袭。我们对这些防御机制每破坏一次，都会有一大群昆虫随之涌现。

来自世界各地的报告都清楚地揭示，我们正处在一个严峻的困境之中。经过持续十几年的密集化学防治，昆虫学家们发现，早几年他们认为已经解决了的问题又死灰复燃。过去那些数量无关紧要的昆虫，如今增长到了足以构成严重虫害的程度，这就引发了新的问题。由于昆虫自身的特性，化学防治适得其反。各种化学防治手段被盲目地投入使用，但在设计和运用时却没有考虑复杂的生物系统。这些化学药物，或许在个别昆虫物种身上进行过测试，但是从未在整个昆虫群落①里试验过。

当前，无视大自然的平衡已成为一些地区的流行做法。在早期较简单的世界里，自然的平衡是普遍状态，但由于现在这种状态已经完全被打破了，自然平衡的概念也随之遗忘。有人认为这种平衡是一种人为臆测，可一旦把它奉为行动指南，却是危险非常。我们今天所说的自然平衡与冰河时期②的并不相同，但它依然存在：这是一个复杂的、精确的、高度整合的系统。它联系着所有的生命体，不容忽视，正如一个坐在悬崖边摇摇欲坠的人无法轻易藐视万有引力定律一样。大自然的平衡并不是一种恒定不变的状态，它是一种流动的、不断变化的、处于不断调整中的状态。同理，人类也是大自然平衡中的一部分。有时候，这种平衡对人有利；但有时候，或者说大多时候，这种平衡又通过人类自身的活动对人本身产生了不利的影响。

在制订现代害虫防治方案的过程中，人们忽略了两个极为重要的事实。第一，真正有效的昆虫防治是由大自然完成的，而不是人类。昆虫的数量由一种被生态学家称为环境抵抗力的作用控制，而且这种控制打从第一个生命诞生伊始，就已经开始发挥作

> 提到昆虫的世界，你是否会记起法布尔《昆虫记》里的种种精彩？它与本书看待问题的角度是否不同？

---

① 群落 亦称生物群落，是指在相同时间聚集在同一地段上的各物种的种群集合，包括动物、植物、微生物等各个物种的种群，共同组成生态系统中有生命的部分。

② 冰河时期 又称冰川期，指地球在某些年代里陆地和海洋都被冰层覆盖的时期，这些冰封地带比现在受冰封的地域广阔得多。

用了。食物的数量、气候和天气状况、竞争物种或捕食物种的存在，对昆虫数量都有着至关重要的影响。生物学家罗伯特·梅特卡夫曾说过："预防昆虫在其他地区泛滥的一个最主要的因素就是昆虫内部自相残杀的行为。"然而，目前我们所用的大部分化学药品对昆虫全部视同一律——无论好坏，一律格杀勿论。

第二，我们都忽视了，在环境抵抗力弱化时，物种所爆发出来的强大繁殖能力。许多生命的繁殖能力远远超乎我们的想象，哪怕我们有时已经有了初步的感知。我记得学生时代的一个奇迹：往一个放着混合了干草和水的罐子里加入几滴原生动物①的培养菌，没过几天，罐子里出现一大群旋转、飞蹿的微生物生命体——无数只呈拖鞋状的草履虫，每一只都小得如同尘埃，全都在这温度适宜、食物充足且没有天敌的临时伊甸园里肆意生长繁殖。这让我想起了海礁上一望无垠的白色藤壶②，或者是一大群水母一英里又一英里地向前跋涉穿越的奇观，似乎无休无止，幽灵般的形体仿佛海水一样缥缈空灵。

当鳕鱼穿游冬季的海域，奔向它们的产卵地时，我们就能见识大自然是如何运用控制作用来创造奇迹。每只雌鳕鱼在产卵地上产下数百万颗卵。如果所有鳕鱼的卵都存活下来变成小鱼，那么海洋肯定会变成鳕鱼的固体团块了，但这并未发生。存在于大自然中的控制机制异常强大，甚至平均下来，每对鳕鱼所产的数百万鱼卵仅有足够数量的一小部分能够活到成年，最终更替双亲。

生物学家们过去曾通过这样的猜想来自娱自乐：假设发生了某个难以想象的大灾难，大自然的控制机制失去了作用，使得一个单独个体繁殖的后代全部存活下来，接下来会发生什么事情呢？因此，在一个世纪前，托马斯·赫胥黎③就计算出一只母蚜虫（一种具有无性繁殖能力的奇特昆虫）在短短一年时间内繁殖出来的后代重量加起来，可以等同于当时整个中国总人口的重量。

> 通过比较，突出了母蚜虫繁殖出的后代数量之惊人。

---

① 原生动物　是最原始、最简单、最低等的单细胞动物。

② 藤壶　附着在海边岩石上的一簇簇灰白色、有石灰质外壳的节肢动物。

③ 托马斯·赫胥黎（1825—1895）　英国著名博物学家、教育家。达尔文进化论最杰出的代表。

值得庆幸的是，这种极端的情况只是理论上的猜想而已。但破坏大自然本身的秩序所带来的可怕后果，对专门研究动物种群学的学生来说并不陌生。畜牧工人消灭郊狼的狂热导致田鼠泛滥成灾，而在此之前，田鼠的数量是因郊狼才得以控制的。同样的故事也发生在美国亚利桑那州的凯巴布高原鹿身上，这是另一个典型的例子。曾经有一段时间，鹿群数量与其所处的环境是相互平衡的。一些食肉动物——狼、美洲狮、郊狼——控制着鹿群的数量，使其不超过食物供应量的更迭速度。后来掀起了一场屠杀鹿群天敌的"护"鹿运动。一旦没有了这些食肉动物，鹿群的数量便迅猛增长，周围的食物很快就不够庞大的鹿群消耗了。由于鹿群的频繁采食，树上的叶子长得越来越高，更多鹿因为饥饿死亡，其数量远远超过了原先食肉动物对鹿群的捕食数量。而且，整个环境也因鹿群不顾一切的觅食而蒙受破坏。

田野和森林的捕食性昆虫所起的作用与凯巴布高原的野狼和郊狼相同。一旦灭掉它们，害虫的数量便会蜂拥猛长。

> 再次证明大自然在环环相扣的食物链中达到平衡。

没有人知道地球上究竟有多少种昆虫，因为仍有许多昆虫种类亟待人们鉴定。不过，目前已经记录在案的昆虫种类就已达七十万余种。这意味着，从物种数量的角度来看，地球上有百分之七十到百分之八十的物种是昆虫。而且绝大多数的昆虫都被自然力量所控制，无须任何人力干涉。如果不是这样的话，任何剂量的化学药品——或者任何人类所能想到的措施——都有可能抑制它们的数量。

但问题在于，我们很少意识到天敌所带来的保护作用，直到失去这种作用以后，方才悔不当初。我们中的大多数人，茫然地游走于这个世界，对这个世界的美和奇迹，乃至我们周围生命所具有的神奇甚至是骇人的力量统统浑然不知。这也就解释了为什么我们对昆虫的捕食性天敌和寄生性天敌的生活习性知之甚少。也许我们可能已经注意到，在花园灌木丛上潜伏着一只形状怪异、凶巴巴的昆虫，而且也模糊地觉察到，这只螳螂以其他昆虫为食。但是，只有当我们在夜里漫步花园，用手电筒四处照射，瞥见螳螂悄然逼近猎物，才会真正理解我们所看到的一切。那

> 卡逊为人们对自然的漠然无知而悲哀，当你真正走近自然，观察自然，才能发现自然的种种神奇及力量。

时，我们就会意识到捕猎者和猎物之间上演的戏码①，也开始感觉到大自然进行自我控制的那股残酷的压制力量。

捕食类昆虫——专门猎食其他昆虫的虫类——种类繁多。其中有的动作敏捷，身手如同燕子在空中捕捉猎物一般矫健。还有的不慌不忙地沿着树干爬行，猛然摘取诸如蚜虫这类的定栖昆虫，再狼吞虎咽地解决干净。黄衣胡蜂捕捉软体昆虫，用其汁液来喂食幼虫。泥蜂在屋檐下筑起柱状蜂巢，并往巢内储藏猎捕来的昆虫，以喂养其幼虫。警卫蜂（沙黄峰）则盘旋在牛群上空，消灭那些让牛群备受折磨的吸血蝇。经常被误认为是蜜蜂的食蚜蝇，总发出响亮的嗡嗡声，把卵产在蚜虫滋生的植物叶子上，孵化的幼虫直接就能消灭大量的蚜虫。瓢虫，或者叫"红娘"，在众多的捕食性昆虫中，它是蚜虫、蚧壳虫②以及其他侵蚀植物的昆虫最有力的克星。可以毫不夸张地说，一只瓢虫可以消灭上百只蚜虫，而这上百只蚜虫所转化的能量，也仅仅只够瓢虫产一次卵而已。

寄生类昆虫的生活习性就更加奇特了。它们并不会马上杀死宿主。相反，它们在经过各种适应之后，会利用宿主的资源来滋养自己的后代。它们会把自己的虫卵产在猎物的幼虫或虫卵中，这样它们的幼虫就能在宿主身上汲取营养了。有些寄生类昆虫会利用一种黏性溶液把卵产在毛虫身上，一旦孵化，寄生幼虫就会钻透宿主的皮肤进入其体内。其他的寄生类昆虫，出于明显的预知本能，干脆将卵产在叶子上，这样食草类毛虫就会不小心把它们吃进腹中了。

不论是田野或树篱上，还是花园里，抑或森林中，捕食性昆虫和寄生性昆虫的身影随处可见。在池塘的上空，蜻蜓飞掠而过，它们的翅膀在阳光下闪闪发亮，透射出火焰般的光芒。它们的祖先就曾在这遍布大型爬行动物的沼泽里栖息过。如今的蜻蜓，眼力和远古时候一样敏锐，在空中就能凭借细长的腿实行抓捕，将蚊子箍在脚下。而蜻蜓的后代，一般称为若虫或稚虫，则在水中捕食处于生长阶段的幼蚊和其他昆虫。

---

① 戏码　戏曲演出的节目。

② 蚧（jiè）壳虫　又名"介壳虫"，介壳虫是柑橘、柚子上的一类重要害虫。

还有草蛉虫①，它在叶子的映衬下几乎隐而不见。这种昆虫有着轻纱般的绿色翅膀，还有金色的眼睛，腼腆又善于躲藏，它是二叠纪②时期的一种原始昆虫的后裔。草蛉成虫主要以植物花蜜和蚜虫汁液为食，时机成熟以后就会产卵。草蛉成虫的每颗卵都带有一根长长的丝柄，卵悬挂于丝柄的端部，丝柄基部则固定在植物的叶子上。草蛉虫的孩子，又称蚜狮，是一种奇怪的、长着刺毛的幼虫，它们就是从这些卵中孵化而出的。它们捕捉蚜虫、蚧壳虫或者螨虫，靠吸食它们的体液存活。它们就这样周而复始地进食，直到做出白色丝茧使其度过蛹期，每只蚜狮大概能消灭好几百只蚜虫。

以上几段，卡逊用生动形象的语言为我们介绍了这些益虫的生活习性及对人类的贡献。

还有许多蜂类和蝇类也是如此，它们通过寄生作用消灭其他昆虫的卵或幼虫以求生存。有些黄蜂的寄生卵虽然非常微小，但是由于数量庞大、活动能力强，它们抑制了许多危害农作物的害虫肆意繁殖。

所有的这些小生物一直都在工作着——无论晴雨，也无论黑夜白天，哪怕严冬的摧残扑灭了它们生命的火焰，只残留下一点灰烬，它们也依然坚守在岗位上。此时这股生命力只是阴燃③着，等待春天唤醒昆虫世界，重新燃起它们的活力。与此同时，在纯白的雪毯下，在霜冻的土壤下面，在树皮的夹缝中，在隐蔽的洞穴里，捕食昆虫和寄生昆虫都找到了熬过寒冬的办法。

一个个鲜活的例子让人看到了昆虫世界里那顽强的生命力。

螳螂卵被它们的母亲保护在侧壁薄如羊皮纸的小匣子里，然后粘在灌木的树干上。螳螂母亲的生命在产下虫卵的那个夏天就结束了。

雌性胡蜂在一些阁楼不起眼的角落筑巢，她体内携带受精卵，这些卵在孵化发育之后，会组成新一代的蜂群。这只雌蜂作为蜂群的幸存者，会在春天筑一个小纸巢，在每个巢室中产卵，精心地养育出一支小型的工蜂队伍。在工蜂的协助下，她会慢慢地扩建蜂巢，壮大整个蜂群。然后，在炎炎夏日里不停觅食的工

---

① 草蛉虫 又名草蜻蛉，幼虫叫蚜虱，是一种捕食性昆虫，成虫和幼虫的捕食能力都很强。

② 二叠纪 古生代的最后一个纪，也是重要的成煤期，二叠纪开始于距今约2.99亿年，延至2.5亿年，共经历了4500万年。

③ 阴燃 没有火焰的缓慢燃烧现象。

蜂，会开始捕杀无数的毛虫。

因此，透过它们的生活环境和我们自己的本性需求可以发现，这些昆虫都是协助我们维系自然平衡的同盟军，使得自然平衡向有利于我们的一边倾斜。但是，如今我们却把炮口转向了这些朋友，粗心地低估了它们对许多如暗潮般涌来的敌人的牵制作用。没有了它们的帮助，敌人自然泛滥成灾，危及我们的生存。

随着杀虫剂的数量和种类逐渐增多，破坏力日渐增强，环境抵御能力全面而持续下降的事实正日益突显。不难预料，随着时间的推移，更严重的虫害将会陆续暴发。有的害虫传染疾病，有的破坏农作物，其种类之多远远超出我们所知的范围。

"是的，然而这只是一种理论上的猜测吧？"也许你会有这样的想法，"这种情形肯定不可能真的发生——无论如何，在我有生之年是不会发生的。"

> 如果只顾及有生之年，这种短视将是对子孙后代的不负责任。

然而，此时此地，它又确确实实在发生着。到1958年为止，科学期刊就已记录下约五十种导致自然失衡的昆虫。每一年都有更多类似的昆虫物种被发现。近期为了回顾这一问题，一共参考了二百一十五篇论文，全部提到了害虫导致自然界昆虫数量的失衡。

有时候，喷洒农药产生了反效果，原先想要控制的昆虫数量反而加倍剧增了。比如安大略湖的黑蝇，在喷洒农药之后，它们的数量猛增到喷药之前的十七倍。还有，在英国，有机磷农药喷洒过后没多久，就爆发了史无前例的菜蚜虫虫害。

其他的几次农药喷洒，虽然有理由相信它们对目标害虫的防治卓有成效，但同时也打开了潘多拉魔盒①，致使害虫泛滥成灾，随之引发了诸多问题。比如红叶螨，由于滴滴涕和其他杀虫剂杀死了红叶螨的大量天敌，它已发展成一种世界性的害虫。红叶螨并不是昆虫，而是一种肉眼难辨的八腿生物，与蜘蛛、蝎子和扁虱同属一类。它有适于刺吸的口器，还有吸食植物叶绿素的庞大

---

① 潘多拉魔盒 希腊神话中宙斯令火神赫淮斯托斯用黏土做成的地上的第一个女人——潘多拉，作为对普罗米修斯造人和盗火的惩罚，众神使她拥有更诱人的魅力。根据神话，潘多拉打开魔盒，释放出人世间的所有邪恶——贪婪、虚伪、诽谤、嫉妒、痛苦等，但却在希望没有来得及释放时，又盖上了盒盖，把它永远锁在盒内。后即以"潘多拉魔盒"比喻"灾祸之源"。

胃口。它会把细小、尖锐的口器刺进叶片和常青针叶的外层细胞，从中提取叶绿素。轻微的侵袭会让树群和灌木丛表面呈现出如椒盐般的斑点状。而大量的红叶螨则会导致叶片变黄脱落。

这就是几年之前发生在美国一些西部国家森林里的事。当时，也就是1956年的时候，美国林务局对约八十八万五千英亩的森林土地喷洒了滴滴涕，目的是为了控制云杉卷叶蛾，但第二年夏天却发现了比虫害更糟糕的问题。人们在空中进行森林观测时发现了大片的森林枯萎区，许多高大繁茂的道格拉斯冷杉变成褐色，针叶大量掉落。在赫勒拿国家公园和大贝尔特山的西坡，还有蒙大拿州和爱达荷州周边的其他区域，那儿的森林看起来仿佛烤焦了一样。显然，1957年夏天是红叶螨有史以来影响范围最广、破坏力最为骇人的一次侵袭，几乎所有喷洒过农药的地方都遭到了红叶螨的破坏，没有什么别的地方比这里的灾情更严重了。通过搜索过往的案例，守林员想起了另外几宗同样由红叶螨引发的灾难，但都不及这一次令人印象深刻。1929年的黄石公园麦迪逊河沿岸，1949年的科罗拉多州，还有1956年的新墨西哥州，都曾遭受过类似的麻烦。每一次虫害的爆发都发生在森林喷洒完杀虫剂之后（只有1929年那次喷洒发生在滴滴涕出现的时代之前，当时用的是砷酸铅①）。

为什么红叶螨会在杀虫剂的作用下，反而肆意繁殖了呢？除了它对杀虫剂相对不怎么敏感以外，还有两个原因。在大自然中，红叶螨的数量受到各种捕食性昆虫的制衡，包括瓢虫、瘿蚊、食肉螨和几种花蝽，它们都对杀虫剂极端敏感。最后一个原因与红叶螨群落内部的种群压力有关。一个未受干扰的螨虫种群是一个密集聚居的固定群落，所有螨虫挤在一张保护网下躲避敌人的侵扰。喷洒杀虫剂之后，整个群落就分崩离析了。螨虫们虽然没被杀死却也受到刺激，它们为了寻找安身之所而溃散各地。因为这样，它们找到了比之前的群落更大的空间和更丰富的食物。此时螨虫们的天敌已死，它们也无须耗费精力编织藏身的保护网。于是，它们把所有的精力都放在繁殖后代上。所以也并不奇怪，它们的产卵量会猛增至原来的三倍——这一切都得益于杀

---

① 砷酸铅　白色晶体，不纯的工业品呈粉色，微溶于水，溶于硝酸，有剧毒。

虫剂的效果。

在弗吉尼亚州雪兰多的山谷里，有一个著名的苹果种植区。滴滴涕刚开始取代砷酸铅时，一群叫红带卷叶蛾的小昆虫就开始兴风作浪，使种植员们头疼不已。这种昆虫造成的破坏从未这般严重过，而且随着滴滴涕使用量的增加，它很快就啃噬了当地百分之五十的果树，成为对苹果树最具破坏性的害虫。这样的情况不仅仅发生在这个地区，许多东部和中西部地区也难逃厄运。

这种情形极为讽刺。二十世纪四十年代末期，在新斯科舍，定期喷洒农药的苹果园被苹果蛀蛾（"虫蛀苹果"的罪魁祸首）祸害得最严重，而没有喷洒农药的果园，蛀蛾反倒没有掀起什么风浪。

类似的，在苏丹东部，频繁喷洒农药的结果也不尽如人意。那儿的棉花种植者们也有一段关于滴滴涕的心酸经历。在盖斯三角洲，约有六万英亩的棉花田靠灌溉生长。眼看滴滴涕的早期试用取得了明显良好的成效后，种植者们进一步加强了杀虫剂的喷洒。麻烦也就从此开始了。棉铃虫是对棉花最具破坏性的敌人之一。然而，棉田里杀虫剂喷洒得越多，棉铃虫就出现得越多。没有喷洒杀虫剂的棉田，棉朵和棉桃的损失反倒比喷洒了杀虫剂的棉田要轻。使用了双倍杀虫剂的棉田，棉籽的产量更是大幅下降。虽然杀虫剂确实消灭了部分食叶性害虫，带来了一定的好处，但被棉铃虫带来的危害也抵消了。到最后，种植者们却面临着这样一个不愉快的事实：如果他们当初没有为了喷洒杀虫剂而劳心伤财，他们的棉花产量反而会比现在多得多。

在比利时属地的刚果和乌干达，人们大量使用滴滴涕来对付危害咖啡树的害虫，后果却几乎是灾难性的。害虫似乎完全不受滴滴涕的影响，它们的天敌反而对杀虫剂非常敏感。

在美国，农民们原本想通过喷洒杀虫剂来防治害虫，没想到却因此扰乱了昆虫世界原本的种群动态，带来了更严重的虫害问题。最近执行的两次大规模杀虫剂喷洒计划，就造成了这样的问题。这两次灭虫计划，一次是南部的火蚁消除计划，另一次是为了对付中西部的日本甲虫。（详见第七章和第十章）

1957年，当七氯杀虫剂在路易斯安那州的农田被大规模使用后，一种被视为甘蔗作物最大敌人的害虫——蔗螟反而得到解放。在喷洒过七氯后，蔗螟对作物造成的损害急剧上升。原先克制火蚁的化学药物消灭了蔗螟的许多天敌，农作物遭受了严重的侵袭，农民因此决定要起诉路易斯安那州，因为州政府没有提醒他们可能会发生类似情况。

同样惨痛的教训还发生在伊利诺伊州的农民身上。最近，伊利诺伊州为了防治日本甲虫，在东部的农田喷洒了破坏力极强的狄氏剂。但农民发现，防治区域内玉米螟的数量大量增加。事实上，在喷药区的农田里，玉米螟产下的幼虫在数量上几乎是其他区域的两倍。农民或许还没意识到这些情况发生的生物学原因，不过他们并不需要科学家们来告诉他们，他们做了一笔亏本的交易。为了消除一种昆虫，他们却招致了另一种更具破坏力的强敌。据美国农业部估计，日本甲虫在美国造成的总损失约为每年一千万美元，而玉米螟造成的损失则高达八千五百万美元。

用蛮力去灭虫的战争只会令其更加强大。

值得注意的是，过去人们一直依靠大自然的力量来控制玉米螟。1917年，当这种昆虫被意外地从欧洲引入以后，美国政府在两年时间里启动了一个强力计划，目的在于寻找和引进能够克制这种害虫的寄生虫。从那时起，二十四种玉米螟的寄生天敌被高价从欧洲和东方引入到美国。其中，有五种被公认为具有明显的克制成效。如今自不必说，随着玉米螟的天敌都被杀虫剂消灭，这项计划岌岌可危。

如果听起来觉得很荒谬的话，不妨想想在加利福尼亚州的果园。十九世纪八十年代，世界上最著名、最成功的一次生物防治试验就发生在这里。1872年，一种以柑橘树的汁液为食的甲壳虫在加利福尼亚出现，并在接下来的二十五年时间里发展成一种破坏力极强的害虫，许多果园的果树都受损严重。新兴的柑橘产业面临着毁灭的威胁。许多农民都放弃了，纷纷拔掉他们的果树。后来，这种甲壳虫的寄生天敌——澳洲瓢虫，从澳大利亚被引进美国。在第一批瓢虫被运进美国后，仅仅两年时间，加利福尼亚州所有柑橘种植区里的甲壳虫就被完全控制了。从那时起，即使在柑橘园找上几天，也发现不了一只甲壳虫。

二十世纪四十年代，柑橘种植者们开始试用对付其他昆虫的新药物。随着滴滴涕和其他毒性更大的农药被投入使用，加利福尼亚州许多地区的澳洲瓢虫都灭绝了。当初，这种瓢虫的进口仅仅花费了政府五千美元，但瓢虫的活动每年却能为果农挽回数百万美元的损失。然而，一时的疏忽与松懈却让这笔利益不复存在了。甲壳虫的侵扰很快又席卷而来，造成的破坏比过去五十年所见都要严重。

仅是一时的疏忽与松懈造成的吗？

在加州河边市柑橘研究中心工作的保罗·德巴赫博士曾说："这也许标志着一个时代的终结。"现在甲壳虫的控制已变得极为复杂。澳洲瓢虫要想存留下来，只有通过反复放养和非常谨慎的喷药计划来最大化地减少它们与杀虫剂的接触。但是，无论柑橘种植者们如何做，他们或多或少地都受到邻近种植者的影响，因为农药随风飘来，会造成严重破坏。

所有这些例子，都谈到了破坏农作物的昆虫。那么，那些传播疾病的昆虫呢？在此之前，这方面已经有过多次警告了。比如，二战期间，在南太平洋的尼桑岛上就曾大量喷洒过杀虫剂。但当战争结束时，喷洒行动停止了。很快，成群的疟蚊又再次侵袭了这座岛。当时，疟蚊所有的捕食天敌都被杀死了，而新的捕食种群又还没发展起来。因此，疟蚊数量的猛增是显而易见的。马歇尔·莱尔德曾针对此意外情况打过一个比方。他把化学防治比作一台跑步机，一旦踏上去，我们就会因为害怕后果而停不下来。

在世界的某些地方，疾病与农药喷洒之间存在一种截然不同的联系。由于某种原因，像蜗牛一样的软体动物似乎完全不受杀虫剂的影响。这种情况已被多次观察到了。在佛罗里达州的东部，杀虫剂喷洒过后，盐沼地如同经历了一场大屠杀，只有水生螺存活下来。那个场面正如之前描述的，是一幅让人毛骨悚然的图画——一幅可能出自超现实主义①画家之手的画。蜗牛在死鱼的尸体和垂死之蟹的身体间来回蠕动，吞食这些被农药毒杀的受害者。

然而，为什么这种现象如此重要呢？这是因为许多水生蜗牛充当着寄生虫的宿主。这些危险的寄生虫，有一半的生命是寄生在软体动物里，另一半则寄生在人类身体中。以血吸虫为例，当人喝水时，或者在有血吸虫活动的水中洗澡时，它们就会透过人的皮肤钻进人的体内，从而引起严重的疾病。这些血吸虫都是被

---

① 超现实主义　在法国开始的文学艺术流派，两次世界大战之间盛行于欧洲文学及艺术界。

蜗牛宿主释放到水中的，它们引起的这类疾病在亚洲和非洲的部分地区尤为普遍。在它们出现的任何地方，凡利于蜗牛大幅增加的昆虫控制措施都有可能导致严重的后果。

当然，人类并不是蜗牛传染病的唯一受害者。牛、绵羊、山羊、鹿、麋鹿、兔子和其他各种恒温动物的肝病都可能是肝吸虫引起的。肝吸虫有一半的生命周期都寄生在淡水螺里。这种蠕虫寄生的动物肝脏是不适于供人食用的，通常还要被没收。这些废弃的动物肝脏每年都让美国农场主损失约三百五十万美元。显然，任何引起蜗牛数量增长的举措都会使这个问题变得更加严重。

在过去的十年里，虽然这些问题已投下了长长的阴影，但我们却迟迟没有认清。大部分原本适合研发自然控制手段并协助其投入使用的人都忙着在葡萄园里钻研更刺激的化学控制手段。根据1960年的报道显示，那时美国只有仅仅百分之二的经济昆虫学家从事于生物控制领域。在剩下的百分之九十八中，大部分都从事化学杀虫剂的研究。

为什么会这样呢？因为很多主要的化学公司都向大学投入大量资金，以此资助各种杀虫剂的研发。这就为研究生创造了诱人的奖学金和工作岗位。而另一方面，生物控制研究却从未被赋予这样的重视——其实原因很简单，生物控制研究并不像化学工业领域的研究一样有机会赚个盆满钵满①。这类研究都留给了各个州政府和联邦机构的工作人员，而他们获得的工资报酬相对就少得多了。

> 利益的诱惑促使这些科学家选择了背弃自然。

因此，原本令人困惑的事实也不那么难以解释了：一些杰出的昆虫学家为什么会不遗余力地倡导化学控制。对这些人其中一部分人进行的背景调查显示，他们所有的研究项目都得到了化学工业的资助支持。他们的职业声望，有时甚至是他们的工作本身都要依赖化学方法保障。我们又怎能指望他们跟自己的衣食父母过不去呢？但是，如今知道了他们的偏好以后，对于他们坚持辩称杀虫剂无害的说法，我们又能够给予多大的信任呢？

---

① 盆满钵满 赚得盆和钵都装满了（钱），形容赚的钱很多。

当人们弹冠相庆[1]，盛赞化学药物是控制昆虫的主要措施时，只有少数不同观点的报告经由昆虫学家发声。他们始终没有忘记这样一个事实——那就是他们既不是化学家，也不是工程师，而是生物学家。

英国的F. H. 雅各布宣称："许多所谓的经济昆虫学家，他们的活动也许就是让人们相信，光凭一个喷嘴就能得到最后的救赎……他们相信当他们造成害虫复苏，昆虫产生抗药性或者哺乳动物中毒的时候，化学家们就会准备好另一种药物来解决困境。但是他们却不相信……最终只有生物学家才能解决害虫控制的基本问题。"

新斯科舍的A. D. 皮克特写道："经济昆虫学家必须意识到，他们接触的都是活着的东西……他们的工作不能只是简单地进行杀虫剂试验，或者寻求极具破坏性的化学药物。"皮克特博士是昆虫控制研究领域的先驱，他的昆虫控制方法很明智，充分利用了捕食性物种和寄生性物种。他和他的同事所探索出来的控制方法，虽然可以称作当今杰出范例，无奈却鲜有人问津。只有在由一些加利福尼亚昆虫学家所发明的综合控制计划中，我们才发现能够与之比肩的成果。

大概在三十五年前，皮克特博士就在新斯科舍的安纳波利斯河谷的苹果园里开始他的工作。新斯科舍的安纳波利斯河谷曾经是加拿大最集中的果树种植区之一。在那时，人们都认为杀虫剂（即当时的无机化学药物）会解决昆虫控制的问题。他们唯一的任务就是劝诱果农使用他们推荐的方法。这幅美好的蓝图最终却未能实现。不知为何，昆虫仍持续肆虐。人们增加了新的化学药物，设计出更好的喷洒设备，喷洒杀虫剂的热情也与日俱增，但虫害问题却没有任何改善。后来人们又听说滴滴涕能抹去苹果蚜蛾这个可怕的梦魇，结果使用以后，反倒遭受了前所未有的螨虫灾害。皮克特博士说："我们只不过是从一个危机走向了另一个危机，用一个问题换来另一个问题罢了。"

然而在这一点上，皮克特博士和他的同事们选择另辟蹊径，

---

① 弹冠相庆　比喻一个人做了官或升了官，他的同伙因为将得到援引，有官可做，也互相祝贺，后用来形容坏人得意，含贬义。

而不是像其他的昆虫学家那样，一味追求研发毒性更强的化学药物。当意识到他们在大自然中有这样一个坚定的盟友后，他们便制订了计划，力求最大限度地利用自然控制手段，并且尽可能减少杀虫剂的使用。每次不得已要用到杀虫剂时，他们只会使用最小的剂量——这样的剂量刚好能够控制害虫，而不会对有益物种造成任何伤害。喷洒杀虫剂的合适时机同样也在这项计划的考虑范围之中。因此，如果硫酸烟碱是在苹果花变成粉红色之前而不是在此之后喷洒，那么就有一种重要的捕食性昆虫能逃过一劫，或许是因为在苹果花变色以前，这种昆虫还处于未孵化的卵中。

皮克特博士特别留心挑选那些对捕食性昆虫和寄生性昆虫伤害不大的化学药物。他说："当我们把滴滴涕、对硫磷、氯丹和其他新杀虫剂的使用当作常规控制手段，就如同过去使用无机化学药物那样，那么那些对生物控制手段感兴趣的昆虫学家也只能认栽了。"与其使用那些毒性强且用途广泛的杀虫剂，他更偏向利用鱼尼丁（一种从热带植物的根茎所提取出来的毒性生物碱）、硫酸烟碱和砷酸铅。只有在某些情况下才会使用浓度极低的滴滴涕或者马拉硫磷（每一百加仑一或二盎司，而通常的调配比例是每一百加仑一或二磅）。虽然这两种现代杀虫剂毒性最弱，但皮克特博士仍希望通过进一步的研究，能用安全性更好、选择性更强的物质来替代它们。

这个计划究竟有什么成效呢？对于新斯科舍的果园主，凡是遵照皮克特博士改良的喷药计划来防治害虫的，他们优质水果占总收成的比例与那些采用集中喷洒法的果园主一样高。他们同样获得了好的收成。而且，他们的收成是以极低的成本换得的。新斯科舍苹果园在杀虫剂上的花费仅仅相当于其他大部分苹果种植区的百分之十到百分之二十。

相比这些辉煌成果，有一个事实更为重要，那就是这些新斯科舍的昆虫学家所制订的改良计划并没有破坏大自然的平衡。人们正逐步理解加拿大昆虫学家G. C. 乌里耶特在十年前所说的哲理："我们必须改变我们的哲学，摒弃我们自认为人类优越的态度，并且承认在很多情况下，我们是从自然环境中找到约束生物种群的方法和途径的，并且这些方法比我们自己闭门造车要经济划算得多。"

这个低成本获得好收成的例子，与前面诸多滥用杀虫剂的例子形成对比，有力地说明利用自然控制手段，尽可能减少杀虫剂使用的道路是正确的。

老子所说"道法自然"，就是提醒人类要放下优越感，尊重自然，真心实意地向大自然学习，从而获得真知。

精华点评

　　人类总将自己凌驾于自然之上，对于自然界的神秘和未知，是漠不关心的。比我们历史悠久的昆虫世界，让我们看到了不少奇迹，无论是捕食类昆虫，还是寄生类昆虫，都尽显着生命的强大力量。为了经济上的高收入，人们大量地滥用杀虫剂，打破了大自然复杂、精确、高度整合的生态系统，残害了曾经帮助我们的朋友，招致更具破坏力的强敌，做着一笔又一笔大亏本的交易……人类对待自然的这种哲学，必须要改变了。

延伸思考

　　你还知道哪些因人类自以为是、无视自然平衡而遭到大自然反击的例子？

知识链接

中国传统文化中的自然观

　　中国的道家认为"天道"和"人道"是统一的，在道家看来，天地万物是一个整体，而"道"是天地之根、万物之本。"道生一，一生二，二生三，三生万物。"自然万物从本原上就有着统一性，人类要以"道"为出发。老子还主张"道法自然"，"人法地，地法天，天法道，道法自然"。其中蕴含着丰富的生态智慧，表达了人与自然和谐相处的思想观念。

导　读 ▶ ▶ ▶

　　昆虫世界是个神奇的世界，它诞生于远古期，数量庞大，生命力强。在人类灭虫害的斗争中，那些人眼中的害虫反是愈灭愈多，愈灭愈勇，以致人们一次次品尝高投入低收入的苦果，甚至面临生命的威胁，原因究竟是什么呢？

16. 崩塌的躁动

　　如果今天达尔文还在世，看到自己的适者生存理论在昆虫界得到强有力的印证，他一定也会感到喜悦和惊讶。由于密集的化学喷洒，昆虫种群中的弱者已被淘汰。现在，在许多地区的众多物种中，只有强者和适者才能继续存活下来抵抗人类的防治。

　　将近半个世纪前，来自华盛顿州立大学的昆虫学教授A. L. 梅兰德，提了一个现在看来已无须回答的问题："昆虫会对化学喷雾产生抗性吗？"如果答案在梅兰德那时还不清楚，或者仍有待解答，那只是因为他问得太早——他抛出问题时是1914年，而不是四十年以后。在滴滴涕出现以前的时代，当时无机化学药物的使用规模在今天看来是非常谨慎的，从而造就了各种各样能在化学喷洒或喷粉中存活下来的昆虫。虽然几年来通过喷洒石硫合剂有效地控制了它们，但梅兰德也陷入了对付圣约瑟虫^①的困境。在

①　圣约瑟虫　一种有害于果树的甲虫。

华盛顿的克拉克斯顿地区，这类昆虫变得难以治理——它们比韦纳奇和亚基马流域以及其他地方果园里的害虫更难消灭。

突然间，全国其他地区的同种类蚧壳虫似乎达成了心照不宣①的默契：虽然果园主们孜孜不倦地喷洒大量石硫合剂，可害虫并不一定因此而丧命。在中西部的大部分地区，对喷洒免疫的害虫毁坏了数千英亩优良果园。

在加利福尼亚，人们以前通常是把帆布帐篷盖在树头并以氢氰酸熏，这种老方法在一些地区已经开始失效，加利福尼亚柑橘试验站大约从1915年开始研究这个问题，研究持续了二十五年。在二十世纪二十年代，另一种形成有效抗性的昆虫是苹果蛙蛾（或名食心虫），虽然在此之前，砷酸铅已成功对付它们四十余年。

不过，直到滴滴涕及相似产品的出现，才迎来了真正的抗药性时代。一个人即便对昆虫知识或动物种群动态所知甚少，也不会对这一事实感到惊讶，那就是在短短几年内，一个令人不快且严峻的问题已然出现。然而，人们后来才渐渐意识到，昆虫对杀伤性化学攻击拥有有效的防御机制。似乎只有那些关注带病昆虫的人，才完全意识到了眼下的紧迫情形；大部分农场工作者仍然天真地寄希望于开发更多新的有毒化学品，尽管造成目前困境的原因正是这些似是而非的推断。

人们对昆虫抗性现象的了解过程非常缓慢，而昆虫抗性的发展却极为迅速。1945年以前，只有大约十二种昆虫对滴滴涕出现以前的杀虫剂产生了抗性。随着新的有机化学药物的出现，以及新方法的广泛应用，抗药性呈现急剧发展势头，到1960年，具备抗性的昆虫物种达到了一百三十七种。没有人相信情况会好转。迄今已有一千多篇专业论文探讨了这个问题。世界卫生组织得到了来自世界各地约三百名科学家的援助，这些科学家宣称："目前病媒防治计划面临的唯一最重要的问题，就是昆虫的抗药性。"英国一位优秀的动物种群学生查尔斯·埃尔顿博士说："巨大雪崩来临之前的隆隆躁动声正在我们耳边作响。"

> 短短十五年，具备抗性的昆虫物种从十二种上升为一百多种，又是一组触目惊心的数字。

> "雪崩"在这里代表着什么？

---

① 心照不宣 指彼此心里明白，而不公开说出来，也指互相之间明白或共同认可一件事物，做出相同的判断。

抗药性发展得如此迅速，甚至有时在某报告提出某化学物成功控制了某物种时，纸上的墨迹还没干，报告就需要做出修改了。比如，在南非，牧民们长期以来一直受到蜱虫的困扰，单单一个牧场，一年就死了六百头牛。蜱虫对砷剂产生抗药性已经有些年头了。后来，人们尝试过使用六氯化苯，并且短时内情况似乎也比较乐观。1949年初发布的报告指出，抗砷的蜱虫可以用新化学药品轻易防治。同年晚些时候，人们不得不发出一份有关抗药性发展的惨淡通知。针对这一情况，《皮革贸易评论》的一位作者在1950年评论道："类似的新闻悄悄地流入科学界，还有小部分出现在海外的新闻界，如果清楚事态的严重性，这些新闻的标题就应当写得如同报道新原子弹的新闻一样大。"

昆虫的抗药性虽然是农业和林业关注的一个问题，然而把它当作最值得担忧的问题的，却是公共卫生领域。各类昆虫和人类疾病之间的关系长期存在。疟蚊属的蚊子可以将疟疾的单细胞有机体注入人类的血液中。有些蚊子传播黄热病，还有一些蚊子携带了脑炎病毒。苍蝇虽然不叮人，但是可以通过接触食物传播痢疾杆菌，而且在世界许多地方，它们可能还是传播眼部疾病的主要媒介。疾病及相应的带病昆虫或带菌昆虫的名单，包括传播斑疹伤寒的体虱，传播瘟疫的鼠蚤，传播非洲昏睡病的采采蝇，传播各类发热病原的蜱虫；等等。

这些都是我们必须面对的重大问题，没有哪个负责任的人会主张不理会昆虫传染病。现在迫切的问题是，我们通过使之迅速恶化的方法来解决问题，是否明智？是否负责任？如今通过控制传病昆虫而取得抵抗疾病胜利的故事俯拾皆是[1]，却很少听到这些故事的另一面——一次次失败和短暂的胜利，恰恰强有力地证明了一个令人警醒的观点：拜我们所赐，这些昆虫对手实际上已经变得更加强大了。更糟糕的是，我们可能已经摧毁了我们自己的斗争手段。

加拿大一位著名的昆虫学家——A. W. A. 布朗博士，受世界卫生组织委托，展开了一项针对抗药性问题的综合调查。在随后1958年出版的专题著作中，布朗博士这么写道："在公共卫生

> 我们不恰当的应对策略使我们的昆虫对手更加强大，而原本存在的以巧取胜的可能性也被摧毁了。

---

① 俯拾皆是　意思是只要低下头来捡取，到处都是，形容多而易得。

方案中引入强力合成杀虫剂仅仅十年之后，主要的技术问题是，他们以前控制的昆虫对它们产生了抗性。"在他出版的这本专著里，世界卫生组织警告："如果新的问题得不到妥善解决，那么目前正在积极进行的对付节肢动物传播疾病（如疟疾、斑疹伤寒和瘟疫等）的行动，将会面临严重的挫折。"

越过这一挫折的措施是什么？现在的抗药性物种几乎包括了所有具有医学重要性的昆虫类群。显然，黑蝇、沙蝇和采采蝇并未对化学药品形成抗药性。而另一边，家蝇和体虱的抗药性已经在全球范围内发展起来。疟疾防治因蚊子的抗药性而受到威胁。东方鼠蚤是鼠疫的主要媒介，最近也被发现对滴滴涕产生了抗药性，这是最严重的一种进化。其他国家也对大量其他物种的抗药性有所报道，它们只是所有大洲和大多数岛屿的缩影①而已。

人类第一次使用现代杀虫剂可能是在1943年的意大利，当时盟军政府通过给大批的人身上喷洒滴滴涕粉的方法，成功抵御了斑疹伤寒。两年之后，为控制疟蚊进行了残留喷洒。仅仅一年之后，麻烦就初见端倪②。家蝇和库蚊开始对喷雾产生了抗性。1948年，人类试图用一种新的化学药物——氯丹来作为滴滴涕的补充。这一次，有效控制持续了两年，但是在1950年的8月，对氯丹具有抗性的苍蝇出现了，而到了年底，所有家蝇以及库蚊似乎都对氯丹产生了抗性。新化学药物的使用发展迅速，昆虫的抗药性也随之得以进化。1951年底，滴滴涕、甲氧氯、氯丹、七氯和六氯化苯等都成了对虫害无效的化学药物。与此同时，苍蝇却变得"无处不在"。

二十世纪四十年代的后几年，撒丁岛也出现了类似的情况。在丹麦，含有滴滴涕的产品首次被使用是在1944年。到1947年，蝇害治理已经在很多地方宣告失败。在埃及的一些地区，到1948年，苍蝇已经对滴滴涕具备了抗性；后来，人们用六氯苯替代，但效果只维持了不到一年。埃及有个村庄，在此类问题上的表现尤其突出。1950年，杀虫剂有效地控制了苍蝇，同年，婴儿的死亡率降低了近百分之五十。然而，接下来的一年，苍蝇却对滴滴

---

① 缩影 比喻能代表同一类型特征的具体而微的人或事物。

② 端倪 指事情的眉目、头绪，也指推测事物的始末。

涕和氯丹产生了抗性，数量也恢复到了原有水平，婴儿的死亡率随之上升。

短期的小收获，与随后的大代价，说明了什么？

在美国的田纳西流域，苍蝇对滴滴涕的抗性在1948年变得极为普遍。其他地区也未能幸免。人们尝试用狄氏剂进行控制，却收效甚微，因为有些地方的苍蝇仅在两个月内就对它产生了抗性。在用完手头所有的氯化烃之后，管控机构把目光转向了有机磷酸盐，可是昆虫产生抗性的戏剧仍在上演。专家们眼下的结论是："家蝇防治已不能依靠杀虫剂技术，现在必须重新依靠一般性的卫生措施。"

那不勒斯用滴滴涕对体虱进行的有效控制是最早也是最广为人知的。随后的几年，意大利的成功案例，也发生在了日本和朝鲜，1945年至1946年的冬季，两国成功控制着二百余万人的虱子。1948年，西班牙未能有效控制住斑疹伤寒，预示着麻烦可能接踵而至。尽管此类实践存在失败，但是实验室振奋人心的测试结果却让昆虫学家们相信，虱子不可能发展出抗药性。发生在朝鲜1950年至1951年冬天的事也令人震惊。当滴滴涕粉被用到一组朝鲜士兵身上时，让人出乎意料的是，虱子侵染实际上增加了。在收集和检验虱子时，人们发现百分之五的滴滴涕粉并没有提高它们的自然死亡率。从其他地方收集而来的虱子也得到了类似的检验结果，这些虱子是从东京板桥区收容所的流浪汉身上以及约旦和埃及东部的难民营里获取的。这也进一步证实了滴滴涕对防治虱子和斑疹伤寒无效。到了1957年，虱子对滴滴涕具备抗药性的国家和地区已包括伊朗、土耳其、埃塞俄比亚、西非、南非、秘鲁、智利、法国、南斯拉夫、阿富汗、乌干达、墨西哥和坦噶尼喀，最初在意大利的胜利看起来的确不足为道了。

最开始对滴滴涕产生抗药性的疟蚊是希腊的萨氏按蚊。1946年，大规模喷洒开始，初步取得了一些成效；然而，到1949年时，观察者们注意到，尽管在被处理过的房子和马厩里没有了成年蚊子的踪迹，但是在公路桥下却有大量逗留。很快，蚊子在室外停留的场所就扩展到洞穴、外屋、涵洞以及橘树的树干和树叶上。显然，成年蚊子已经对滴滴涕具备了足够的抗药性，它们逃离了喷洒过的房屋，并在户外休养生息。几个月后，它们已经可以留在室内，并且是在经过处理的墙壁上停歇。

戏剧化的情节，略带讽刺的笔触，让我们感受到滴滴涕对蚊子的影响有多么"大"。

这就意味着，情况已经发展到了极其严重的地步。旨在消灭疟疾的室内喷洒工程进行得如此彻底，却使得按蚊对杀虫剂的抗药性发展到了令人震惊的程度。1956年，此类属的蚊子只有五个种类具备抗药性，但是到了1960年初，这一数字从五种蹿升到了二十八种！这其中包括西非、中东、美国中部、印度尼西亚和东欧地区一些非常危险的疟疾媒介。

其他属类的蚊子，包括其他疾病的携带者，同样的情况也在重复上演。有一种携带了寄生虫的热带蚊子，是象皮病①的主要传播媒介，在世界多数地方都具备了强烈的抗药性。在美国的一些地区，西部马脑炎的蚊子媒介也已经产生了抗药性。更为严重的问题是，作为几个世纪以来世界上最严重的瘟疫之一，黄热病②的传播媒介也具备了抗药性。这种蚊子的抗药性起初出现在东南亚地区，而现在在加勒比地区也已经普遍存在。

世界许多地区的报告都显示出了涉及疟疾和其他疾病的抗性的后果。1954年，由于抗性的存在未能成功控制媒介蚊虫，特立尼达地区暴发了黄热病。印度尼西亚和伊朗则暴发了疟疾。在希腊、尼日利亚和利比里亚，蚊子继续聚集并传播疟疾寄生虫。格鲁吉亚通过苍蝇防治减少了腹泻病的发生，但只持续了不到一年。同样，埃及也通过短暂的苍蝇防治，减少了急性结膜炎的发生，但是也未能挨过1950年。

佛罗里达州的盐沼蚊也产生了抗性，对人类健康来说倒是其次，可是从经济价值来衡量就很让人头痛了。虽然这些蚊子并不传染疾病，但是它们成群结队出来吸食人血，使得佛罗里达沿海的大部分地区都不堪居住，直到一个艰难且暂时性的控制得以实施，这一情况才有所改变。但治理的成效也没能持续很久。

各处的普通家蚊都在渐渐产生抗性，这一事实告诉许多社区，他们应当暂停目前的大规模定期喷洒。这类物种现在已经对多种杀虫剂产生了抗性，其中包括几乎到处都在使用的滴滴涕，这些使用滴滴涕的地方包括意大利、以色列、日本、法国、美国

① 象皮病　又称血丝虫病，是因血丝虫感染所造成的一种症状，血丝虫幼虫在人体的淋巴系统内繁殖使淋巴发炎肿大，使人体外观类似于大象的皮肤和腿，一般传染的途径是蚊虫叮咬。

② 黄热病　黄热病是由黄热病毒引起，主要通过伊蚊叮咬传播的急性传染病。

的部分地区，如加利福尼亚州、俄亥俄州、新泽西州和马萨诸塞州等。

另一个问题是蜱虫。硬蜱，是斑疹热的传播媒介，最近也被发现具备了抗性，而褐色犬蜱则早已具备了顽强的能力以逃避化学药物。这给人类和狗都带来了麻烦。褐色犬蜱是亚热带物种，如果它能一路向北来到新泽西，那它必定需要在温暖的室内而非室外熬过冬天。美国自然历史博物馆的约翰·C.帕里斯特1959年夏天在报告中称，他的部门接到了从中央大道西邻近的公寓打来的电话。"时不时地，"帕利斯特先生说，"整个公寓都有小蜱虫，很难把它们清除。狗会从中央公园带回来虱子，然后虱子就会产卵，接着在公寓里孵化。它们似乎对滴滴涕或氯丹或大多数现代喷雾剂都免疫。过去，虱子一般是不会出现在纽约的，但现在在纽约、长岛、韦斯特切斯特以及康涅狄格，都有它们的踪迹。我们注意到，在过去的五六年间情况尤为明显。"

> 本不会出现虱子的地方，也出现了它们的身影，昆虫适应恶劣环境的能力越来越强了。

北美地区的德国小蠊[①]已经对氯丹具备了抗药性，氯丹曾是灭虫者们无往不利[②]的武器，现在他们却不得不开始使用有机磷酸盐了。只是，近来虫害对此类灭虫剂也有了抗药性，灭虫者们面临的问题是：接下来该用什么？

随着抗药性的发展，防治虫媒疾病的机构目前解决问题的方法是用一种杀虫剂替代另一种杀虫剂。但是这种情况不能无限期地持续下去，尽管化学家们在提供新材料方面确有聪明才智。布朗博士指出，我们走在一条"单行道"上，没人知道这条路有多长。如果在控制携带疾病的昆虫之前，我们就走到了死胡同，那么我们的处境将会十分危险。

> 试想下，一旦我们走入死胡同，我们将面临什么样的处境。

昆虫危害农作物的情况也如出一辙[③]。

> 引入下文昆虫危害农作物的介绍。

大约十几种农业害虫对早期无机化学品产生了抗药性，如今这份名单又增添了一大批昆虫种类，它们对诸如滴滴涕、六氯

---

① 德国小蠊　是分布最广泛，也是最难治理的一类世界性家居卫生害虫，属蟑螂的一个品种。它除了造成经济损失外，更主要的危害是传播大量疾病，由于德国小蠊适应性强、繁殖快，易产生对化学杀虫剂的抗药性，因而对其防治难度很大。

② 无往不利　所到之处，没有不顺利的，指处处行得通，办得好。

③ 如出一辙　原意指好像出自同一个车辙，比喻两件事情非常相似。

苯、林丹、毒杀芬、狄氏剂、艾氏剂，甚至被寄予了厚望的磷酸盐等都有了抗药性。1960年，具备抗药性的农作物害虫种类就已多达六十五种。

在美国，首例对滴滴涕产生抗性的农业害虫是在1951年出现的，当时滴滴涕大约已投入使用了六年。可能最麻烦的情况是苹果蛀蛾，目前世界上几乎所有苹果种植区的苹果蛀蛾都对滴滴涕产生了抗药性。卷心菜害虫的抗性则成了另一个严重问题。在美国许多地区，马铃薯虫害正在逃避化学控制。六种棉花虫害，还有其他各种如蓟马、水果蛾、叶蝉、毛虫、螨虫、蚜虫、铁线虫以及许多其他物种现在都已经对农夫们的化学喷剂攻击视若无睹了。

化工行业也许不愿意面对如今抗药性泛滥这一令人不快的事实。即便在1959年，尽管有超过一百种主要的昆虫对化学药物表现出了明确的抗药性，农业化学领域的一份核心期刊言及昆虫抗性时，却依然使用"真实抑或想象的"这一修饰语来加以表述。虽然该行业可能会心存侥幸地回避这一问题，但问题根本不会就此消失，相反还会带来一连串令人不快的经济后果。其一，是化学品控制昆虫的成本正在稳步增加。提前储备材料已经不可能了，今天最有前途的杀虫化学品，到了明天，可能就是令人沮丧的失败。昆虫再次证明了，与自然和谐相处不能光靠蛮力，而大量投入支持和生产杀虫剂的财政投资随时可能付诸东流。无论技术多么迅速地发明出杀虫剂的新用途和新方法，昆虫都很可能会领跑人类一圈。

> 对大自然施以蛮力，总想与自然抗衡，将是人类无知的表现，没有意识到大自然强大的力量，昆虫已经用实际行动警告人类了。

恐怕连达尔文自己也找不到一个能比抗药性的运作机制更好的例子来说明自然选择的运作了。在原始种群中，其成员在结构、行为或生理特性上有很大差异，只有那些"强大"而"坚强"的昆虫才能抵御化学攻击。喷雾杀死弱者，唯一的幸存者是具有某种能够逃脱伤害的内在特质的昆虫。它们成为新一代的父母，通过简单的遗传，它们拥有了先辈所固有的所有"坚强"品质。不可避免的是，密集喷洒强力化学品只会使问题更严重。经过几代传承，原先强弱兼有的昆虫种群变成一个只有强者且具备顽强抗药性的种群。

昆虫抵御化学药品的方式可能有所不同，目前还没有明确的研究结果。人们认为，有些昆虫之所以能够抵御化学控制，主要得益于结构上的优势，但这似乎并没有什么实际证据加以证明。不过，某些族群存在的免疫力是清楚的，像布里杰博士观察到的那样，他在丹麦斯普林福尔比市的害虫防治研究所观察苍蝇，他发现，"苍蝇在滴滴涕中自由嬉戏，就像远古的巫师在炽热的火炭上欢快跳跃一样"。

世界其他地区也有类似情况发生。在马来西亚的吉隆坡，蚊子对滴滴涕的第一反应是逃离被处理了的室内。然而，随着抗药性的发展，它们可以在存放的滴滴涕表面停留，用手电筒可以清楚地看见它们。而在台湾南部一个军营的壁虱抽样里，人们发现这些具备了抗药性的壁虱身上有残留的滴滴涕粉。在实验室实验时，这些壁虱被放在浸渍了滴滴涕的布上，它们存活了长达一个月的时间。它们继续产卵，孵化的小虱得以生长，生机焕发。

当然，抗药性的属性并不一定取决于物理结构。对滴滴涕具有抗药性的苍蝇拥有一种酶，使它们能够将杀虫剂分解成毒性较小的化学物质——DDE。这种酶只出现在具备对滴滴涕抗药性的遗传因子的苍蝇身上。当然，这种抗药性基因是可通过遗传传递的。至于苍蝇和其他昆虫是如何对有机磷化学物进行解毒的，我们目前还不太清楚。

一些活动习性也可能使昆虫摆脱化学药物。许多工作人员注意到，相较于经过处理的墙壁，具备抗性的苍蝇更倾向于停留在未经处理的地面上。具备了抗性的家蝇可能习惯于只在一个地方停留，这大大降低了它们与残留毒物接触的频率。一些疟蚊有种习惯，可以减少它们在滴滴涕中的曝光率，从而使它们对滴滴涕几乎完全免疫。被喷雾刺激之后，它们离开棚屋，在室外生存。

通常，抗药性的发展都需要两到三年时间，偶尔只需要四个月甚至更短的时间。另一种极端情况是，这一过程可能长达六年。昆虫种群一年内所能产生的世代数量非常重要，这也因物种和气候而异。例如，在加拿大，苍蝇的抗药性发展速度比美国南部的慢，因为美国南部炎热的夏天有利于昆虫繁殖。

人们有时会问这样一个充满希望的问题："既然昆虫能抵抗化学药物，人类也能如此吗？"从理论上讲，是可以的。但因为

我们认为威力无比的滴滴涕，对苍蝇而言不过是小菜一碟。你是否有兴趣去了解下苍蝇强大的生命力之谜？

这需要几百年甚至几千年，所以对我们来说，就算可以也无关紧要了。抗药性并不是由个体发展而来的。如果一个人在出生时，就拥有一些使他不那么容易受到毒害的素质，那么他就更有可能存活下来并繁衍后代。因此，抗药性是一种需要几代人甚或许多代人共同发展产生的特性。人类以每世纪大约三代的速度繁衍，而新的昆虫世代在几天或几周内就可以出现。

"在某些情况下，承受少量损害要比避免所有损害更加明智，因为从长远来看，避免一切损害的代价有可能是失去所有的对抗手段，"作为荷兰植物保护服务总监的布里杰博士建议，"实际的建议应该是'尽量减少喷药'而不是'一直喷到你能承受的极限'……给害虫种群施加的压力应该尽可能地减小一些。"

不幸的是，这种远见在美国相关农业服务中并不多见。农业部1952年度的年鉴，专门对昆虫展开了集中论述，并且认识到一个事实，即昆虫具备了抗药性，但是年鉴中却写道："为了做到有效防治，以后需要更频繁、更大量地使用杀虫剂。"农业部没说的是，如果最后只剩下那些既能杀死地球上所有昆虫，还能消灭地球上所有生命的化学品时，又会发生什么。不过在1959年，也就是提出该建议的仅仅七年以后，康涅狄格州一位昆虫学家的话被《农业和食品化学杂志》引用，大意是说最新的化学药物仅仅在一两种害虫身上试验以后，就已经投入使用了。

布里杰博士说：有一点再清楚不过了，那就是我们正走在一条危险的道路上。……我们将不得不着力研究其他防治措施，这些措施必须是生物学的，而非化学的。我们的目标应该是引导自然过程尽可能谨慎地朝着期望的方向发展，而不应使用蛮力……我们需要一个更崇高的方向和更深刻的洞察力，这正是许多研究人员所不具备的。生命是我们无法理解的奇迹，即使到了我们必须抗争时，我们也应该尊敬它……诉诸杀伤性物质，例如使用杀虫剂来进行防治，说明我们没有足够的知识和能力，在不使用蛮力的情况下引导自然过程。我们必须保持谦逊，科学上没有任何理由骄傲自负。

> 你能想象到那时的地球是什么样的情景吗？

> 万物同根，换个角度看，所有物种的地位应该是平等的，都应被尊重。庄子有言："以道观之，物无贵贱。"

精华点评

这一章里，我们更清晰地看到昆虫具有的强大生命力，毒性愈来愈猛的杀虫剂不但不能消灭它们，还让它们产生了顽强的抗性，曾经威力无比的滴滴涕对于苍蝇、蚊子等害虫，成了供它们嬉戏的小玩意儿。人类对自然使用蛮力，反使我们自己一步步走向死胡同。

延伸思考

昆虫世界充满了各种美妙和奇迹，你能谈谈你的发现吗？

知识链接

神奇的苍蝇

提起苍蝇，大家都会产生厌恶之感，但它身上有很多神奇之处：

一、苍蝇有顽强的生命力，被切去了头，还能活好长时间，故有"没头苍蝇"一说。

二、为什么苍蝇总能躲过我们的拍打呢？这是因为它身上有无数细小的毛，这些毛可以感受到周围气流微小的振动和变化。拍打苍蝇时，空气的振动变化很容易被苍蝇察觉，苍蝇拍设计出许多孔，就可以减少空气的流动，所以消灭苍蝇的概率会增大一些。

三、苍蝇的嗅觉也特别灵敏。它能闻到50公里以外的腥臭味，比猎狗的嗅觉还要灵敏，不过对其他的气味它有点麻木，只是对腥臭感兴趣而已。

四、苍蝇的眼睛由几千只小眼睛组成，视野宽广，在白光环境下，视觉反应也许是现在已知的动物中速度最快的，它们察觉光线变化的速度要比我们人类快约10倍。我们无法分辨在1秒内连续播放的25帧静止图片，而要蒙骗苍蝇的眼睛，则需要在1秒内播放200帧画面。苍蝇眼中的场景就好像我们看到的慢动作，这对于它们来说无疑是一种性命攸关的求生能力。

（节选自"百度百科"，有删改）

大量的事实证明了盲目滥用含化学物质的杀虫剂是一条不归路，它不仅无法达到预期效果，还会令昆虫反扑，造成整个生态系统的紊乱及污染，最终尝尽恶果的是人类自己。那么，有没有另外一条路能改变这一现状呢？

17. 另一条路

现在，我们来到了两条路的分岔口，然而与罗伯特·弗罗斯特①那首耳熟能详的诗中描写的不同，这两条路各自的风景可大不一样。显然，一直以来，我们走的这条路是一条高速行驶的平坦大路，但道路尽头等待我们的却是一场灾难。只有另一条岔路——也就是"人迹罕至"的那条路——才能带我们通往保护地球的目的地。

不过说到底，要走哪条路还是由我们自己选。如果，在经历了千难万险之后，我们的"知情权"最终得到了维护；又如果我们发现自己一直都在被迫承受愚蠢而又恐怖的风险，那就再也不要听信那些告诉我们必须让有毒化学物品在这个世界上大行其道

> 找出弗罗斯特的这首诗。思考在本文中，我们驶向的这条高速行驶的平坦大路，和那条"人迹罕至"的路分别是什么？

---

① 罗伯特·弗罗斯特 20世纪最受欢迎的美国诗人之一，他曾当过新英格兰的鞋匠、教师和农场主，曾赢得四次普利策奖和许多其他的奖励及荣誉，被称之为美国文学中的桂冠诗人，文中所提的诗是指他的经典作品《未选择的路》。

的建议。是时候抬起头，好好审视面前的另一条路了。

确实，我们手上可以替代化学杀虫剂的方法还有很多，有些已经付诸实践并且收效颇丰，还有些则正在实验室中接受检验。另外一些方法目前还只是存在于科学家们天马行空的大脑里，一旦机会成熟便会投入试验。这些办法都有一个共同点：它们都是从生物学角度提出的对策，充分建立在人们对那些试图控制的生物的认识基础之上。代表着生物学广泛领域中的各种昆虫学家、病理学家、遗传学家、生理学家、生物化学家、生态学家都在将他们的知识和创造灵感贡献给一门新兴科学——生物控制。

生物学家约翰·霍普金斯说："任何一门科学都好像一条河流，开始时都是隐约朦胧、默默无闻的；时而静静流淌，时而湍流急奔；既会枯竭，也会涨溢。借助于许多研究者的辛勤劳动，或是当其他思想的溪流汇入其中时，它就获得了前进的势头，它的宽度和深度随着逐渐发展的概念和归纳而不断增加。"

> 这里提到了科学和河流之间的什么相似之处？

这种说法与现代生物控制科学是契合的。在美国，首次生物控制的尝试在一个世纪之前就开始隐隐萌发了，当时的试验方法是引入那些困扰着农民的昆虫的天敌，试验过程进展缓慢，有时甚至停滞不前；但在突出成就的不时推动下，该试验不断加速发展。当从事应用昆虫学工作的人们被二十世纪四十年代的新式杀虫剂的洋洋大观①弄得眼花缭乱时，他们就丢弃了一切生物学方法，踏上了一台名叫"化学控制"的跑步机，这时，生物控制科学的河流就进入干涸期了。但不管怎样，人类离一个没有害虫的世界是越来越远了。现在，当肆意使用化学药物带来的威胁已经远超害虫本身的威胁时，生物控制科学的河流由于汇入了新思想的源泉才又重新流淌起来。

一些令人眼前一亮的新方法旨在借力打力——利用昆虫自身的生命力去消灭它们。这些成就中最令人赞叹的是"雄性绝育"技术，这种技术是由美国农业部昆虫研究所的负责人爱德华·克尼普林博士及其合作者们研发出来的。

大约二十五年以前，克尼普林博士提出的这种控制昆虫的独特方法曾一度让他的同事大为震惊。他提出一个理论：如果能让

---

① 洋洋大观 形容美好的事物复杂繁多，丰富多彩。

很大数量的昆虫不育，并把它们释放出去，使这些不育的雄性昆虫在特定情况下与正常的野生雄性昆虫竞争并且取胜，那么，通过反复地释放不育雄虫，这些昆虫就只能产出未受精的卵，这个种群就自然而然地绝灭了。

这个提议遭到了官僚主义的无视和科学家的质疑，但克尼普林博士坚持着这一想法。在将此想法付诸试验之前，有待解决的一个主要问题是需要发现一种使昆虫不育的实际可行的办法。从理论上讲，照射X射线之后的昆虫可能不育的事实从1916年就已为人知了，当时一位名叫G. A. 朗纳的昆虫学家曾报道了有关烟草甲虫的这种不育现象。二十年代末，荷曼·穆勒在X射线引起昆虫突变方面的开创性研究打开了一个全新的思路；到了二十世纪中叶，许多研究人员都报道了至少有十几种昆虫在X射线或伽马射线作用下引发不育。

不过，这些都只停留在室内实验的阶段，要投入实际应用还有很长的路要走。约在1950年，克尼普林博士开始了一系列高强度的研究，将昆虫的不育性作为一种利器，用来消灭美国南部牲畜的昆虫天敌螺丝蝇。雌性螺丝蝇将卵产在所有流血受伤动物的外露伤口上，孵出的幼虫是一种寄生虫，以宿主的肉体为食。一头成熟的小公牛在严重感染十天后便会死去，在美国因此而损失的牲畜估计每年达四千万美元。野生动物的损失难以估算，不过肯定为数巨大。正是因为这种螺丝蝇，得克萨斯州的某些区域鹿的数量极为稀少。这是一种热带或亚热带昆虫，栖息于南美、中美和墨西哥，在美国通常只出没于西南部。然而，约在1933年，它们意外地进入了佛罗里达州，由于当地气候条件允许，它们活过了冬天并建立了种群，甚至继续推进，进入亚拉巴马州南部和佐治亚州，于是东南部各州的牲畜业很快就受到每年高达两千万美元的损失。

在过去几年中，得克萨斯州农业部的科学家们收集了有关螺丝蝇的大量生物学情报。1954年，在佛罗里达岛上进行了一些预备性的现场实验之后，克尼普林博士准备进行更大范围的试验以验证他的理论。在同荷兰政府接洽以后，克尼普林动身前往位于加勒比海、与大陆相隔至少五十海里的库拉索岛。

该试验开始于1954年8月，一批于佛罗里达州农业部实验室中进行培养并经过不育处理的螺丝蝇被空运到了席拉索岛，并且每周在该地以每平方英里四百只的密度由飞机撒放出去。几乎是同一时间，随着螺丝蝇的生育率下降，产在实验公羊身上的卵群数量开始迅速减少。在释放该虫仅仅七个星期内，所有产下的卵均未受精。不久之后，无论是正常还是不可孵化的卵群都不见了踪影，库拉索岛上的螺丝蝇已被彻底根除。

库拉索岛关键性的成功试验引起了佛罗里达州牲畜养育者们的关注，他们也想利用这种技术来使自己免受螺丝蝇的灾害。虽然在佛罗里达州困难相对较大——其面积为小小的库拉索岛的三百倍，但是，1957年，美国农业部和佛罗里达州联合为消灭螺丝蝇的行动提供了基金。这个计划包括在一个专门建造的"苍蝇工厂"中每周生产大约五千万只螺丝蝇，另利用二十架轻型飞机按预定的航线飞行，每天飞五到六个小时，每架飞机带一千个纸盒，每个纸盒里盛放两百到四百只用X射线照射过的螺丝蝇。

在1957年至1958年的寒冬，严寒笼罩着佛罗里达州北部，为开始此项计划提供了意想不到的良机，因为此时螺丝蝇的数量减少了，并且局限在一个小区域中。当时预计此项计划需耗时十七个月，需使用三十五亿只人工绝育的螺丝蝇，并将它们撒遍佛罗里达州及佐治亚和阿拉巴马地区。最后一次由螺丝蝇引起的动物伤口传染可能是发生在1959年2月，之后的几个星期中还捕获了几只螺丝蝇。在那之后便再也没有发现螺丝蝇的踪迹。消灭螺丝蝇的任务已在美国东南部完成了，该结果得益于严密的基础研究、毅力和决心，也证明了科学创造力的价值。

> 这个例子让我们看到什么是真正的科学精神。

如今，密西西比设立了一个隔离屏障，旨在阻止螺丝蝇从西南部卷土重来，毕竟西南部是螺丝蝇的大本营，西南部面积辽阔，加之螺丝蝇从墨西哥重新侵入的可能性，想要在那儿扑灭螺丝蝇将会十分艰难。尽管如此，这个示例仍然意义非凡，而且农业部似乎计划将螺丝蝇的数量保持在一个足够低的水平上，并打算很快在得克萨斯州和西南部螺丝蝇猖獗的其他地区进行尝试。

消灭螺丝蝇的辉煌胜利引起了将这种方法应用于其他昆虫的巨大兴趣。当然，这种技术并不适用于所有昆虫，其成功与否在很大程度上也取决于该昆虫详细的发展历史、种群密度和对放射性的反应。

英国人希望这种方法能用于消灭罗得西亚的采采蝇，并已进行了试验。这种昆虫存在于非洲三分之一的土地上，不仅给人类健康带来威胁，还妨碍到了周围四百五十万平方英里内树木茂密的草原上的牲畜饲养。采采蝇的习性并不同于螺丝蝇，放射性作用虽然可以使它们绝育，但要应用这种方法首先还亟须解决很多技术性难题。

英国人已就大量的各种昆虫对放射性的敏感程度进行了试验。美国科学家用西瓜蝇、地中海果蝇作为实验对象，在夏威夷以及遥远的罗塔岛开展了室内试验和野外试验，并取得了令人欢欣鼓舞的初步成果，他们对玉米螟和甘蔗螟也都进行了试验。试验结果表明，通过不育作用来控制一些在医学方面有着重要意义的昆虫也许是可行的。一位智利科学家指出，即便使用了杀虫剂之后，携带疟疾的蚊子仍然在智利出没，这时只有撒放不育的雄性蚊子才能根除它们。

通过辐射实现绝育无疑是困难重重的，人们便开始探索一种更为简便，却能够取得同样效果的方法，于是化学绝育剂掀起了人们关注的热潮。

佛罗里达州奥兰德的农业部实验室的科学家正采用将化学药物混入食物的方法，在实验室和一些野外实验中使家蝇不育。1961年，在佛罗里达吉斯岛的试验中，家蝇的群体在五周的时间内就被消灭了。虽然从邻近岛屿飞来的家蝇后来又在本地再次繁殖，但作为一个先导性的试验，这个试验还是成功的。可想而知，农业部对这种方法展现出来的前景是难掩欣喜的。首先，如我们所见，现在已无法使用杀虫剂控制家蝇了，毫无疑问，我们需要一种控制昆虫的全新方法。用放射性来制造不育昆虫的问题之一是，这不仅需要人工培养昆虫，而且必须撒放比野外昆虫数量更多的不育雄虫才行。这一点在螺丝蝇身上可以做到，因为螺丝蝇的实际数量并不庞大。然而，释放比原有数量两倍还要多的家蝇可能会遭到激烈反对，就算只是暂时性的增多也难以让人接受。另一方面，我们可以使用化学不育剂与昆虫饵料混合在一起，再投放到家蝇生存的自然环境中，吃了这种药的昆虫就会引发绝育。最后，在这种不育的家蝇占据优势之后，该种昆虫就会因为虫卵未受精而灭绝了。

做化学物质不育效果的实验要比做化学毒性的实验困难得多。就算可以同时进行多个实验，要分析一种化学物质也需要三十天。然而，在1958年4月和1961年12月之间，奥兰多实验室对几百种化学物质潜在的不育效果进行了监测和筛选。农业部对此似乎很高兴，因为在这批实验品中，发现了一小部分可能生效的药物。

现在，农业部的其他实验室也正在继续研究这一问题，进行着利用化学物质消灭马房苍蝇、蚊子、棉籽象鼻虫和各种果蝇的试验。这些试验目前都还处于实验阶段，不过在开始研究化学不育剂的短短几年里，我们已经取得了很大进展。在理论上，它具有许多吸引人的特性。克尼普林博士指出，有效的化学昆虫不育剂"可能会明显优于现有最好的杀虫剂"。假设一百万只昆虫每一代会繁衍出五倍于其数量的后代，而一种杀虫剂可以杀死每一代昆虫的百分之九十，那么第三代以后还会有十二万五千只昆虫生还。与之相比，如果使用一种能够导致百分之九十昆虫不育的化学物质，那么在第三代就只可能留下一百二十五只昆虫了。

当然，这个方法也有弊端：化学不育剂中也包括一些毒性极强的化学物质。但幸好，至少在研究早期阶段中，大部分研究化学不育剂的科学家都致力于探索安全的药物和使用方法。虽然如此，要求从空中喷洒这些导致不育的化学药物的呼声此起彼伏——例如，有人要求在被吉卜赛蛾幼虫咬过的叶子上喷一层这样的药。可是，在把这种做法的危险后果研究透彻以前就试图执行，那是极不负责任的。如果不时时谨记化学不育剂的潜在危害，我们很快就会发现自己遇到的困难要比现在杀虫剂所造成的大得多。

目前正进行试验的不育剂一般可分为两类，这两类的作用方式都极为有趣。第一类与细胞的生活过程，也就是新陈代谢过程密切相关，即它们的性质与细胞或组织所需要的物质是极其相似的，以致有机体把它们"错认"为真的代谢物，并在自己的正常生长过程中试图将这些物质纳入正常的构建过程。但是从细节上来说，这种匹配是错误的，因此会阻滞细胞的生长过程。这种化学物质被称为抗代谢物。

第二类则是作用于染色体的化学物质，它们可能对基因化学物质产生作用并使染色体断裂。这一类化学不育剂是烃化剂，它是极为活泼的化学物质，能够导致细胞损坏，危害染色体，并造成突变。伦敦彻斯特·彼蒂研究所的皮特·亚历山大博士的观点是，"任何能使昆虫不育的烃化剂同时也是强效的诱变物或致癌物"。亚历山大博士认为这样的化学物质在昆虫控制方面的任何应用都将"饱受非议"。所以，人们希望现阶段实验的目的不是直接将这些化学药物付诸应用，而是期望这些实验会带来新的发现，找到既安全，对目标害虫又有高度针对性的药物。

接下来作者列举了哪些"利用昆虫本身的生活习性来创造消灭昆虫的武器"的方法？生活中是否有你熟悉的"有意思的点子"，它的原理是怎样的？

在当前研究中还有一些很有意思的点子，即利用昆虫本身的生活习性来创造消灭昆虫的武器。昆虫自己能产生各种各样的毒液、引诱剂和驱斥剂。这些分泌物的化学本质是什么呢？我们能否将它们作为针对性很强的杀虫剂来使用呢？康奈尔大学和其他地方的科学家们正试图发现这些问题的答案，他们正在研究许多昆虫保护自己免遭捕食动物袭击的防护机制，并努力分析昆虫分泌物的化学结构。另有一些科学家正在研究所谓的"保幼激素[①]"，这是一种很有效力的物质，能够在适当阶段到来以前防止昆虫幼虫产生形变。

也许，在开拓昆虫分泌物领域中最为有效的结果是发明了引诱剂，或叫吸引剂。在这项研究中，大自然又一次为我们指出了前进的道路。在吉卜赛蛾身上进行的研究非常有意思。这类雌蛾由于身体太重而飞不起来，生活在地面上或近地面的地方，只能在低矮的植物之间扑动翅膀或者爬上树干。与之相反，雄蛾十分善于飞翔，可以在由雌蛾体内一种特殊腺体释放出来的气味的吸引下，从很远的地方翩翩飞来。昆虫学家们利用这一现象已很多年了，他们辛辛苦苦地从雌蛾体内提取了这种性诱剂。当时它被用于在沿着昆虫分布地区边沿地带进行昆虫数量的调查时诱捕雄蛾。不过，这是一种花费极大的办法。且不管在东北各州大量公布的虫害蔓延情况如何，实际上，并没有足够多的吉卜赛蛾来供人们制取这种物质，于是还不得不从欧洲进口手工采来的雌蛹，

---

① 保幼激素 又称返幼激素，是一类保持昆虫幼虫性状和促进成虫卵巢发育的激素。

有时每只蛹高达零点五美元。不过，在经过多年的努力之后，农业部的化学家们最近成功地分离出了这种性诱剂，这是一个巨大突破。顺着这一发现，人们又成功地从蓖麻油成分中制备出一种与之极其类似的物质，这种物质不仅骗过了雄蛾，而且它和天然的性诱剂具有差不多同样的引诱能力。在捕虫器中放置一微克(百万分之一克)此种物质，就足以做成一个有效的诱饵。

这一切远远超出了科学研究的意义，因为这种既新颖又经济的"吉卜赛蛾诱饵"不仅可能会应用在昆虫调查工作中，还可以应用于昆虫控制工作里。一些可能具有更强引诱能力的物质现正在试验之中。在一种我们可以称之为"心理战实验"的工作中，这种引诱剂将被做成微粒状物质，并用飞机散布，目的在于迷惑雄蛾，从而改变它的正常行为，在这种具有引诱力的气味干扰之下，雄蛾无法找到雌蛾留下的踪迹。科学家们正在开展进一步实验，研究这种进攻害虫的方式，其目的是欺骗雄蛾，使其与一只假雌蛾进行交配。在实验室中，只要在木片、蛭石①以及其他小的、无生命的物体上灌入吉卜赛蛾引诱剂，雄性吉卜赛蛾就会试图与其交配。至于这种利用昆虫求偶本能使其不能繁殖的方法能否真正减少害虫数量，目前尚待检验，不过确实不失为一个有趣的可能。

吉卜赛蛾饵药是一种人工合成的昆虫性引诱剂，不过可能很快会有其他类似引诱剂出现。现在，科学家正对一定数量的农业昆虫受人工仿制的引诱剂影响以后的情况进行研究。在小麦瘿蚊和烟草天蛾的研究中，已经取得了令人鼓舞的成果。

目前人们正在试着用引诱剂和毒物的混合物去治理一些种类的昆虫。政府科学家曾经发明了一种被称为甲基–丁子香酚的引诱剂，并发现它对东方果蝇和西瓜蝇具有不可抗拒的吸引力。在日本南部四百五十英里的波宁岛上的试验中，这种引诱剂与一种毒物相互结合，用这两种化学物质将许多小片纤维板浸透，然后由空中散布到整个岛群上去，引诱并杀死那些雄性飞蝇。这一"扑灭雄蝇"计划开始于1960年；一年之后，据农业部估算，已有百

---

① 蛭（zhì）石　是一种天然、无毒的矿物质。蛭石在被高温加热时，本身会不停地膨胀，这个动作很像是水蛭在蠕动，因此人们把这种石头取名为"蛭石"。

分之九十九以上的飞蝇被消灭了。此处应用的方法看来已经压倒了杀虫剂的老调宣传，显示出了自己的优越性。在这种方法中所用的有机磷毒物只存在于纤维板块上，这种纤维板块是不会被其他野生物吃下的，况且它的残留物会很快分解，因而不会对土壤和水源造成潜在污染。

不过，并不是昆虫世界中的全部通信联系都是借助于产生吸引或排斥效果的气味来实现的，声音也可以成为报警或吸引的手段。由飞行中的蝙蝠所发出的连续不断的超声波(就像一个雷达系统一样地引导它穿过黑暗）可以被某些蛾听到，进而促使它们避开蝙蝠的捕捉。寄生蝇飞临的振翅声对锯蝇的幼虫是一个警告，后者会因此聚集起来展开自卫。另一方面，在树木上生长的昆虫所发出的声音能使它们的寄生生物发现它们；同样，对于雄蚊子来说，雌蚊子的振翅声就像海妖的歌声①一样动听。

如果真是这样，那么是什么东西使得昆虫具有这种对声音分辨和做出反应的能力？这一研究虽然还处于实验阶段，但已经颇为有趣了，通过播放雌蚊飞行的录音在引诱雄蚊方面得到了初步成功，雄蚊被引诱到了一个充电的电网上被杀死。在加拿大也进行了试验，用突然爆发的超声波来驱赶和对付玉米螟和夜盗蛾。研究动物声音的两个权威，夏威夷大学的修伯特·弗林斯和马波尔·弗林斯教授相信，如果能够找到一把钥匙，用它来打开并应用有关昆虫声音产生和接收的知识宝库，那么运用声音来影响昆虫行为的现场验证方法就不再是纸上谈兵了。弗林斯的研究团队做过一项有名的实验，他们发现燕八哥在听到同类惊叫声的录音时，便会惊慌地飞散。也许在这一事实中存在一些可能应用于昆虫的核心道理。而对于工业从业人员来说，这种可能性已经足够，所以至少有一家大型电子公司正积极准备建立实验室来提供检验。

声音也被视为一种具备直接毁灭力的介质而接受试验。在一个实验水池中，超声波能够杀死所有蚊子的幼虫，然而它也同样

---

① 海妖的歌声　海妖，又被称为塞壬或美人鸟。是希腊神话中人首鸟身（或鸟首人身、甚至跟人鱼相类）的女怪物，极为美丽，经常飞降在海中礁石或船舶之上，荷马说她们住在一个海岛上，用美妙的歌声吸引航海者，她们的海岛也因此堆满了人的尸骨。

杀死了其他水生有机体。在另一个实验中，飞机产生的超声波只需几秒便可以杀死绿头苍蝇、麦蠓虫和黄热病蚊子。这些实验都只是向着控制昆虫的全新概念迈出的第一步，也许有一天，电子学带来的奇迹能够变成现实。

对付昆虫的新的生物控制方法并不是仅仅和电子学、伽马射线和其他来源于人类创造力的技术相关。有些方法已是源远流长，它们是建立在昆虫和人一样都会得病的思路上的。正如古时候的鼠疫一样，细菌的传染也能毁灭昆虫的种群；在病毒发作的时候，昆虫的群落也会患病和死亡。在亚里士多德时代以前，人们就知道在昆虫中也有疾病发生；蚕病曾出现在中世纪的诗文中；巴斯德也正是通过研究这种昆虫的疾病而首次发现了传染性疾病的原理。

昆虫不仅受到病毒和细菌的侵扰，还会受到真菌、原生动物、极微的蠕虫和其他肉眼不可见的微小生物的侵害，这些微小生物全面支持着人类，因为这些微生物不仅含有致病的有机体，还包含能够分解垃圾，使土壤肥沃，并参与诸如发酵作用和消化作用等无数生物学过程的有机体。为什么不能在控制昆虫的领域让它们助我们一臂之力呢？

> 看看这些微小生物是怎样支持人类的。

十九世纪的动物学家伊利·梅契尼柯夫便是第一批设想如此利用微生物的人之一。在十九世纪的后几十年到二十世纪前五十年之间，关于微生物控制的想法正在慢慢地形成。第一个能够证明通过向一种昆虫的生存环境中引入一种疾病来控制该昆虫的方法可行的证据出现在二十世纪三十年代后期，当时在日本甲虫中发现并利用了由杆菌类孢子引起的牛奶病。我在第七章中便已提及了美国东部长期利用这种细菌控制的经典例子。

现在，人们把希望大都寄托在另一种细菌——苏云金杆菌[①]的试验上，这种细菌最早于1911年出现在德国图林根州，人们发现它能够让粉蛾幼虫染上致命的败血症。这种细菌的强烈杀伤作用是借助于毒素，而不是疾病。在这种细菌生长旺盛的触角中，有

---

① 苏云金杆菌 是包括许多变种的一类产晶体芽孢杆菌，该菌可产生两大类毒素，即内毒素（伴胞晶体）和外毒素，使害虫停止取食，最后害虫因饥饿和中毒死亡。

随同孢子一同形成的由蛋白质组成的特殊晶体，对某些昆虫——特别是鳞翅目的幼虫具有很强的毒性。幼虫吃了带有这种毒物和草叶之后，不久就发生麻痹，停止吃食，并且很快死亡。从实用的目的来看，立即制止吃食当然是有利的，因为只要将病菌体施用在地里，庄稼便立即不再受害。目前，美国一些公司正使用各种商标来生产含有苏云金杆菌孢子的混合物。在一些国家正在进行实地试验：在德国和法国用于对付白菜蝴蝶幼虫，在南斯拉夫对付秋天的结网蠕虫，在苏联对付黄褐天幕毛虫。在巴拿马，试验开始于1961年，这种细菌杀虫剂可能会解决香蕉种植者所面临的一些严重问题。在那儿，根蛀虫是香蕉树的一大害虫，因为它破坏了香蕉树的根部，使香蕉树轻易被风吹倒。狄氏剂一直是唯一能够有效对付根蛀虫的化学药物，可如今却引发了灾难性的连锁反应。根蛀虫养成抗药性了。狄氏剂也消灭了一些重要的捕食性昆虫，并且因此引起了卷叶蛾的增多，这是一种很小的、身体坚硬的蛾，它的幼虫会啃噬香蕉的表皮。人们有理由希望这种新的细菌杀虫剂能够双管齐下，同时把卷叶蛾和穿孔虫都消灭干净，并且不会扰乱自然的控制作用。

在加拿大和美国东部森林中，细菌杀虫剂可能是解决蚜虫和吉卜赛蛾等森林昆虫虫害的一个重要办法。在1960年，这两个国家都开始用商品化的苏云金杆菌制品进行实地试验。早期的成效令人鼓舞。例如在佛蒙特州，细菌控制的最终结果与用DDT的效果一样好。现在，主要的技术问题是要发明一种溶液，能够将细菌的孢子沾到常绿树的针叶上。在农作物方面则不存在这个问题——因为即使是药粉，也可立即投入使用；尤其在加利福尼亚，细菌杀虫剂已经被尝试着应用于多个种类的蔬菜上。

同时，科学家们还在进行一项不那么引人注意的工作——围绕病毒开展一些研究。在加利福尼亚州，科学家们在一些长着幼小紫花苜蓿的原野上喷洒了一种物质，在消灭紫花苜蓿毛虫方面，它的效果能够媲美任何一种杀虫剂。该物质取自曾感染此种病毒性疾病而死亡的毛虫体内的病毒溶液。只需五只患病的毛虫，就能为一英亩的紫花苜蓿提供足量的病毒。在加拿大的一些森林中，一种对松树锯蝇有效的病毒在昆虫控制方面已取得了显著的效果，现已用来代替杀虫剂。

捷克斯洛伐克的科学家们正在试验用原生动物来对付结网毛虫和其他害虫，美国也发现了一种可以降低玉米蛀虫产卵能力的原生寄生虫。

有一些说法认为微生物杀虫剂可能会引发极其危险的细菌战争，进而威胁到其他物种，但实际情况并非如此。与化学药物相比，昆虫病菌除了对其作用对象以外，不会对其他任何生物产生危害。爱德华·斯登豪斯博士是昆虫病理学界的权威，他强调："不论是在实验室还是自然界，我们都找不到已验证的有效记录能够证明昆虫病原体会导致脊椎动物染上感染性疾病。"

昆虫病菌具有如此的专一性，以至于它们只对一小部分昆虫，有时只对一种昆虫才有传染能力。在生物学上，它们并不属于会在高一级的动物或植物中引发疾病的生命体。诚如斯登豪斯博士所言，昆虫疾病在自然界的暴发，始终局限在昆虫之中，既不会影响宿主植物，也不影响吃了昆虫的动物。

昆虫有许多天敌，除了许多种类的微生物，还有其他昆虫。第一个建议可以刺激某种昆虫天敌的生长来控制昆虫的人可以追溯到1800年的伊拉斯谟·达尔文。也许是因为这是生物控制法中第一个广泛实践的办法，所以大部分人错误地认为，这种使用一种昆虫来对抗另一种昆虫的想法就是替代化学药物的唯一措施。

在美国，将生物控制作为常规方法始于1888年，当时阿伯特·柯耶贝尔（他是第一批昆虫学探险家，如今他们的队伍正日益壮大）去澳大利亚寻找吹棉蚧的天敌，这种蚧壳虫曾一度使加利福尼亚的柑橘业面临灭顶之灾。我们在第十五章中已经知道，这项任务最终以壮阔的凯旋告终，在后来的一个世纪里，全世界都在搜寻入侵海岸线的昆虫的天敌。总体而言，引进了大约一百种捕食者和寄生性昆虫。除了由柯耶贝尔引入的维多利亚甲虫外，其他的昆虫引进也很成功。一种从日本引进的黄蜂已经完全控制住了一种侵害东部苹果园的昆虫；紫花苜蓿的彩斑蚜虫的天敌是从中东意外传入的，正是因为它们的出现，加利福尼亚紫花苜蓿业才得以获得拯救。就如同细腰黑蜂对日本甲虫的控制一样，吉卜赛蛾的捕食者和寄生者也起到了很好的控制作用。对蚧壳虫和水蜡虫的生物学控制预计每年将为加利福尼亚州挽回几百万美元的损失——据该州昆虫学领头人之一波尔·迪伯奇博士

这样就避免了如杀虫剂中的有毒化学物质那样，随着生物链入侵整个生态系统。

估计，加利福尼亚州在生物学控制工作中投入了四百万美元，现在已经收获了一亿美元的回报。

遍布世界的四十多个国家里，人们都找到了通过引进昆虫的天敌而成功实现对虫灾进行生物学控制的成功范例。这种控制方法比化学方法具有明显的优越性：它成本较低，效果持久，并且不会留下残毒，但对生物控制法的支持却一直存在不足。在美国的各大州中，只有加利福尼亚州正式推出了生物控制的项目，许多州甚至连一位致力于生物控制研究的昆虫学家都没有。也许由于缺乏支持，以引入昆虫天敌来进行生物控制的办法缺少其所需的科学严密性——很少有确切的研究探寻这种方法对昆虫猎物数量的影响，而且在散布昆虫天敌的时候，也缺乏一定的精确度，而这种精确性可能决定着成败。

捕食者和被捕食者都不会单独存在，但是作为生命这张大网的一部分，它们全部都要考虑在内。也许在森林中，使用既成的生物控制方法的机会最多，在现代农业的农田里，人造程度很高，与想象中的自然状态大不相同。但是，森林是一个迥异的世界，它更接近于自然环境。人类对森林的介入最少，干扰也最小，所以大自然可以按本来的面目发展，建立起美妙而又错综复杂的抑制和平衡系统，正是这个系统保护着森林免遭昆虫的过度危害。

在美国，林务人员仿佛认为，生物控制主要通过引进捕食性昆虫和寄生性昆虫来进行。加拿大人的眼光则更加开阔，而一些欧洲国家更是走在了最前沿，他们发展出来的"森林卫生学"已达到了令人惊异的程度。鸟、蚂蚁、森林蜘蛛和土壤细菌都同树木一样是森林的一部分，在这种观点的指导下，欧洲林务人员在栽种新树林时会引入这些保护性的因素。第一步是先把鸟招引过来。在集约型林业的现代社会，衰老的空心树木已经不复存在，啄木鸟和其他在树上营巢的鸟类便失去了它们的住处，但是使用巢箱可以填补这一缺失，从而吸引鸟类重返森林。其他还有专门为猫头鹰、蝙蝠设计的巢箱，这些动物便能在黑夜接替白天辛勤工作的小鸟，继续捕捉昆虫。

不过这还只是一个开始。在欧洲森林之中，最精妙的控制工作是利用一种森林红蚁作为极具进攻性的捕食性昆虫——很可惜，北美地区并没有这个物种。约在二十五年以前，乌兹堡大学的卡尔·格斯瓦尔德教授研究出培养这种红蚁的方法，并建立了红蚁群体。在他的指导下，科学家们已在德国的九十个试验地区投放了一万多个红蚁群体。格斯瓦尔德教授的方法还被意大利和其他国家采用，他们建立了蚂蚁农场，用来为林区供应并散布蚁群。例如，在亚平宁山区已建起数百个鸟窝来保护再生林区。

德国莫尔恩林业局官员汉斯·鲁伯绍芬博士说："在森林中，可以看到在有鸟类、蚂蚁还有一些蝙蝠和猫头鹰一起向森林提供保护的地方，生态平衡已得到显著改善。"他相信，单一引进某一种捕食昆虫或寄生昆虫的效果要小于向森林引进一整群"天然伙伴"。

你知道为什么吗？

莫尔恩森林的新蚁群已被铁丝网保护起来，以免蚂蚁受到啄木鸟的侵害。这样一来，虽然某些试验区在过去十年里，啄木鸟的数量增长了百分之四百，但是它们并没有使得蚁群大幅减少，于是只能在树上啄食有害的毛虫进行补偿。保护这些蚁群（以及照料鸟巢箱）的大量工作都是由当地学校里十至十四岁孩子组成的少年团来进行的，不仅成本极低，还能让森林得到永久性的保护。

在鲁伯绍芬博士的工作中，还有一个极为有趣的方面，那就是他对蜘蛛创新性的利用。虽然现在已有大量关于蜘蛛分类学和自然史方面的文献，但它们都是分散而支离破碎的，并且对生物控制毫无意义。在已知的两万两千种蜘蛛中，有七百六十种在德国生长（约两千种生长于美国），有二十九个族群的蜘蛛栖居在德国的森林之中。

对林务人员来说，关于蜘蛛最重要的一点是它们织造的网的种类，其中织出车轮状网的蜘蛛是最重要的，因为它们织的网，网格非常细密，能够捕捉几乎所有的飞虫。一只十字蛛罗织的大网(直径达十六英寸)上约有十二万个黏性网结。在蜘蛛生存的十八个月中，平均可以消灭两千只昆虫。从生物学的角度来讲，一个健全的森林每平方米土地上应有五十到一百五十只蜘蛛。在蜘蛛数量较少的地方，可以通过收集和散布装有蜘蛛卵的袋状子囊来弥补不足。鲁伯绍芬博士说："三只横纹金蛛(美国也有这种蜘蛛)的子囊可以生出一千只蜘蛛，它们一共能捕捉二十万只飞虫。"

卡逊通过大量的数据，有力地说明被我们嫌弃的蜘蛛网在自然界发挥着多么巨大的作用。

他还认为，在春天出现的那种小巧、纤细的幼年轮网蛛是非常重要的，"在它们吐丝的同时，这些丝就在树木的枝头上形成一个网盖，这个网盖能够保护枝头的嫩芽不受飞虫的危害"。当这些蜘蛛蜕皮长大时，这个网也变大了。

加拿大生物学家们也遵循过十分相似的研究路线，虽然两地实际情况有所差异，如北美的森林并非人工种植，而是处于自然状态下的；另外，在对森林保护方面能起作用的昆虫种类也多少有些不同。在加拿大，人们比较重视小型哺乳动物，它们在控制某些昆虫方面具有惊人的能力，尤其对那些生活在森林底部松软土壤中的昆虫。在这些昆虫中，有一种叫作锯蝇的，人们之所以这么称呼它，是因为这种雌蝇长着一个锯齿状的产卵器，并用这个产卵器剖开常绿树的针叶，把卵产下去。幼虫孵出后就落到地面上，并在落叶松沼泽的泥炭层中或在针枞树、松树的下层落叶中发育成虫。在森林地面以下的土壤中充满了由小型哺乳动物开掘的隧道和通路，形成一个蜂巢状的世界，这些小动物中有白脚鼠、田鼠和各种鼩鼱①。在这些小小的打洞者中，贪吃的鼩鼱能找到并吃掉大量的锯蝇茧。它们吃虫茧时，把一只前脚放在茧上，先咬破一个头，可以看出它们具有识别虫茧是空心还是实心的特殊本领。鼩鼱的胃口之大令人震惊，一只田鼠一天能吃掉两百个虫茧，而一只靠吃虫茧为生的鼩鼱每天则能吃掉八百个以上！从室内实验的结果来看，这样能够消灭百分之七十五到九十八的锯蝇茧。

下述情况是不足为怪的：纽芬兰岛当地没有鼩鼱，所以锯蝇的危害较大；他们很希望能引进一些这种能起作用的小型哺乳动物，于是在1958年他们引进了一种假面鼩鼱(这是一种最有效的锯蝇捕食者)并进行试验。加拿大官方于1962年宣布，这一试验已经成功。这种鼩鼱目前正在当地繁殖，并已遍及该岛其他地区，在离释放点十英里之远的地方都已发现了一些带有标记的鼩鼱。

林务人员力求永久保存并加强森林中的天然关系，现在已有一整套装备可供使用。在森林中，用化学药物控制害虫的方法充

---

① 鼩鼱（qú jīng） 属于食虫目鼩鼱科，靠吃蚯蚓、昆虫等为生，虽然长得极像老鼠，但其实两者并没有任何关系，是世界已知动物中最小的哺乳动物。

其量也只能算是权宜之计①，并不能真正解决问题，它们甚至还会杀死森林小溪中的鱼，给昆虫带来灾难，破坏自然的控制作用，并且会把我们花费九牛二虎之力引进的那些自然控制因素尽数毁灭。鲁伯绍芬博士说："由于使用了这种粗暴的手段，森林中生命的协同共济的关系完全失调了，而且寄生虫灾害反复出现的间隔时间也愈来愈短……因而，我们不得不结束这些违背自然规律的粗暴做法，这种粗暴做法现在已经被强加到我们至关重要的，甚至可以说是最后的自然生存空间之中。"

为了解决我们与其他生物共同分享地球的问题，我们发明了许多新的、富于想象力和创造性的方法。在此之中有一个恒久不变的主题，那就是我们看待生命的意识——如何看待生命，如何看待它们所面对的压力和反压力，如何看待它们的兴衰成败。只有认真对待生命的这种力量，并且小心翼翼地设法将这种力量引导到对人类有益的轨道上来，我们才有希望在昆虫群落和我们本身之间建立一种合理的协调关系。

> 解决生态问题，一是最根本的思想问题：如何看待大自然中的生命；二是研究技术科学方法，有效利用生物技术。

当前使用毒剂的流行做法完全没有将这些最基本的问题纳入考虑范围之内。就像远古穴居人使用棍棒一样，化学药物的狂轰滥炸已经残害了无数的生命组织——这种生命组织一方面看来是纤弱和易毁坏的，但另一方面它又展现了奇迹般的韧性和恢复能力，并且有能力以意料之外的方式反戈一击。生命的这些异常能力一直被化学控制的从业者们所轻视，这些人从来不在乎所谓的"高尚的定位"，也从不把他们将要面对的巨大力量放在眼里。

"控制自然"这个词是妄自尊大的臆想构思，也是当生物学和哲学还处于蒙昧阶段的产物，当时人们设想中的"控制自然"就是要大自然以人类的便利而存在。应用昆虫学上的这些概念和做法在很大程度上应该归咎于科学上的蒙昧。这样一门如此原始的科学，如今却被最现代化和最可怕的化学武器给武装起来。这些武器在被用来对付昆虫之余，同时还掉转枪头威胁着我们的地球母亲，这实在是我们莫大的不幸。

> 调转枪头威胁大自然母亲，最终受到伤害的必然是生活在其中的人类自己。末尾，作者态度鲜明地否定了"控制自然"这一臆想，并再次告诫人们：对自然，我们应该有感恩之心。

---

① 权宜之计　指为了应付某种情况而暂时采取的办法。

精华点评

化学控制虫害无疑会将人类带上一条不归之路，我们应理智地选择另一条"人迹罕至"的路，即有效的生物控制方法，例如：通过辐射使昆虫不育；利用昆虫本身的生活习性来制造消灭昆虫的武器；利用微生物控制昆虫、利用病毒消灭昆虫；通过引入昆虫的天敌来控制虫灾……这些方法成本较化学控制成本低，效果持久，最主要的是它不会留下残毒，破坏自然，其中，"森林卫生学"的发展更是令人欣喜，它可以建起美妙而又复杂的抑制和平衡系统，保护森林免遭昆虫的过度危害。生物控制研究者们所做的这一切都是意在使人类与其他生物和谐相处，共享地球的美好。

延伸思考

在介绍有效的生物控制方法时，作者举了一个个鲜活典型的例子，并用打比方、做比较等手法生动讲述，如森林中蜘蛛网的神奇作用，贪吃的鼩鼱吃掉大量的锯蝇茧……你可否也运用这些手法，向大家介绍下你所了解的生物控制法？

知识链接

塞罕坝草原新生

塞罕坝草原位于承德市，自古就是一处水草丰沛、森林茂密、禽兽繁集的天然名苑，辽、金时期，它被称作"千里松林"，曾作为皇帝狩猎之所。但无限制的开发围垦，使森林的植被被破坏，后又遭日本侵略者的掠夺采伐和连年山火，当年"林壑幽深"原始森林已荡然无存，塞罕坝地区退化为高原荒丘，呈现"飞鸟无栖树，黄沙遮天日"的荒凉景象。

1962年起，三代塞罕坝人无私奉献，用青春和汗水陆续种植起万顷林海，1993年，建立塞罕坝国家森林公园，这是华北地区面积最大、兼具森林草原景观的国家级森林公园，园内景观独特，野生动植物资源丰富，自生维管植物81科、312属、659种；野生动物100余种，珍稀动物有豹、鹿、天鹅、黑琴鸡、细鳞鱼等，被赞誉为"河的源头、云的故乡、花的世界、林的海洋、珍禽异兽的天堂"，是建设生态文明的典型范例。

（节选自"百度百科"，有删改）

一　阅读规划表

A. 完成下列表格，留下整本书的阅读轨迹。

时间	进度	活动	基本要求和相关记录
第1天	阅读准备	1. 搜集资料，了解作者蕾切尔·卡逊 2. 观看1952年伦敦烟雾事件纪录片	1. 思考：童年的经历对作者日后的思想和写作具有怎样的影响？ 2. 结合本书第十四章"知识链接"中关于"伦敦烟雾事件"的描述，说一说它与《寂静的春天》带给我们哪些共同的启示？
		明确阅读要求	1. 2. 3.
第2天	1. 明日的寓言 2. 承受的义务	交流：昔日的小镇是怎样的？是谁给小镇带来死亡的阴影？ 随着人类文明进程的加快，自然的和谐统一被打破，一种看不见的危险四处弥漫，究竟是什么导致我们赖以生存的星球危机四伏？	1. 摘抄 2. 填写情节梳理表

续表

时间	进度	活动	基本要求和相关记录
第3天	3．死神的万能药 4．地表水和地下海洋	伙伴交流：各类化学制剂的滥用严重影响到生态环境，威胁人类健康甚至生命，"潘多拉盒子"被不幸打开之后，发生了什么？ 哪些化学制剂会对水体造成污染？还有没有其他因素也会污染我们宝贵的水资源？	1．摘抄 2．填写情节梳理表
第4天	5．土壤的国度 6．地球的绿衣	伙伴交流：作者是用了哪些方法，来说明化学制剂的滥用不仅干扰了生命进程，破坏了生态平衡，更是对我们安身立命的土地造成了严重影响的？	1．摘抄 2．填写情节梳理表
第5天	7．不必要的浩劫 8．死寂的群鸟	伙伴交流：本章中浩劫的具体体现在哪里？为什么说是不必要的浩劫？如何才能避免浩劫？群鸟沉寂了，对人类意味着什么？	1．摘抄 2．填写情节梳理表 3．提出疑问
第6天	9．死亡的河流 10．一视同仁的天灾	伙伴交流： 大自然的生物，世间的万物都有密切联系，这是一个亘古不变的哲学道理。你能从本文中找出几则实例吗？	1．摘抄 2．填写情节梳理表

续表

时间	进度	活动	基本要求和相关记录
第7天	11．超越波吉亚家族的梦想 12．人类的代价	伙伴交流： 与同伴分享一下你的安全用药意识	1．摘抄 2．填写情节梳理表 3．面对人类的无知和盲目自大，你有什么感想？
第8天	13．透过一扇狭小的窗户 14．逢四有一	伙伴交流：你对癌症的了解有多少？当身体向你发出威胁的信号的时候，你能感受得到吗？	1．摘抄 2．填写情节梳理表 3．关于这两章，你能提出自己的疑问和困惑吗？
第9天	15．大自然的反击 16．崩塌的躁动	伙伴交流：致癌物质是如何突破人的机体防御的？ 为什么有些时候生活中的害虫越灭越多？	1．摘抄 2．填写情节梳理表 3．有人说，地球不需要人类拯救，人类需要拯救的是自己。你怎么看？
第10天	17．另一条路	伙伴交流：生物控制虫害和化学方法控制虫害的区别是什么？	1．摘抄 2．填写情节梳理表 3．利用相关的知识，点评一下爱卫办关于消灭登革热的指引："登革热媒介伊蚊控制关键是正确处理媒介伊蚊幼虫孳生，坚持以环境治理为主、生物或化学杀灭为辅的原则

B.小组合作，准备阅读交流课。

准备步骤	活动内容
精读相关章节，做一个环保工程师（第11~13天）	1．精读：《死神的万能药》《地表水和地下海洋》《土壤的国度》 2．水乃万物之源，杜绝水污染是人类社会实行可持续发展的必要条件。怎样才能避免滥用化学制剂造成水污染？以小组为单位，为你家所在的社区设计一个合理的家庭环保用水方案
精读相关章节，做一个环保宣传员（第14~17天）	1．精读：《不必要的浩劫》《死寂的群鸟》《死亡的河流》《一视同仁的天灾》 2．写一篇环保演讲稿，在世界环境日来临的时候进行宣传
精读相关章节，做一个环保行动者（第17~20天）	1．精读：《崩塌的躁动》和《另一条路》 2．选择一所学校，策划一次环保活动，带领你的同学一起用实际行动保护环境
课后拓展阅读	《瓦尔登湖》

知识积累

常用词语汇总

页码	词语	句子	词义
1	眼花缭乱	路边蔓生的月桂树、荚蒾、赤杨树以及巨大的羊齿植物和野花令过路人眼花缭乱，心旷神怡，即便是在冬日也别有一番景象。	看着复杂纷繁的东西而感到迷乱。也比喻事物复杂，无法辨清。
1	心旷神怡	路边蔓生的月桂树、荚蒾、赤杨树以及巨大的羊齿植物和野花令过路人眼花缭乱，心旷神怡，即便是在冬日也别有一番景象。	心境开阔，精神愉快。
4	微乎其微	生物对环境的反作用却是微乎其微的。	形容非常小或非常少。
4	触目惊心	最触目惊心的是危险甚至致命的物质对空气、土地、河流和海洋的污染。	看见某种严重情况，心里感到震惊。
4	相提并论	化学物质对世界和生命的本质造成的灾难性转变可与核辐射相提并论。	把不同的人或不同的事放在一起谈论或看待。
5	徒劳无功	所谓的"适应过程"也很可能是徒劳无功的。	白白付出劳动而没有成效。
6	愈演愈烈	此时就必须开发出另一种毒效更为烈性的农药——于是情况愈演愈烈。	指事情、情况等越加恶化、严重。

续表

页码	词语	句子	词义
7	微不足道	人类的未来竟然有可能是由杀虫剂这样看似微不足道的东西所决定的。	指意义、价值等小得不值得一提。
7	不堪一击	支撑我们如此行动的理由根本是站不住脚的，甚至可以说是不堪一击的。	形容力量薄弱，经不起一击。
7	灭顶之灾	充满智慧与理性的人类怎么可能采用一种既对整个生态环境造成污染，又给自身引来疾病的侵袭，甚至可能招致灭顶之灾的手段。	指水漫过头顶。比喻毁灭性的灾难。
8	大道至简	自然赐予了大地多彩多样的植被种类，人类却执意追求"大道至简"。	指大道理（基本原理、方法和规律）是极其简单的，简单到一两句话就能说明白。
9	不足为奇	最令人苦恼的昆虫往往是外来物种就不足为奇了。	指某种事物或现象很平常、很一般。没有什么好奇怪的。
9	无休无止	这类生态入侵极有可能还将无休无止地持续下去。	没完没了（中性词）。
9	唾手可得	这些必要的知识在现今大多已是唾手可得，但我们却没有好好地利用它。	比喻毫不费力就可以得到。

续表

页码	词语	句子	词义
9	另辟蹊径	我们还有许多可供替代的方案，只要给予机会，依靠人类的智慧必能另辟蹊径。	另外开辟一条路。比喻另创一种风格或方法。
10	任其自流	不管是州一级的机构还是联邦政府的机构都对这种十分恶劣的公然滥用情况听之放之，任其自流。	指不加约束、引导，听任自由发展。
13	相去甚远	改变它们的排列结构，以如此手段创造出的人工合作杀虫剂与二战以前的简单杀虫剂相去甚远。	指互相之间存在很大差异和距离。
16	情有可原	这一误解的产生实则是情有可原的，因为滴滴涕与其他氯代烃类化合物不同。	按情理，有可原谅的地方。
16	老生常谈	以上引用的这些数据对于化学家或药理学家来说已是老生常谈，但是普通大众对此却不甚熟悉。	老书生经常说的话。比喻人们听惯了的没有新鲜意思的话。
17	孰是孰非	从实际应用的角度来说，孰是孰非其实并不十分重要。	谁对谁错。
22	猝不及防	当时一个小孩……猝不及防地接触到了随风飘来的对硫磷喷雾……当然，两个小孩一齐毒发死去。	事情来得突然，来不及防备。

续表

页码	词语	句子	词义
22	转瞬即逝	这种物质在履行完其职责之后便立即消失，它的存在是转瞬即逝的。	形容很快就会失去或消失。
24	毫无顾忌	马拉硫磷的毒性最弱，因此许多人便错以为它不会对人体带来伤害，可以毫无顾忌地随意使用。	对违反道德的行为丝毫没有反感或犹豫，或不考虑对人对事情的利害关系，没有顾虑。
27	纷至沓（tà）来	关于牲畜砷中毒的报告依旧纷至沓来。	形容接连不断地到来。
30	置若罔闻	人类忘却了自己的来源之处，甚至对自身最基本的生存需求置若罔闻。	放在一边，好像没有听见似的。指不予理睬。
35	不可逆转	保护区中的湖泊群一旦遭到严重污染，就会对美国远西地区的所有飞禽造成不可逆转的严重损害。	形容不能倒转过来，多指局势或者局面。
42	不容小觑	尽管体积微小，但它们的总重量却不容小觑，面积为一英亩、厚度一英尺的肥沃土壤中所含细菌群落的总重量大约能达到一千磅。	指的是不能小看；不能轻视。

续表

页码	词语	句子	词义
44	大有裨益	杀虫剂对土壤所造成的影响已渐渐浮出水面，尽管只是冰山一角，但仍对我们大有裨益。	形容某件事的益处很大。
47	贻害无穷	这类污染隐患重重，贻害无穷。	比喻留下无穷的祸患。
52	救命稻草	而对于在冬季放牧的牲畜来说，这些蒿属植物或许就是最珍贵的救命稻草。	现多指困境中的唯一希望。多贬义。
58	与有荣焉	当人类战胜邪恶的自然时，我们竟不感觉与有荣焉。	因而也感到荣幸。
60	一如既往	但人们仍旧不愿淘汰现今这种面向大多数植被的重复施用手段，一如既往地坚持采用它。	指态度没有变化，完全像从前一样。
61	根深蒂（dì）固	原有的治理手段早已成为根深蒂固的习惯，很难全然杜绝。	比喻基础深厚，不容易动摇。
61	毋（wú）庸置疑	毋庸置疑的是，大规模施药法之所以盛行只是因为人们尚未清醒地认识到它的危害。	事实明显或理由充分，不必怀疑，根本就没有怀疑的余地。
65	自作自受	豚草……向我们展示了人类对自然所采取的控制措施有时只会让人类自作自受。	自己做了蠢事坏事，自己倒霉。

续表

页码	词语	句子	词义
70	斩钉截铁	正是他们在斩钉截铁地否认生物学家呈上的报道。	形容说话或行动坚决果断，毫不犹豫。
70	言之凿凿（záo）	正是他们在言之凿凿地宣称这些药剂对野生生物危害极小。	形容说话有真凭实据，而不是空泛的用语。
71	大行其道	昆虫控制项目大行其道，杀虫剂以数千甚至数百万英亩为单位大范围地洒向土壤。	现指某种新潮事物流行、盛行，成为一种风尚。一般为贬义词或中性词。
72	迫不及待	处于丽金龟分布边缘的中西部各州却已然迫不及待地对它们发起了猛烈的进攻。	急迫得不能等待。形容心情急切。
72	全然不顾	大肆泼洒下毒性最烈的化学药剂，全然不顾此举极有可能会波及大批居民、牲畜以及所有野生动物。	一般指专心地做某事。多含贬义。
75	冰山一角	生物学家们……向世人展示了这场前所未有的野生生物浩劫的冰山一角——一场在项目实行伊始就已显露端倪的浩劫。	现指所暴露出来的只是事物的一小部分。

续表

页码	词语	句子	词义
80	泛滥成灾	施行过该项目的东部地区至今仍无须担心丽金龟可能泛滥成灾。	江河湖泊的水溢出，造成灾害。比喻不好的文章或思想到处传播，影响极坏。
81	自惭形秽（huì）	在我们的默许下进行的这些行动给众多生物带来了莫大的苦难，对此，我们人类难道不该自惭形秽吗？	因为自己不如别人而感到惭愧。
85	星罗棋布	从大西洋沿岸到落基山脉，中间数千个大小城镇星罗棋布。	像天空的星星和棋盘上的棋子那样分布着。形容数量很多，分布很广。
93	义不容辞	保护好鸟类同样是我们义不容辞的责任。	道义上不允许推辞。
93	前仆后继	认为光靠一只喷洒器便能挽救榆树的天真妄想……危险地指引着一个又一个城镇前仆后继地走向化学药剂的泥潭。	前面的倒下了，后面的紧跟上去。常形容斗争的英勇壮烈。
99	迎刃而解	其实只要稍稍更改种植的作物，这个问题便可迎刃而解。	比喻处理事情、解决问题很顺利。
103	接踵而至	喷药刚一结束，不容置疑的糟糕迹象就已接踵而至。	指人们前脚跟着后脚，接连不断地来。形容来者很多，络绎不绝。

续表

页码	词语	句子	词义
107	臭名昭著	在美国，一个最臭名昭著的鱼类毁灭案例发生在1955年。	坏名声人人都知道。
107	销声匿迹	鲑鱼的天然饵料——河流昆虫已经销声匿迹。	指隐藏起来，不公开露面。销，通"消"。
113	直截了当	鱼塘就直截了当地接收了毒物。	形容说话做事爽快、干脆。
113	司空见惯	多年来，这样的情况在俄克拉荷马州反复上演，人们早已司空见惯。	指某事常见，不足为奇。
114	于事无补	虽然养鱼者竭尽全力，想用流水稀释塘水，依然于事无补。	对事情毫无补益。
122	池鱼之殃	不仅是那些要消灭的昆虫和植物领教了这种毒物的厉害，其他生物——人类和非人类——也受了池鱼之殃。	比喻受牵连而遭到的祸害。
124	群情激昂	当计划宣布要在1957年对三百万英亩土地进行喷药时，保护派变得越发群情激昂。	大家的情绪都很激动和高昂。
126	奉为圭臬	一位养蜂人痛苦地说："直到1954年，我一直将美国农业部和农业学院提出的所有事情都奉为圭臬。"	比喻把某些言论或事当成自己的准则。

续表

页码	词语	句子	词义
127	雄心勃勃	他们又忙于在南方开展一个更加雄心勃勃的（"扑灭"）计划。	形容雄心很大，很有理想。在此为反语。
127	众矢（shǐ）之的（dì）	这种火蚁突然变成政府宣传、电影和煽动性励志故事的众矢之的。	众箭所射的靶子。比喻大家攻击的对象。
128	不可思议	（构想拙劣、执行糟糕贻害无穷……）然而不可思议的是，居然仍然有基金投入该项计划。	原有神秘奥妙的意思。现多指无法想象，难以理解。
130	不言自明	有一点不言自明的，……任何研究工作都只能祈祷亡羊补牢的作用了。	指不用表述就能知道这个动作、语句、文章的意思，浅显易懂。
130	置之不理	农业部则以"夸大"和"误导"为借口，对一切证据统统置之不理。	放在一边，不理不睬。
132	罪魁祸首	支撑他怀疑引起死亡的罪魁祸首是杀虫剂。	作恶犯罪的头目，也指灾祸的主要原因。
138	彻头彻尾	这是一个彻头彻尾的毒药年代。	从头到尾，自始至终，完完全全。
139	理所当然	几乎每份报纸的园艺版块和大部分园艺杂志都将使用这些药物视作理所当然。	道理当然是这样的，合乎情理的，不容怀疑。

续表

页码	词语	句子	词义
142	心血来潮	农民可能一时心血来潮，给许多农作物随意使用杀虫剂。	指心里突然或偶然起了一个念头。
143	一纸空文	这（食品和药物管理局规定的污染最大容许限度有明显的缺陷）一规定不过是一纸空文。	只是写在纸上没有兑现或不能兑现的东西。
143	奉令唯谨	这一规定不过是一纸空文……人们似乎也奉令唯谨了一样。	指遵守命令，不敢稍有违背。
143	力有不逮	"难道政府就不会保护我们免受这些伤害吗？"……回答是："力有不逮。"	指能力达不到，能力触及不到。
145	锐意进取	还迫切需要一个保持警惕、锐意进取的食品和药物管理局。	意志坚决地追求上进，下决心强化，力图有所作为。
145	手足无措	普通购买者会对琳琅满目的杀虫剂、真菌剂、除草剂手足无措。	手脚不知放到哪儿好。形容举动慌张，或无法应付。
145	琳琅满目	普通购买者会对琳琅满目的杀虫剂、真菌剂、除草剂手足无措。	满眼都是珍贵的东西。形容美好的事物很多。

续表

页码	词语	句子	词义
148	盖棺定论	也许等不到苗头症状出现的二十多年之前，我们的命运就已经盖棺定论了。	指一个人的是非功过到死后才能做出结论。
148	不屑一顾	人类还是对看起来并不明晰的威胁不屑一顾。	认为不值得一看。形容极端轻视。
148	莺歌燕舞	使得我们的花园和树林一片寂静，听不见莺歌燕舞。	形容春天鸟儿喧闹活跃的景象。现常比喻革命和建设蓬勃兴旺的景象。
149	乘隙而入	然而最危险的敌人却在不知不觉之中乘隙而入。	趁着虚弱疏漏的地方进入。
151	风雨飘摇	我们抵抗外来毒素和内部毒物的防线已经被削弱了，如今正在风雨飘摇之中。	在风雨中飘荡不定。比喻局势动荡不安，很不稳定。
151	明智之举	还要把自己暴露给毒素，那就怎么说也不是明智之举。	指通达事理，有远见的做法。
152	急转直下	他休息了一个假期，身体有所好转；但回到工作岗位以后，情况又急转直下。	形容形势或文笔等突然转变，并且很快地顺势发展下去。
166	薪火相传	完全仰仗遗传信息以不可思议的精确性，一代又一代地薪火相传。	比喻学问和技艺代代相传。

续表

页码	词语	句子	词义
168	迫在眉睫	而直接针对这一问题的研究已经是迫在眉睫了。	比喻事情十分紧急；已到眼前。
170	物竞天择	基因是二十亿万年前物竞天择的结果。	生物互相竞争，能适应生活者被选择存留下来。
175	罄（qìng）竹难书	如果算上这些物质，那么我们的清单很可能罄竹难书。	比喻事实（多指罪恶）很多，难以说完。
179	汗牛充栋	这位专家如今所掌握的一手病史不仅汗牛充栋，而且细致详实。	形容藏书很多。
180	不可或缺	在喷药操作中，石油馏出物都是其中不可或缺的组成部分。	表示非常重要，不能有一点点的缺失，不能少一点。
181	每况愈下	他的病情每况愈下，最后在5月19日（即喷药后一周）要求住院治疗。	指情况越来越坏。
184	忧心忡忡（chōng）	大部分杀虫剂都达到了致癌物的水平，且程度之高令人忧心忡忡。	形容心事重重，非常忧愁。
184	不谋而合	通过对它们呼吸作用的细心测定，发现发酵作用的速率要明显高于正常水平，这与瓦尔堡的预见不谋而合。	事先没有商量过，意见或行动却完全一致。

续表

页码	词语	句子	词义
186	众说纷纭	医学观点就这一问题众说纷纭。	人多嘴杂，议论纷纷。
188	相辅相成	癌症有时需要两种化学物质相辅相成地作用才会引发。	指两件事物互相配合，互相辅助，缺一不可。
189	扪心自问	人们经常扪心自问："难道真的无药可救了吗？"	用手抚摸着胸口向自己发问，表示自我反省。
191	翘（qiáo）首以盼	这样一种翘首以盼的"突破"，假使有一天真的出现，也不可能指望它是能够治疗所有类型癌症的万灵药。	很急切地希望看到某人、某事、某物的出现。
190	痴人说梦	惠帕博士几乎无法忍受一种痴人说梦的想法，以为"每天早上用早饭之前，服用一种神奇药丸"就能预防癌症。	比喻凭借荒唐的想象胡言乱语。
194	屡见不鲜	即使是最不可能的事情，在昆虫的世界里也屡见不鲜。	常常见到，并不新奇。
195	死灰复燃	昆虫学家发现，早几年他们认为已经解决了的问题又死灰复燃。	冷灰重新烧了起来。原比喻失势的人重新得势。
195	摇摇欲坠	正如一个坐在悬崖边摇摇欲坠的人无法轻易藐视万有引力定律一样。	形容十分危险，很快就要掉下来，或不稳固，很快就要垮台。

续表

页码	词语	句子	词义
197	浑然不知	乃至我们周围生命所具有的神奇甚至是骇人的力量统统浑然不知。	糊里糊涂，什么都不知道。
199	周而复始	它们就这样周而复始地进食，直到做出白色丝茧使其度过蛹期。	转了一圈又一圈，不断循环。
200	卓有成效	虽然有理由相信它们对目标害虫的防治卓有成效。	有突出的成绩和效果。
201	分崩离析	喷洒杀虫剂之后，整个群落就分崩离析了。	形容国家或集团分裂瓦解。
203	岌岌可危	随着玉米螟的天敌都被杀虫剂消灭，这项计划（能够克制玉米螟的寄生虫）岌岌可危。	形容非常危险，快要倾覆或灭亡。
204	毛骨悚然	那个场面……是一幅让人毛骨悚然的图画……（蜗牛）吞食这些被农药毒杀的受害者。	汗毛竖起，脊梁骨发冷。形容十分恐惧。
205	不遗余力	一些杰出的昆虫学家为什么会不遗余力地倡导化学控制。	把全部力量都使出来，一点不保留。
205	盆满钵满	生物控制研究并不像化学工业领域的研究一样有机会赚个盆满钵满。	赚得盆和钵都装满了（钱），形容赚的钱很多。

续表

页码	词语	句子	词义
206	弹冠相庆	人们弹冠相庆，盛赞化学药物是控制昆虫的主要措施。	比喻一个人做了官或升了官，他的同伙因为将得到援引，有官可做，也互相祝贺，后用来形容坏人得意，含贬义。
207	前所未有	后来人们又听说滴滴涕能抹去苹果蛀蛾这个可怕的梦魇，结果使用以后反倒遭受了前所未有的螨虫灾害。	从来没有发生过的。
208	闭门造车	这些方法比我们自己闭门造车要经济划算得多。	比喻故步自封，不与外界交流；或者做事不考虑客观情况，脱离实际，只凭主观办事。
210	心照不宣	突然间，全国其他地区的同种类节蚧壳虫似乎达成了心照不宣的默契。	指彼此心里明白，而不公开说出来，也指互相之间明白或共同认可一件事物，做出相同的判断。
211	俯拾皆是	如今通过控制传病昆虫而取得抵抗疾病胜利的古诗俯拾皆是。	只要低下头来捡取，到处都是，形容多而易得。

续表

页码	词语	句子	词义
212	初见端倪	仅仅一年之后，麻烦就初见端倪。	看到了事件的雏形，有了初步的印象。
213	不足为道	最初在意大利的胜利看起来的确不足为道了。	不值得一说。
215	无往不利	氯丹曾是灭虫者们无往不利的武器。	所到之处，没有不顺利的，指处处行得通，办得好。
215	如出一辙	昆虫危害农作物的情况也如出一辙。	原指好像出自同一个车辙，比喻两件事情非常相似。
216	视若无睹	以及许多其他物种现在都已经对农夫们的化学喷剂攻击视若无睹了。	虽然看见了，却像没有看见一样。指对眼前事物漠不关心。
216	付诸东流	大量投入支持和生产杀虫剂的财政投资随时可能付诸东流。	比喻希望落空，成果丧失，前功尽弃，好像随着流水冲走了一样。
221	天马行空	另外一些方法目前还只存在于科学家们天马行空的大脑里。	比喻诗文气势豪放。也比喻人浮躁，不踏实。
221	洋洋大观	从事应用昆虫学工作的人们被二十世纪四十年代的新式杀虫剂的洋洋大观弄得眼花缭乱。	形容美好的事物复杂繁多，丰富多彩。

续表

页码	词语	句子	词义
228	纸上谈兵	运用声音来影响昆虫行为的现场验证方法就不再是纸上谈兵了。	在纸面上谈论打仗。比喻空谈理论，不能解决实际问题。
229	一臂之力	为什么不能在控制昆虫的领域让它们助我们一臂之力呢？	表示自己无论多少也献上一份力量去帮助。
232	错综复杂	大自然可以按本来的面目发展，建立起美妙而又错综复杂的抑制和平衡系统。	形容头绪多，情况复杂。
235	权宜之计	在森林中，用化学药物控制害虫的方法充其量也只能算是权宜之计。	指为了应付某种情况而暂时采取的办法。
235	狂轰滥炸	化学药物的狂轰滥炸已经残害了无数的生命组织。	指短时间内对目标频繁进行的破坏性轰炸。

三　阅读感悟

1. 边阅读边做批注是一种很好的阅读习惯，你可以将文段中一些有表现力的词语、作者的观点和态度圈画出来，并在旁边及时写下你的感悟，这样才能将文章内容更好地"内化"成自己的所得。请你试着在下列文段中，圈画出有表现力的词语和句子，并写一段点评，100字左右。

原文：

在1957年灾难性的喷药之后，行动计划突然间大幅度缩减了规模。同时还发表了一个含糊的声明，说要对过去的工作进行"评估"，并试验替代农药。在此期间，防治害虫处一定会觉得来自长岛的消息令人坐立不安——吉卜赛蛾又在那儿大量出现了。昂贵的喷药行动使得农业部不仅大失公信力，而且大损民望——原本志在根除吉卜赛蛾的行动，到头来却是竹篮打水一场空。

然而，农业部的植物害虫防治科的官员似乎已经暂时忘记了吉卜赛蛾的事，因为他们又忙于在南方开展一个更加雄心勃勃的计划。"扑灭"一词依旧轻易地从农业部的油印机上影印出来，这一次散发的印刷品是承诺要扑灭火蚁。（P127）

点评：

2．《寂静的春天》中第11章题为《超越波吉亚家族的梦想》，请问：什么是"波吉亚家族的梦想"？请查询相关资料回答。

3．联系全书内容，说说以下三个人的说法共同表达了什么观点。

①马歇尔·莱尔德把化学防治"比作一台跑步机，一旦踏上去，我们就会因为害怕后果而停不下来"。（P204）

②皮克特博士说："我们只不过是从一个危机走向了另一个危机，用一个问题换来另一个问题罢了。"（P206）

③布朗博士指出，我们走在一条"单行道"上，没人知道这条路有

多长。如果在控制携带疾病的昆虫之前，我们就走到了死胡同，那么我们的处境将会十分危险。（P215）

4.《寂静的春天》中，大量具体的例子、翔实的数据、严密的思路，让我们感受到卡逊作为一名科学家严谨的态度，另一方面，本书并没有一味枯燥地说教，文中随处可见叙述描写得极其优美、生动的文字段落，细腻的文笔中流露出对大自然的热爱。请参照以下的文段，选择一个你熟悉的动物，用至少一种修辞手法描写它的外貌及生活习性，100字左右。

例子：鹳鹮（P37）它们素有"燕子"的美称，脖颈洁白细长，头颅桀骜高扬，身姿轻盈地飞掠过湖面，几乎不漾起一丝涟漪，初生的雏鸟浑身绒毛细软，浅浅的灰色泛着温柔的光亮，几个小时后就能伏在父母的背上或者依偎在它们的翅膀底下初尝湖水的清幽了。

胡蜂（P199）雌性胡蜂在一些阁楼不起眼的角落筑巢，她体内携带受精卵，这些卵在孵化发育之后，会组成新一代的蜂群。这只雌蜂作为蜂群的幸存者，会在春天筑一个小纸巢，在每个巢室中产卵，精心地养育出一支小型的工蜂队伍。在工蜂的协助下，她会慢慢地扩建蜂巢，壮大整个蜂群。然后，在炎炎夏日里不停觅食的工蜂，会开始捕杀无数的毛虫。

四　综合检测

（一）基础阅读能力检测

1. 阅读第六章《地球的绿衣》中"西部蒿属植物地带的悲剧性案例"部分，按照植物与动物的依存关系，在下列空格中填上相应句子。

西部高平原及高原山脉气候恶劣、冬季漫长，各种植被相互竞争

↓

蒿属植物因（1）＿＿＿＿＿＿＿＿＿＿的优势成功脱颖而出

↓

（2）＿＿＿＿、＿＿＿＿也与蒿属植物一样适应了环境，就此栖居

↓

（3）＿＿＿＿、＿＿＿＿等一些生物也仰仗着蒿属植物

↓

高地平原、蒿属植物群和野生动物构成了一个完美平衡的自然系统

2. 阅读下列文段，回答问题。

由水、土壤和覆于大地表面的绿色植物组成的世界为地球上各类动物的生存提供了决定性的支撑力量。尽管现代人类常常忘了这个事实，但若没有这些植物利用太阳能量制造可供人类食用的基本食物，人类社会必将无以为继。我们对待植物的态度十分狭隘。我们一发现某种植物具有即时的利用价值，便会立马大肆栽种；而只要发现某种植物的存在不合需要或没有太大用处，我们就会毫不犹豫地将其销毁。（P50）

问题：（1）"我们"对待植物的态度如何"十分狭隘"？请用文中相应句子回答。

（2）人类在现实生活中有没有"狭隘"对待植物的例子？请举例回答。

3. 阅读第七章《不必要的浩劫》，回答问题。

日本丽金龟是一种来自日本本岛的外来昆虫，它们的数量虽然不少，但没有严重影响到当地居民的生活，仍然在可控范围之内。但随着"扑灭丽金龟"行动的大力推行，不仅是丽金龟，＿＿＿＿＿、＿＿＿＿＿、＿＿＿＿＿、＿＿＿＿＿、＿＿＿＿＿、＿＿＿＿都遭受了"无害的"白色艾氏剂的"洗礼"。这样的灭杀方法连带误杀了太多无辜的动物。然而，很多时候事情都是有转机的，在文中，作者又列举引进针对丽金龟的捕食昆虫和寄生性＿＿＿＿（学名：＿＿＿＿）和能够使丽金龟感染"＿＿＿"的例子，对丽金龟施行有效的自然控制，受到了昆虫学家的广泛赞誉。

4. 阅读第八章《沉寂的群鸟》，回答问题。

知更鸟是为许多美国人所熟知的鸟，它每年的第一声吟啼就是春天即将来临的信号，它的到来是人们茶余饭后的谈论热点。然而，知更鸟的数量却在1957年前后大面积缩小。对于知更鸟数量减少的原因，下列选项中正确的两项是（　　　）（　　　）

A. 遭受杀虫剂的喷洒直接中毒

B. 摄入中毒的蚯蚓间接中毒

C. 杀虫剂使鸟类的繁育能力遭到实质性损害

D. 吃下沾染杀虫剂的榆树叶

5. 在大西洋海岸的绿色海水深处，潜藏着许多条回流至海岸的小路，它们虽然看不见、摸不着，却是鱼类的通道。几千年来，鲑鱼已对这些淡水线路驾轻就熟，每条鲑鱼都要回到生命之初的那条小支流，把卵产在河床的沙砾上。这就是鲑鱼溯河洄游的由来。下面是鲑鱼产卵前后的变化发展要点，请你按照时间顺序把它们排列出来。

①春天，冰消雪释，林中小溪完全融化，小鱼孵化出来。

②它们在河底的卵石之间潜藏，什么东西也不吃，单靠一个大的卵黄囊维生。

③母鱼在河底挖好浅槽，即所谓的"产卵区"。

④寒冷的冬天，鱼卵发育缓慢。

⑤秋冬季节，母鱼将大个的、带有硬壳的鲑鱼卵产在沙砾满满的浅槽之中。

⑥卵黄囊吸收完毕，小鱼开始游到溪流里，捕食小昆虫。

正确的顺序是：＿＿＿＿＿＿＿＿＿＿

6. 读第二章，请简述促成现代虫害问题的原因是什么。

7. 杀虫剂中的有毒物质最险恶的特性，是它们能通过生物链上的每个环节，从一个机体传播到另一机体，试以水中杀虫剂中的有毒物质为例，说明其是如何通过生物链一环接一环传递的。（P35~36）

杀虫剂被投放到水中→ ☐ → ☐

→ ☐ → ☐

8. 请将下列句子进行排序

①然后，生物开始发挥它们极富创造性的魔力，将毫无生气的惰性原始母质一点一点改造成如今的土壤。

②之后，地衣的崩落碎屑、微小昆虫的外壳和起源于海洋的动物群的残骸一同将原始土壤改造成简质土壤，而这类土壤的微末缝隙正是苔藓类植物的绝佳生长地。

③当爆发的火山裹挟着滚烫的土壤原始母质倾流而下，当奔涌水流冲刷过裸露的岩石、磨损着最坚硬的花岗岩石，当霜刀雪剑将岩层劈开碾碎，原始的土壤母质便由此积聚形成。

④地衣是岩石层的第一道覆盖物，它的酸性分泌物会加快土壤的剥蚀与崩解，为其他生命创造更广阔的栖息之地。

A. ③④②①　　　　　　　B. ④①②③

C. ③①④②　　　　　　　D. ④②③①

9. 阅读十四章中有关瓦尔堡理论的介绍，下列哪一项表述与瓦尔堡理论相符（P183）（　　　　）

A. 那些被致癌物破坏了的细胞在发酵作用所产生的能量可以与呼吸作用相提并论时，就可以说癌细胞已经从正常的体细胞中被创造出来了。

B. 癌症之所以潜伏期漫长，是因为在呼吸作用遭到破坏后，细胞需要一段时间进行大量分裂。

C. 重复摄入小剂量致癌物质的危险比单次大剂量摄入高，是因为，单次大剂量中毒可以杀死细胞，而小剂量却容许一些细胞存活下来，但这些细胞已经遭受损害。

D. 辐射既能杀死癌细胞，同时又会导致癌症，因为它会损害呼吸作用，癌细胞的呼吸作用受过损害，所以稍加破坏，癌细胞就死了。而正常细胞第一次遭受针对呼吸作用的损害，因此不会被杀死，但会马上癌变。

10. 本书最后一章提及两条路，一条是高速行驶的平坦大路，一条是"人迹罕至"的路，结合本书内容，请概括地说明这两条路分别是指什么？为什么前者的尽头是一场灾难？（P220）

（二）中级阅读能力检测

1. 阅读下列文段，回答问题

　　毋庸置疑，化学除草剂这种新型玩具的确夺目诱人，它们发挥效用的方式叫人惊叹，它们能够赋予其使用者<u>一种凌驾于大自然之上的神奇能力</u>。至于它潜在的长期影响，人们大手一挥便将之抛诸脑后，并把少数人提出的质疑称为"悲观主义者的无根据妄想"。所谓的"农业工程师"们无忧无虑地谈论着"化学耕种"的话题，恨不得将犁地的锄头也打造成喷雾枪的模样。上千个社区的政府官员认真地倾听化学药剂推销员令人目眩的宣传，热情地接待想要"帮忙"除去路旁杂草的承包商，他们的宣传口号是"绝对比人工割草便宜"。或许，政府文件中记录的除草费用确实低廉实惠，但这几个漂亮的数字远非人们付出的真正代价，其高昂的代价在于它大肆损害了自然景观的健康发展以及仰仗景观获得收益的各方利益体。（P55）

　　问题：

　　（1）什么是"凌驾于大自然之上的神奇能力"？

　　（2）请分析加点词的作用。

2. 阅读下列文段，回答问题

　　最近，荷兰的某座城市公园就为此提供了一个实例，当时园内的玫瑰长势较差，奄奄一息，工作人员为土壤样本进行检验分析发现，土壤正受到小型线虫的重度侵扰。对此，荷兰植物保护局的科学家不推荐采用化学喷雾制剂或土壤处理。相反，他们建议在玫瑰周围种植金盏花，因为这种植物的根部会释放一种能够杀死小型线虫的分泌物。（P63）

　　问题：文段中，针对玫瑰花受到小型线虫的侵扰，荷兰科学家不推荐采用化学喷雾制剂或土壤处理，而建议在玫瑰周围种植金盏花。我们平时也时常受到蚊子的侵扰，受到荷兰科学家的启发，你觉得可以用什么方法来解决这个问题呢？

3. 阅读下列两段文段，分析动物各自的形象，说说作者在其中包含的感情有什么不同。

　　【甲】谢尔登的一位科学观察者向我们描述了一只草地鹨在临死前的惨状："它侧躺在地上，张着嘴，艰难地喘着粗气，它的肌肉协调性已完全丧失，再也无法飞翔，但它仍然不停地扇动着翅膀、攥动着爪子，试图站立起来。"

　　——［美］蕾切尔·卡逊《寂静的春天》

　　【乙】我顺着林荫路望去，看见了一只嘴边还带黄色、头上生着柔毛的小麻雀，它从巢里跌落下来（风猛烈地吹动着林荫路上的白桦树），呆呆地伏在地上，孤苦无援地张开两只刚刚长出羽毛的小翅膀。

　　我的狗慢慢地逼近它。忽然，从附近一棵树上扑下一只黑胸脯的老麻雀，像一颗石子似的落在狗的嘴脸跟前——它全身倒竖着羽毛，惊惶万状，发出绝望、凄惨的吱吱喳喳叫声，两次向露出牙齿、大张着的狗嘴边跳扑前去。

它是猛扑下来救护的，它以自己的躯体掩护着自己的幼儿……可是，由于恐怖，它整个小小的躯体都在颤抖，它那小小的叫声变得粗暴嘶哑了，它吓呆了，它在牺牲自己了！

——［俄］屠格涅夫《麻雀》

答：我从【甲】文中看到了一只_____的草地鹨，我从中感受到了作者_____的感情。

我从【乙】文中看到了一只_____的老麻雀，我从中感受到了作者_____的感情。

4．阅读下列文段，回答问题：

1961年，在得克萨斯州下游的奥斯汀，科罗拉多河发生了近年来最大的一次鱼类死亡事件。1月15日，是一个星期日，在黎明后不久，突然有死鱼出现在新唐湖和该湖下游约五英里范围内的河面上。这一天之前并未发现任何异常。星期一，有报告说下游五十英里发现有鱼类死亡。这时情况已经清除了，原来是某些毒性物质正顺着河流向下扩散。到1月21日，在一百英里下游靠近莱·格兰吉的地方，也出现了毒害致死的鱼。而在一个星期之后，这些化学毒物又在奥斯汀下游两百英里处逞凶作恶。1月的最后一个星期里，内海岸河道的水闸关闭，以避免有毒的河水进入玛塔高达海湾，进而将它们转送至墨西哥湾。

从文中内容来看，你对河流污染导致鱼类死亡有什么认识？从中受到了什么启发？

5．牡蛎和蛤是人们爱吃的食物，有人说，牡蛎和蛤生活在海边，海水没有污染，所以我们人类食用并不会有什么危险，你认可这种说法吗？请说明你的理由。

6. 品味下面两句中加点词语的含义。

①在大自然不慌不忙地度过了无数年代以后，生物通过物竞天择、适者生存这股毁灭性的自然力量不断调整，直至适应。（P172）

②纵观这种物质的历史，实际上是以大量证据表明，法律虽然应当起到保护作用，但公众仍有可能在致癌物质中暴露数年之久以后，才能看到法律程序姗姗来迟地收拾残局，控制情势。（P176）

7. 阅读以下文段，说说画线句子的含义。（P187~188）

人类暴露于致癌化学物质（包括杀虫剂）的情形纷繁复杂，难以控制。一个人也许会在许多种不同的情况下，暴露于同一种化学物质之中。砷就是其中一个例子。它能够以不同的伪装，出现在每个人的生活环境之中：比如空气污染物、水体污染物、食物残留、医药成分、化妆品成分、木料防腐剂，或是颜料墨水中的上色物质等。很可能置身于单独某一种暴露之中并不足以引发癌变——然而任何一种所谓的"安全剂量"对于负担有其他"安全剂量"的个体来说，都有可能成为压死骆驼的最后一根稻草。

8．第十六章本书译者译为"崩塌的躁动"，有人译为"小东西，大能量"，你认为哪个更好，为什么？

9．在第二章中，作者引用斯切维泽所言"对于自己一手制造的魔鬼，人们往往难以认清它的真面目"，其中"魔鬼"具体指什么？为什么人们难以认清它的真面目？

10．第十五章中作者提到"大自然的平衡并不是一种恒定不变的状态，它是一种流动的、不断变化的、处于不断调整中的状态，你认同这种说法吗？请联系实际谈谈你的看法。

（三）高级阅读能力检测

1．阅读下列文段，回答问题

就像美国密尔沃基公共博物馆鸟类展馆的馆长欧文·J.格罗梅写给《密尔沃基日报》的信中所写的那样，"昆虫的最大敌人是其他食肉昆虫、鸟类和一些小型哺乳动物，但在滴滴涕的无差别攻击下，这些大自然的卫士和警察已几临绝境……我们以发展为名，采用恶魔般的化学手段抑遏昆虫数量，然而，我们注定不会是最后的赢家，获得最终胜利的将是那些我们企图消灭的破坏性昆虫——难道我们真的要继续沿着这条不归路走下去吗？当新的害虫种类再度涌现，而大自然的勇猛卫士（即鸟类）却已被化学药剂毒杀殆尽，此时，我们又该采取何种措施来应对这种局面呢"？

　　在作者蕾切尔·卡逊看来，采用化学手段抑止昆虫数量是一条"不归路"，我们人类应该寻求真正的发展道路，采取切实的措施应对这种局面。你认同作者的看法吗？在通读完《寂静的春天》后，请你说说人类具体应采取怎样的措施应对这种困境？

　　2.《寂静的春天》这本著作使人类首次关注到环境问题的重要性，在人类环保史上具有举足轻重的地位。然而它在1962年刚问世之时，却是备受争议的。翻阅当时的报纸或书刊，赫然印刷着"向大自然宣战""征服大自然"的标题，人类是站在大自然的对立面上的。《寂静的春天》引用鲜活的实例印证了农药对人类环境的危害，使广大民众受到强烈震撼，但同时也受到了与工业利益密切相关的农药生产商和开发部门的强烈抵制。请你谈谈从中受到的启发，并结合人类发展史上任一阶段的发展过程谈谈你的看法。

　　3. 食品安全问题一直是国人所关注的问题，而食品中的牛奶（奶粉）的安全更是关乎我们这一代以及下一代的健康安全。在《寂静的春天》中，20世纪50年代的美国农民为消灭虫害开展了一系列的杀虫运动，但随之也影响到了人类自己的食品安全。请通读全书，说说喷洒在农田里的杀虫剂是怎样影响到人们喝的牛奶的？对于现在的食品安全，你有什么建议？

4. 作为中国的一个小公民和中学生，你想对我国的环保事业提出哪些切实可行的措施呢？

5. 请根据下列一则新闻，说说你的看法。

9月15日，环境保护部在北京密云、河北石家庄、山西晋城强化督查，发现企业未按当地要求停产、未安装VOCs污染治理设施、有机废气直排等问题。

当日，督查组对北京某金属制品加工厂现场检查时发现，该厂正在生产，无环保手续，喷漆车间未安装VOCs污染治理设施，有机废气直排，1台燃煤锅炉有余温，尚未拆除。督查组已将检查发现的问题移交当地相关部门处理。

6. 请分析"苍蝇在滴滴涕中自由嬉戏，就像远古的巫师在炽热的火炭上欢快跳跃一样"（P217）在文中的意思。

7. 结合以下的论述，你认为我们与自然间的关系应该是怎样的?

加拿大昆虫学家G. G. 乌里耶特说："我们必须改变我们的哲学，摒弃我们自认为人类优越的态度，并且承认在很多情况下，我们是从自然环境中找到约束生物种群的方法和途径的，并且这些方法比我们自己闭门造车要经济划算得多。"（P207）

布里杰博士说："生命是我们无法理解的奇迹，即使到了我们必须抗争时，我们也应该尊敬它……诉诸杀伤性物质，例如使用杀虫剂来进行防治，说明我们没有足够的知识和能力，在不使用蛮力的情况下引导自然过程。我们必须保持谦逊，科学上没有任何理由骄傲自负。"（P218）

古代中国，人们推崇"天人合一"，人既非自然的主人，又非自然的奴隶，人与自然应是朋友，应融为一体，你中有我，我中有你。

老子主张"道法自然"，"人法地，地法天，天法道，道法自然。"

8. 美国前副总统戈尔在《寂静的春天》序言中写到"美国人把卡逊《寂静的春天》与斯托夫人的《汤姆叔叔的小屋》相提并论"，请收集相关资料，并谈谈你的看法。

9. 阅读以下链接，谈谈你对经济发展与生态保护的看法。

链接一　卡逊的作品发表后，触及了很多农药生产商及工业巨头的利益，总部设在新泽西州从事除草剂、杀虫剂生产的美国氨基氰公司主管领导斥责说："如果人人都忠实地听从卡逊小姐的教导，我们就会返回到中世纪，昆虫、疾病和害鸟恶兽也会再次在地球上永存下来。"

另有一仿作《僻静的夏天》，描写一个男孩子和他祖父吃橡树果子，因为没有杀虫剂，使他们只能像在远古蛮荒时代一样过"自然人的生活"。

链接二　如果绿色GDP成为负值，那将是国家经济的失败，有污染不可怕，大自然可以修复它。但是如果自然界对污染的修复也成了负值，那么人类毁灭也将进入倒计时。

——中国生物多样性保护与绿色发展基金会理事长　胡德平

链接三　2013年9月7日，习近平总书记在哈萨克斯坦纳扎尔巴耶夫大学发表演讲时强调："我们既要绿水青山，也要金山银山。宁要绿水青山，不要金山银山，而且绿水青山就是金山银山。"

10.《寂静的春天》第一章"明日的寓言"中，蕾切尔·卡逊描写了美国一个小镇春天死寂的场景，进而引起读者们对杀虫剂毒害的关注。请你选取生态环境问题中的另一个点，也写一则"明日的寓言"，字数150字左右。如冰川融化、臭氧层破坏、酸雨、物种灭绝等。

五　学生读后感及名师点评

春天里的呐喊
——读《寂静的春天》后感

我是一个生活在美国树林间的还没破壳的鸟蛋。

就在下一秒，我马上用稚嫩的喙啄破了壳。我出生的第一眼，充满绿色，耳边回荡着无数我的同类：昆虫、人类孩子的欢笑与歌声。

妈妈告诉我，这是春天。

两年后，我已经能独自生活在天地间。这个美丽的世界在我眼前渐渐放大：春天百花盛开，白色的云朵点缀在绿色的原野上；秋天橡树、枫树透过松林的屏风，闪射出火焰般的色彩。狐狸在小山上叫着，小鹿静悄悄地穿过了笼罩着秋天晨雾的原野，沿路生长的各式各样的树木令我们感到心旷神怡。

就算是冬天，道路两旁也尽是美丽的地方。那时会有非常多的同伴飞过来，他们在雪层之上的浆果和干草的穗头上啄食。还有些人类来到小溪边捕鱼。洁净又清凉的小溪，从山中流出，形成了绿荫掩映下的生活着鳟鱼的池塘。

说实话，我怀念那段生活，人类单纯又亲切，森林年轻而富有朝气。可是后来……那些东西又剩下多少呢？

原野一直都是这个样子，当迁徙的候鸟在整个春天和冬天蜂拥而至的时候，人们常常长途跋涉，来这里观看它们。直到许多年前的有一天，居民来到这儿，挖井筑仓，开垦荒地，情况渐渐发生了变化。人类驾驭着巨大的灰色的"铁鸟"，往我们的树林里喷洒着什么。尽管奇怪，但是好像对我没有什么影响。直到——

我吃到一只特别的虫子——它又酸涩又苦，味道很糟糕。从那天起，我吃到这样的虫子越来越多了。我开始不停地掉羽毛，体力越来弱，叫声也沙哑又难听。田野好似褪了色的画卷一般，开始黯淡无光。又是一年春天，树不像往年那样绿了，我也再没听见同伴们的叫声、孩子们的欢笑声和虫类的吟唱了——它们都死去了。

不仅如此，神秘莫测的疾病袭击了成群的小鸡，牛羊开始大片地病倒和死亡。到处都是死神的幽灵。村里的医生愈来愈为病人中不断出现新病症而感到困惑。不仅成人，而且在孩子中也突然出现了一些不可解释的死亡现象。

原来人类的铁鸟喷洒的那些杀虫剂，杀死的从来都不仅仅是害虫。它们使得我们的歌唱和河水里鱼儿的欢跃静息下来，使树叶披上一层致命的薄膜。太可怕了，它们不应被叫作"杀虫剂"，而该叫"杀生剂"。在我们看来，这些被人类投放进农田的化学剂，像无数条剧毒的蛇深入地下、流进河流，里里外外缠绕地球，最终毒死了他们自己。

我感觉到这一片森林已经不再适合我居住，我开始飞到人类居住的其他地方寻求庇护。但是刺痛我的目光的是，在其他地方，我也不止一次地在天空中看见农药、杀虫剂这些东西，正在被全世界的农民所使用，而且使用面积越来越大，频率越来越高。

事实上，大自然早已遇到了一些现在困扰人类的问题，但大自然通常以自己的方式解决问题。比如，引入一个新的物种去消灭他们已知的"杂草"或"害虫"。因为这样对自然的破坏最小。

在我们鸟类看来，自然就像一本书，里头写着为什么大地是现在的样子，为什么该保持它的完整性。可是，书打开在那儿，为何无人去读？

在我逃亡到人类世界愚蠢地企图寻求庇护时，我曾在一户人家的厨房外无意间看见这样一个场景：一个小女孩在厨房的洗手盆旁焦急地走来走去，我有些好奇，飞进去一看——水盆里正站着一只大蟑螂！但她大可不必慌乱，她的身旁有各种各样坚硬的东西：刀、板子、棒子、锅铲……奈何她仅犹豫了几秒，便选择了一样在我看来最愚蠢的做法——拿来了杀虫剂，她对着水盆里喷了好几下，然后又将水泼进屋外的小溪里。我赶紧慌乱地飞走。

她看起来并不年幼，可却那样无知。她似乎完全不知道使用杀虫剂会有什么后果——在乡下，那么多的鸟类同胞和人类的孩子因为杀虫剂而死去！

我顿悟——人类过于自信了，他们相信自己的力量以至于他们从不愿意深入观察，研究原因，只愿意改变他们看到的结果，于是人类很难战胜自己所创造的恶魔。

幸好有一些人还是清醒而冷静的，例如那个叫蕾切尔·卡逊的作家，我已经在她家的窗边观察了她几个星期，她每天都在观察着什么，似乎正在试图了解我们，了解这个因化学药剂渐渐失去生机的自然，然后，将这一切记录下来。

她的记录，将会是受到杀虫剂污染而死去的千千万万的生灵，字字泣血的控诉和呐喊！尽管此刻的我已气息奄奄，灯枯油尽，生命即将走到尽头，但我相信，这寂静的春天里的呐喊将会唤起更多愚昧的人们——拯救环境，就是拯救人类自己。（李婧）

点评：小作者视角独特，构思巧妙，借助一只小鸟，用第一人称角度，诉说成长经历中遭遇的周围世界的变迁，曾经的美丽和谐归于一片死寂，皆因化学制剂的过度滥用。小作者借小鸟飞离原地寻求庇护，通过亲眼所见揭示了人类的罪恶：甚至连一位小女孩都毫不犹豫地拿起杀虫剂喷向大蟑螂……这些场景性的描写紧贴生活，使警示的效果更为强烈。文中富有故事性的讲述摒弃了空泛的呼吁和说教，使文章即刻生动起来。是的，人类只是自然界的普通一员，并非最高贵的物种，我们既无权剥夺其他物种的生存权，也无权破坏河流、土壤等自然界固有的生态平衡。文章灵动的文字、流畅的表达、深刻的思考不正成功地让我们意识到了这一点吗？（黄新恺）

构建人与自然的和谐关系
——读《寂静的春天》有感

是什么让生机勃勃的春天变得寂静无声？是什么让优美的生态环境遭到破坏？是什么使我们原本舒适的生活变得危在旦夕？凶手就是我们人类自己。

作者蕾切尔·卡逊用科学、质朴的语言，向我们揭示了一个令人震惊的现实：人类大量使用的杀虫剂、滴滴涕等各种化学药剂，正在对野生生物和大自然造成毁灭性的破坏。

人类影响着环境，而环境也影响着人类。随着人类技术的逐渐发达，人类站在了食物链的顶端。人们开始不断地生产，不断地从大自然中盗取珍贵的资源，开始用自己的力量征服大自然。依靠强大的智慧，人类创造出强力的化学物质。"自20世纪40年代中期以来，人们创造出了超过200种化学物质来杀死昆虫、野草、啮齿目动物和被现代人称为'害虫'的生物。"然而这种化学物质并不能完全灭杀所有的害虫，这又使另一个灾难降临。害虫不断进化，人类又开始了新的化学研究，这无疑形成了一个恶性循环。

这场"人虫大战"不仅破坏了环境，也伤害了人类。土壤里，水流中，甚至空气中，无不弥漫着我们自己的化学产物，导致无数牲畜不断死亡，欢呼雀跃的鸟儿也因此无影无踪，就连许多新生的婴儿也未能避免遇害。日渐发达的科技，是否就是加速人类灭亡的毒药呢？

读完这本书，我一直思考着一个问题：人类和自然的关系就只能互相敌对吗？我们只能够征服自然，到最后被大自然毁灭吗？结果是不言而喻的。

培根说过，只有顺从自然，才能驾驭自然。

人类和大自然的关系密不可分。大自然遭受迫害，而我们人类也不能幸免。我们和大自然的关系如同母亲和婴儿的关系。我们有需要向母亲索求，同时我们也应该回馈母亲。如同婴儿从小需要母亲的呵护一般，我们也需要从大自然中拿走珍贵的资源，用于生存，这是不可避免的。但是我们不能过度地、无节制地开发和滥用大自然的资源。

1952年12月5日，英国伦敦连续数日空气寂静无风，当时伦敦冬季多使用燃煤采暖，市区内还分布有许多以煤为主要能源的火力发电站，而由煤产生的二氧化碳等有毒物质在城市上空积蓄，引发了连续数日的大雾天气，造成多人死亡。这无疑是大自然在向我们发出的警告，警告我们不能再这样无节制地开发大自然的资源了，是该停止我们近乎疯狂的行为了。可当时的人们，还是没有意识到事情的严重性。"你若有心去翻阅上世纪60年代以前的报纸或书刊，你将会发现几乎找不到'环境保护'这个词。"

现在，我们应该重视起我们的生存环境了。我们应该开始"绿色生活"了，开始进行植树造林，绿色出行，节约大自然给予的每一份资源。怀着一颗感恩的心，报答这位美丽的"母亲"。

　　放下我们手中的电子产品吧，走出家门，回到乡村、原野去，撒撒欢，徒徒步，呼吸几口清新的空气，为实现绿色环境出一份力，使我们的春天不再寂静。（欧阳悦）

　　点评：在现实中反思、在思考中前行是这篇读后感最大的亮点。小作者读完本书首先提出问题："人类和自然的关系就只能互相敌对？我们是否会由开始的征服到最后的被毁灭？"接着提供了自然发出警告的现实事例，极具说服力，最后谈到环保不是一件难事、一句口号，其实自身的一个小小举动便能使我们的春天不再寂静。我们必须尝试去拯救这生命世界的美丽，如果连尽力而为的尝试都不做，那我们面对自然就将永无幸福可言！整篇读后感条理清晰，有理有据，一气呵成，不失为一篇佳作。（黄新恺）

《寂静的春天》读后感

　　是什么让美国的城镇失去了春天的声音？
　　是人类自己。

——题记

　　本书所传达的是：人类与自然有密切关系，因为这种关系，引出人们要保护自然的呼吁。

　　作者用大篇幅的介绍和事例，讲述了人类因为不明白化学品的害处，大肆滥用化学品而导致的危害。这些化学品在不断升级的同时也通过各种途径传播，如土壤、水、空气。人类的这一行为给植物、动物和人类都带来了一场大劫难。

　　"人们发现了成百上千只死亡的和垂死的鸟儿。为鸟类做标志的人所收集的数据显示，80%的鸣禽已经死亡。""整个沼泽区被直接杀死的鱼至少有20到30吨货，至少30种鱼，大约117.5万条。"这些对自然惨烈的伤害都是来自人们喷洒的不同的化学品：狄氏剂、滴滴涕等等。

　　人类不该滥用化学品，让自然受到如此大的伤害！看到书中所给出的数字和事例，我十分心痛——各种植物动物，居然在如此短暂的时间内全部飞快地死去。我们应该明白，这样破坏自然，自己也会倒霉——这些动物植物一旦都被化学品污染，那我们人类还能吃什么呢？养殖户和培育植物的人靠什么来养家糊口呢？这样的行为导致"两败俱伤"。更为重要且可怕的是，对自然的破坏已经不能弥补。

书中第十二章的标题叫作《人类的代价》。看到这个标题时，我心中思绪万千……

这是人伤害了自然，然后自然又伤害了人。

而人类会因为自己这些破坏自然的行为付出代价。

这一章，我一开始关注的是生物链的问题。就如这段话所说的："我们人类可能与知更鸟的处境一样。作者提醒我们说，知更鸟并不是因为喷洒滴滴涕而直接死亡，而是由于吃了体内积累了杀虫剂的蚯蚓。"

的确是的，人在使用化学品的同时破坏了环境，人类也会因此遭受迫害。人在这个食物链的最高端，我们可能不会直接接触到这些，但是我们会通过生态环境中的食物链而接触到这些危险化学品，出现身体不适或致死。而这些危险化学品又是从何处产生的呢？答案显而易见。

事实让人悲哀：导致人们面临这些悲剧的，就是人类本身。

这样解释吧：假如人因为吃含有滴滴涕的鱼儿中毒致死的话，我们能怪那条鱼吗？能怪自然吗？不能。因为追溯到底还是人类自己的责任。是人类喷洒了滴滴涕，让鱼体内含有它，人又自己吃了。有因有果，令人悲哀的因果循环。

生物链的这种"因果循环"诠释了自然和人类牵扯不清的关系。人在用这些化学品的同时，伤到了自然也伤害了自己。书中说得好，"杀虫剂与环境性疾病的关联表现在哪里？我们已经见到化学品污染了土壤水和食物，并可以杀死河中的鱼儿，让花园和森林里的鸟儿消失，虽然人类喜欢装出与自然无关的样子，但他们确实是自然的一部分，在如今污染随处可见的世界，人类能够逃脱吗？"

人类与自然有着密不可分的关系，这是书中所呈现的亘古不变的真理。那我们为什么还要伤害自然，间接地伤害自己呢？书的最后能看出已经有大部分人醒悟了：杀虫驱虫，必须是生物防治，而不是化学控制。

"'控制自然'是一个妄自尊大的词，形成于生物学和哲学的初始阶段，当时人们以为自然是为人类而存在的。"而现在我们要意识到，自己面对的是各种生命，是它们的族群，它们的压力与反压力，以及它们的繁荣与衰败。人只有充分考虑这种生命的力量，才能形成一种人类与自然的合理的平衡。

书中所揭示的，不仅是人类必须保护环境，也揭示了人与自然永远并存且密切相关，而这两点也同样是相互依存的。

当我们意识到人与自然是共生、共赢、共荣、平等的关系，而不是可以征服、改造、索取的时候，就会理所应当地保护自然了。（朱文青）

点评：小作者选取了一个点作为本次读后感的写作重点，即人与自然的联系。作者关注到了书中提及的"生物链""因果循环""合理平衡""相互依存"等一系列问题。看问题的角度专一了，分析问题的力度也就更深了。作者以"联系"这一主线，结合书本内容谈到了悲剧出现、背后原因探究、反思总结，层层深入，让我们深刻意识到，自然生态系统中，无论是处于最底层的土壤还是处于上层的大型食肉动物乃至人类，都是一个完整、稳定、美丽的生命共同体。我们不能因一时的鼠目寸光、急功近利，滥用化学制剂而使自然失衡。正如利奥波德所说的："当一个事物有助于保持生物共同体的和谐、稳定和美丽的时候，它就是正确的，当它走向反面时，就是错误！"（黄新恺）

六　探究写作

1. 《寂静的春天》问世，立刻在美国社会激起强烈的反响：广大民众称道赞誉，积极支持；主流社会的官员、生产和经济部门以及与之利益攸关的人则全力诬蔑、反对乃至诋毁。面对强大的政治暴力和思想暴力，卡逊无所畏惧，显示出了非同一般的勇气。在我们的成长道路上，也会遇到各种挫折与磨难，我们需要拿出勇气应对，请你结合自身经历，以"勇气"为题，写一篇文章，800字左右。

2．蕾切尔·卡逊强调人类必须与其他生物分享地球。她说："在此之中有一个恒久不变的主题，那就是我们看待生命的意识——如何看待生命，如何看待它们所面对的压力和反压力，如何看待它们的兴衰成败。只有认真对待生命的这种力量，并且小心翼翼地设法将这种力量引导到对人类有益的轨道上来，我们才有希望在昆虫群落和我们本身之间建立一种合理的协调关系。"无论是精神的"分享"还是物质的"分享"都使人快乐，促成和谐。请你结合自身经历，以"分享"为题，写一篇文章，800字左右。

3．在《寂静的春天》里，作者以细致入微的研究和严谨的逻辑推理，全面分析了化学药品给大自然带来的危害，从土壤、河流、地下海、杀虫剂、野生动物，层层深入，环环相扣。如今工业社会的发展，除了化学制剂的危害，我们还面临着PM2.5、雾霾、沙尘暴、全球变暖、水土流失、酸雨等环保危机。请你选择一个环保问题，搜集文字、图片等相关资料，实地展开调查，综合分析调查结果，提出相应整改建议，完成一份1000字左右的调查报告。

附 参考答案

▶三、阅读感悟

1. 答案提示：从"反语"的角度去思考，从"已经暂时忘记""更加雄心勃勃""依旧轻易"可以看出相关官员并没有从吉卜赛蛾的"扑灭"过程中汲取教训，反而将错误的方法一而再再而三地继续下去，导致了悲剧的重演。

2. 波吉亚家族是15和16世纪影响整个欧洲的西班牙裔意大利贵族家庭，也是文艺复兴时期，仅次于美弟奇家族最著名的家族。他们的"名"不是美名，而是恶名，是一个被财富、阴谋、毒药、乱伦的阴影笼罩着的家族。超越波吉亚家族的梦想，作者希望采用合理方式使用杀虫剂，不再使人类的干预手段像波吉亚家族那样"臭名昭著"。

3. 喷洒化学物防治虫害，昆虫会产生抗药性，进化出对特定杀虫剂免疫的超级物种，此时就必须开发出另一种毒效更为烈性的农药。如此便陷入了一种无尽循环中，不但虫害未除，人类自己还将面临越来越糟糕的生存生活环境，化学控制终会把人类引向绝路。

4. 略

▶四、综合检测

（一）基础阅读能力检测

1.（1）长势低矮，易于扎根；叶子很小，有效锁水（2）叉角羚、艾草榛鸡（3）北美黑尾鹿、绵羊

2.（1）十分狭隘的态度：我们一发现某种植物具有即时的利用价值，便会立马大肆栽种；而只要发现某种植物的存在不合需要或没有太大用处，我们就会毫不犹豫地将其销毁。

（2）比如栽种在道路两边的夹竹桃，原先的作用是吸尘和美观，当人们发现夹竹桃是含有毒性的植物后，很多地方都将其彻底移植或销毁，种植与销毁都没有考虑植物与周围环境的依存关系。

3. 人类（行人、孩子或妇女）、水源（水洼）、鸟类（小鸟）、

哺乳动物（松鼠/猫狗/野兔/麝鼠/负鼠……）、鱼类、昆虫（蚯蚓），黄蜂、春臀钩土蜂、牛奶病

4．BC

5．③⑤④①②⑥

6．（1）农业集约化的持续发展，大面积耕种单一作物的农业经营方式为某一特定昆虫种类数量的爆炸性增长创造了条件，瓦解了大自然制衡。

（2）成千上万种生物从源生地向新地域扩散与入侵，而又没有源生地的天敌来限制数量。

7．杀虫剂投放到水中→水中的毒药被浮游植物吸收→浮游植物被水蚤等生物所食→水蚤被游鱼所吞→游鱼又被鸟、浣熊等吞噬。

8．C

9．B正确。

A．应为"那些没有因为破坏呼吸作用的制毒剂而当即杀死的细胞"。

C．应为"单次大剂量中毒可以立即杀死细胞"。

D．应为"因此不会被杀死，但会步入导致癌变的发展轨迹"。

10．（1）两条路分别是化学控制虫害、生物控制虫害之路。

（2）因为不加选择地研制及播洒有毒的化学物质，并任由对这些化学制品潜在危险一无所知的人们大肆使用，既对整个生态环境造成污染，又给人类自身引来疾病的侵袭，甚至可能招致灭顶之灾。

（二）中级阅读能力检测

1．（1）指破坏大自然循环的人类干预，这种干预超越大自然之上，虽然看似神奇，实则危害人类自己，贻害无穷。

（2）运用了反语的手法，"所谓的"农业工程师实际上不是真正懂得农业规律的工程师，他们对化学除草剂的危害没有深刻认识，只能"无忧无虑"地谈论；社区政府官员也同样是由于不了解化学除草剂的危害，只能"认真地倾听""热情地接待"了，这些词语强烈讽刺了不了解事实的人们的无知。

2．我们不一定要采取喷防蚊水（化学制剂）的办法，可以在身上喷涂蚊子不喜欢的维生素B液（非化学制剂），或在家中灯上罩橘红色纸（蚊子讨厌的颜色），寻求没有化学伤害的防蚊方法。

3．【甲】临死之前拼命挣扎、想竭力活下去；草地鹨的同情，对滥用杀虫剂的愤慨。【乙】虽害怕但勇敢保护小麻雀；勇敢的老麻雀的崇敬、敬佩。

4．认识：河流上游若有毒性物质污染，将会在几天至半月之内影响到河流下游大范围（五英里至两百英里）地区。

启发：如果河流上游有污染，应该及时关闭水闸，做到污染隔离和水质净化。

5．不认可。海水不一定是没有污染的，如果汇入海水的内陆河水（如重金属污染物的排放）遭受了污染，或者流入大海中的水生动植物遭受了污染，都可能导致海水污染，从而导致牡蛎和蛤的污染。所以人类在食用牡蛎和蛤等海鲜之前，应尽量对海水水质做相关检查，避免摄入污染物。

6．①不慌不忙意为不忙乱，形容镇定。这里运用了拟人的手法，生动形象地写出了大自然具有自我演化、调节的能力，这种从容的节奏与下文人类匆忙的发展速度形成鲜明对比。

②姗姗来迟形容慢腾腾地很晚才到来，运用了拟人手法，生动形象地写出了法律程序的严重滞后性。讽刺了法律根本没发挥应当起到的保护作用。

7．一根稻草，没有什么分量。谁也不会把一根稻草放在眼里。可是如果你把稻草一根一根地往骆驼的背上码放起来，最终总有一根稻草会把骆驼背压垮的。形象生动地说明再小的安全剂量，积累起来也足以致癌。

8．两种译法皆成立，言之有理即可。若选"崩塌的躁动"，则理由为：本章书中查尔斯·埃尔顿博士曾说过："巨大雪崩来临之前的隆隆躁动声正在我们耳边作响"，该题目化用了此句，说明这些昆虫对手已经产生抗药性，已经变得更加强大，更糟糕的是，我们已经摧毁了我们自己的斗争手段，强调了人类的生存与生活已经非常危险。

9．魔鬼指那些人类制造出来的对生命造成威胁的化学物质。这些化学物质以各种人们熟悉的形态出现在生产生活中，让人们不知不觉地受到危害，没有一丝觉察，甚至对污染后的情况也难以预料，形象地写出化学污染的隐蔽性、可怕性。

10．答案示例：认同，大自然的平衡是一种动态的、发展的状态，各种物质力量相互作用，最终达到自然界相对的平衡。比如食物链，食肉动物以食草动物为食，食草动物以植物为食，进行质量交换和能量转化。假若某处草资源丰富，此处的食草动物也会增多，食肉动物也会随之增多，大自然会在运动和调节过程中保持各级食物链数量的比例，从而达到生态系统的平衡。所以我们人类不可无视大自然平衡的动态发展，如上例，草原应有合理的载畜量，超过了最大适宜载畜量，草原就会退化。自然平衡被打破，最终吃亏的将是人类自己。

（三）高级阅读能力检测

1. 答案示例：认同。应从生物学角度寻求化学杀虫剂的替代品。如通过辐射和化学绝育剂使昆虫不育、利用致病微生物和引进昆虫天敌等方法控制昆虫数量。

2. 答案示例：事情的发展都不是一帆风顺的，新事物要想取代旧事物，必然要经历一番曲折的斗争，但最后还是会取代旧事物。比如《寂静的春天》一开始出版是触碰到农药生产商和开发部门的利益，所以才会遭到抵制，但之后越来越多的人意识到农药确实对人类和环境产生巨大的危害后，"环保观念"就被越来越多的人所接受。

再比如工业革命是先进的生产力代替原有的生产力的革命，它的出现势必引起传统阶级的抵制，但随着时代发展的需要，最后工业时代取代了旧时代。

3. 答案提示：影响过程：杀虫剂喷洒在草坪上——乳牛吃草，毒素进入乳牛身体——乳牛产出含有毒成分的奶汁

或：杀虫剂喷洒过程中喷淋到乳牛身上——乳牛通过皮肤渗透到肌体——乳牛体液循环到乳房——乳牛产出有毒奶汁

建议：（1）天然牧场保证源头无污染 （2）人工牧场保证不用化学除虫除草剂

4. 答案示例：（1）舆论方面：扩大宣传，通过手抄报、广播和班会等多种途径宣传环保意识。

（2）知识方面：学好生物、化学等各学科知识，提出一些可以实施的环保建议。

（3）通过报纸、电视或网络关注社会上关于环保的相关新闻，关注社会上一些不利于环保的行为，通过身体力行的方式做正面积极的影响。

5．答案示例：虽然环保部门对危害环境的违法行为采取了相关措施，但仍然会出现有法不依、执法不严的情况，应加大惩查力度，坚决实施相应的惩治措施，杜绝破坏环境等违法行为的再次发生。

6．这里用了比喻和拟人的手法，本来杀虫威力极大的滴滴涕对于苍蝇而言，就如巫师脚踏火炭般轻松无伤害，形象生动地写出苍蝇对滴滴涕强大的抗药性。

7．答案示例：（1）大自然与人类应该是和谐相处的，人类常常把自己当作自然的主宰者，企图征服和控制自然，其根本在于我们没有认真、平等地对待生命，只有通过尊重的态度来对待生命，我们才能在自然和人类本身间寻找一个平衡的支点。

（2）人类从自然中而来，就应该向大自然学习，在大自然中寻找解决和其他生物共享地球时会产生的问题。人类唯有更谦卑，尊重大自然、尊重自然规律，不忘反省并改正自己的错误方式，才有可能真正解决问题，造福人类自己。

8．答案示例：因为两本书，都曾引发了美国社会的改变。斯托夫人笔下的奴隶形象唤醒了民族的良知，直指美国黑奴制，被公认为是美国"南北战争"的起因之一，林肯评价说："引发这场战争的小妇人就是您。"卡逊的《寂静的春天》是把当时人们难以意识到的环保问题提到国家议事日程上，作品警示人们：在人类中心论和贪婪欲望的驱使下，人类走的是一条以牺牲自然环境为代价的"黑色文明"之路，促使美国政府采取了禁止滴滴涕等行动。

与斯托夫人不同，卡逊的《寂静的春天》也是人类首次关注环境问题的著作，虽然卡逊在作品出版两年后去世，但她的影响没有远去，这本书促使环境保护问题被提到了各国政府面前，各种环境保护组织纷纷成立，联合国于1972年6月12日在斯德哥尔摩召开了"人类环境大会"，并由各国签署了"人类环境宣言"，开始了环境保护事业，中国的环境保护事业也是从停止沙城农药厂的滴滴涕生产开始的，而后全面禁止了滴滴涕的生产和使用。

9．答案示例：生态保护和经济发展的对立统一正在上升为导引人类未来社会发展的新矛盾，如果我们最终失去了清洁的空气、水、安全的食物和多样化的生物基因，经济发展还有什么意义呢？保护生态环境就是保护生产力，许多国家，包括一些发达国家，都经历了"先污染后治理"的过程，在发展中把生态环境破坏了，再治理，成本比当初创造的财富还要多。我们应在符合自然规律的前提下从自然中获取必要的生活物资，与自然互惠互利、和谐共生，把生态文明建设融入经济建设的过程中。

10. 略。